21世纪高职高专创新精品规划教材

# 通信电子线路

主　编　韩　伟

U0387358

中国水利水电出版社
www.waterpub.com.cn

## 内 容 提 要

　　"通信电子线路"是电子信息专业与通信技术专业的一门重要专业课,全书系统介绍了无线通信系统主要单元电路的组成与工作原理、分析方法和实际应用,主要内容包括:绪论、高频小信号放大器、高频功率放大器、正弦波振荡器、振幅调制与解调、角度调制与解调、数字调制与解调、自动控制电路、无线收发系统实训项目等。本书强调基本概念和基本方法的理解,内容简单易懂,且注重实际应用,各章末附有相应的仿真训练项目。

　　本书可作为高职高专院校电子信息技术、通信技术、应用电子技术、仪器仪表技术、计算机网络设备及相关专业的教学用书或参考书,也可供相关专业工程技术人员自学参考。

**图书在版编目(CIP)数据**

通信电子线路 / 韩伟主编. -- 北京 : 中国水利水
电出版社, 2016.5(2021.1 重印)
　21世纪高职高专创新精品规划教材
　ISBN 978-7-5170-4258-7

　Ⅰ.①通… Ⅱ.①韩… Ⅲ.①通信系统－电子电路－
高等职业教育－教材 Ⅳ.①TN91

　中国版本图书馆CIP数据核字(2016)第078968号

策划编辑:杨庆川　　　责任编辑:张玉玲　　　封面设计:李　佳

| 书　　名 | 21 世纪高职高专创新精品规划教材<br>**通信电子线路** |
|---|---|
| 作　　者 | 主编 韩 伟 |
| 出版发行 | 中国水利水电出版社<br>(北京市海淀区玉渊潭南路 1 号 D 座　100038)<br>网址:www.waterpub.com.cn<br>E-mail:mchannel@263.net(万水)<br>　　　　sales@waterpub.com.cn<br>电话:(010)68367658(营销中心)、82562819(万水) |
| 经　　售 | 全国各地新华书店和相关出版物销售网点 |
| 排　　版 | 北京万水电子信息有限公司 |
| 印　　刷 | 三河市铭浩彩色印装有限公司 |
| 规　　格 | 184mm×260mm　16 开本　18 印张　442 千字 |
| 版　　次 | 2016 年 5 月第 1 版　2021 年 1 月第 2 次印刷 |
| 印　　数 | 3001—4000 册 |
| 定　　价 | 35.00 元 |

# 前　言

　　"通信电子线路"是电子信息专业与通信技术专业的一门重要专业课，具有很强的通用性和实践性。本书将高频理论与通信技术实际相结合，从无线通信系统的基本概念和原理入手，由浅入深地介绍高频通信电子线路各功能单元电路的结构组成和工作原理，以通信系统中各组成部分的电路为载体，引入实践操作过程的系统化开发，并通过实例对通信电子线路的整机电路进行全面分析，定位准确、内容先进、取舍合理、文字精炼，各章节内容既各自独立又相互联系、前后呼应，使学生通过本书的学习掌握无线通信电子线路的理论知识，提高专业实践的综合应用能力。本书各章重点突出，由概念到理论再到实践深入浅出，结合实例进行电路分析，使学生在理论知识指导下理解实际电路，比纯理论学习效果更好。

　　本书在编写过程中，遵循以应用为目的，以必需、够用为度的原则，减少复杂的理论分析和理论推导，避免繁琐的数学计算，内容全面、结构合理、突出实用性、强调实践性，旨在培养学生分析和解决实际问题的能力。

　　本书第 2 章至第 6 章由韩伟编写，第 7 章由北京电子科技职业学院的孙世菊编写，第 8 章由天津市职业大学的李新编写，各章末的仿真实训项目由北京电子科技职业学院的陈禹编写，第 1 章和第 9 章由中铁十六局集团城市建设发展有限公司的刘强编写，全书由韩伟统稿。

　　在本书编写过程中，作者得到了很多同志的关心和帮助，在此一并表示感谢。

　　由于编者水平有限，书中难免有不足之处，恳请广大读者批评指正。

编　者
2016 年 3 月

# 目　　录

# 第 1 章  绪论

本书主要讨论应用于各种电子系统和电子设备的高频电子线路。

通信系统尤其是无线通信系统已广泛应用于国民经济、国防建设和人们日常生活的各个领域。通信系统是用以完成信息传输过程的技术系统的总称。通信的任务就是传递各种信息，包括语音、图像、数据等。通信中传递的消息的类型很多，传递消息的方法也很多。现代通信大多以电或光信号的形式出现，因此通常被称为电信系统。

现代通信系统分为有线通信系统和无线通信系统，有线通信系统利用导引媒体中的传输机理来实现通信，有线通信实现了地理距离的通信；无线通信系统主要借助电磁波在自由空间的传播实现通信，无线通信实现了地球距离甚至是星球距离的通信。无线通信延伸了人类的通信距离，回顾百年来现代通信的发展历史，从有线通信到无线通信，反映了人类通信需求从受束缚向自由方向前进的必然趋势。由于人们对通信的容量要求越来越高，对通信的业务要求越来越多样化，因此通信系统正迅速向着宽带化、无线化方向发展。

无线通信系统的一个重要特点就是利用高频无线电信号来传递消息。传输电信号的媒质可以是有线的，也可以是无线的，而以无线的形式最能体现高频电路的应用。高频电路是在高频段范围内实现特定电功能的电路，高频电子线路是无线通信系统的基础，是无线通信设备的重要组成部分。尽管各种无线通信系统在所传递消息的形式、工作方式、设备体制组成等方面有很大差异，但设备中产生、接收和检测高频信号的基本电路都是相同的。本书将主要结合无线通信来讨论高频电路的线路组成、工作原理和分析、设计、仿真方法。这不仅有利于明确学习基本电路的目的和加强对有关设备及系统的概念，而且对于其他通信系统也有典型意义。随着科学技术的发展，以及人类对通信领域越来越深刻的研究，高频电子线路知识已成为无线通信领域中的重要组成部分。

**本书主要内容：**

- 高频电子线路的典型应用是无线通信系统。
- 无线通信系统由发射设备、接收设备和传输媒介三部分组成。
- 无线电信号的发射与接收的关键是调制与解调。
- 高放、混频、本振、调制、解调等相关知识是本书要解决的问题。
- 了解无线信号所具有的基本特点是必备的基本知识。

**本章主要内容：**

- 无线通信系统的基本工作原理（通信系统模型）。
- 发射设备的基本原理和组成（调制）。

- 接收设备的基本原理和组成（解调）。
- 无线电波的基本特点。

# 1.1 无线通信系统的概念

三个里程碑：

- 1907 年 Lee de forest 发明电子三极管。
- 1948 年 W.Shockley 发明晶体三极管。
- 20 世纪 60 年代集成电路、数字电路出现。

摩尔斯码：又称摩尔斯电码，是一种时通时断的信号代码，通过不同的排列顺序来表达不同的英文字母、数字和标点符号，最早应用于等幅电报，它由美国人艾尔菲德·维尔于 1835 年发明。无线电通信发展过程如图 1-1 所示。

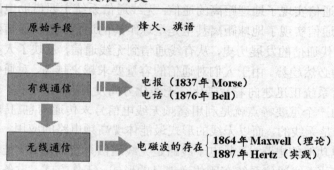

图 1-1　无线电通信发展过程

## 1.1.1 通信系统基本模型

通信系统模型如图 1-2 所示。

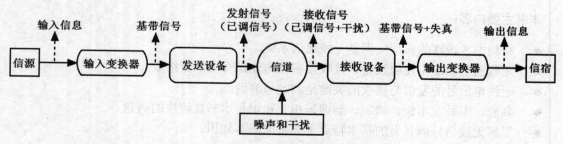

图 1-2　通信系统模型

无线通信系统一般由信源、输入变换器、发送设备、信道（传输媒介）、接收设备、输出变换器信宿组成。

（1）信源：提供需要传送的信息。

在实际的通信电子电路中传输的是各种电信号，为此就需要将各种形式的信息转变成电信号。

常见的信号源有：话筒、摄像机、各种传感器件。

（2）输入变换器：待传送的信息（图像、声音等）与电信号之间的互相转换。

（3）发送设备：将基带信号变换成适合信道传输的高频信号，并由天线发射出去。

对基带信号进行变换的原因：由于要传输的信息种类多样，其对应的基带信号特性各异，这些基带信号往往并不适合信道的直接传输。

（4）信道：信息的传送通道（自由空间）。

信号从发射到接收之间要经过传输信道，传输信道又称传输媒质。不同的传输信道有不同的传输特性，如电缆、光缆、无线电波等。

根据传输媒质的不同，通信系统可以分为以下两大类：

● 有线通信：双绞线、同轴电缆、光纤。

● 无线通信：电磁波自由空间传输。

（5）接收设备：接收传送过来的高频信号并进行处理，从而转换成发送端的原始基带信号。

对接收设备的要求：由于信号在传输和恢复的过程中存在着干扰和失真，接收设备要尽量减少这种失真。

（6）输出变换器：传送的电信号与还原的信息（图像、声音等）之间的互相转换。

（7）信宿：信息的最终接受者。

将接收设备输出的电信号变换成原来形式信号的装置，如还原声音的喇叭、恢复图像的显像管等。

## 1.1.2 信道的传输系统

传输系统（Transmission Systems）是数据通信系统的一部分，它负责将通信系统中的源端和目的端连接起来，可能是直接连接也可能是通过一个或者多个网络系统进行连接。传输系统作为信道可连接两个终端设备构成电信系统，作为链路则可连接网络节点的交换系统构成电信网。传输系统在传输信号的过程中不可避免地要引入一些导致信号质量恶化的因素，如衰减、噪声、失真、串音、干扰、衰落等。为了不断提高传输质量、扩大容量并取得技术经济方面的优化效果，传输技术必须不断地发展与提高。传输系统的发展水平主要以传输媒质的开发和调制技术的进步为标志，以传输质量、系统容量、经济性、适应性、可靠性、可维护性等方面为衡量标准。提高工作频率来扩展绝对带宽和以压缩已调信号占用带宽来提高频谱利用率是有效扩大传输系统容量的重要手段。

传输系统按其传输媒质可分为有线传输系统和无线传输系统两类，按其传输信号性质可分为模拟信号传输系统和数字信号传输系统两类。

1. 有线传输系统

有线传输系统是以线型金属导体及其周围或包围的空间为媒质，或以线型光介质为媒体的传输系统，传输质量比较稳定，金属缆线因受外电磁场辐射交连或集肤效应制约，工作频率和可用频带受到限制，适用于模拟载波系统，可借助缩小中继距离来提高系统容量。光纤以光波载荷信号，频率高、可用频带宽。有线传输介质主要有：双绞线（如图 1-3 所示）、同轴电缆（如图 1-4 所示）、光纤（如图 1-5 所示）。

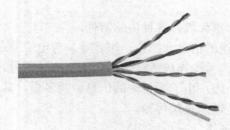

图 1-3　双绞线

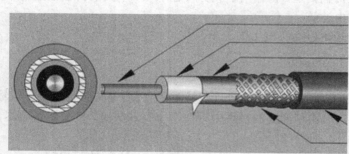

铜芯
导体
实心聚乙烯绝缘

铝塑复合屏蔽带护套
金属编织

图 1-4　同轴电缆

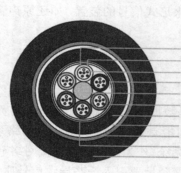

光纤油膏Fiber gel
松套管Loose tube
UV光纤UV fiber
缆芯填充物Cable core filling
中心加强件Central strength member
扎纱及填充物Binding yarn and filling
聚乙烯内护套 PE inner sheath
阻水层Waterblocking layer
铠装层Armor
铝塑复合带Aluminum-plastic laminated tape
聚乙烯外护套 PE outer sheath

图 1-5　光纤

（1）双绞线特性。

物理特性：由两根互相绝缘的铜导线（线芯一般为 1mm）并排放在一起，然后用规定的方法以螺旋状的形式绞合起来就构成了双绞线。不同标准的双绞线绞合密度不一样，越采用新标准的双绞线绞合密度越高。

传输特性：双绞线既可以用于传输模拟信号，也可以用于传输数字信号。例如早期的电话系统和目前的电话系统中的用户环路部分都是采用双绞线进行声音的模拟信号传输，而电话系统中的 T1 线路是采用双绞线传输数字信号，总的数据传输速率可达 1.544Mb/s。

连通性：常用于点到点连接，也可用于多点连接。

地理范围：双绞线可以很容易地在 15 公里或更大范围内提供数据传输。例如在 100kb/s 速率下传输距离可达 1km。但是在 10Mb/s 或 100Mb/s 速率下的 10BASE-T 和 100BASE-T 局域网中，传输距离不能超过 100m。

抗干扰性：在低频传输时抗干扰性高于同轴电缆，而在 10kHz～100kHz 时则低于同轴电缆。

价格：在双绞线、同轴电缆和光纤三种有线介质中，双绞线的价格最便宜。

（2）同轴电缆特性。

物理特性：同轴电缆也像双绞线一样由一对导体组成，但它们是按"同轴"形式构成线对。最里层是内芯，一般是铜制的，向外依次为绝缘层、屏蔽层，最外层是起保护作用的塑料外套，内芯和屏蔽层构成一对导体。同轴电缆分为基带同轴电缆和宽带同轴电缆两类。

- 基带同轴电缆：阻抗为 50Ω，采用基带传输，即采用数字信号进行传输，用于构建 LAN。常用的基带同轴电缆又分为粗缆（RG-8 或 RG-11）和细缆（RG-58）两种，都用于直接传输数字信号。
- 宽带同轴电缆：阻抗为 75Ω（RG-59），采用宽带传输，即采用模拟信号进行传输，用于构建有线电视网。

传输特性：基带同轴电缆用于传输数字信号，采用曼彻斯特编码，速率最高可达 10Mb/s；宽带同轴电缆既可以传输模拟信号，又可以传输数字信号。

连通性：可用于点到点连接和多点连接。

地理范围：典型基带同轴电缆的最大距离限制在几 km 内，宽带同轴电缆可达十几 km。但是在 10BASE5 粗缆以太网中，传输距离最大为 500m；在 10BASE2 细缆以太网中，传输距离最大为 185m。

抗干扰性：抗干扰性通常高于双绞线。

价格：高于双绞线，低于光纤。

（3）光纤特性。

物理特性：数据在玻璃纤维中通过光信号进行传输。光纤可分为单模光纤和多模光纤。

- 多模光纤：允许许多条不同角度入射的光线在一条光纤中传输，即有多条光路。在无中继条件下，传播距离可达几 km，采用 LED 作为光源。
- 单模光纤：光纤直径与光波波长相等，只允许一条光线在一条光纤中直线传输，即只有一条光路。在无中继条件下，传播距离可达几十 km，采用激光作为光源。单模光纤容量大于多模光纤，价格也高于多模光纤。

传输特性：每一根光纤任何时候只能单向传输数字信号。因此，要实现双向通信就必须成对使用。

连通性：用于点到点连接。

地理范围：在 6km～8km 的距离内不用中继器。

抗干扰性：不受外界的电磁干扰或噪声影响。

价格：在双绞线、同轴电缆和光纤三种有线介质中，光纤的价格最高。

光纤与铜缆相比，优点是高带宽、衰减小、不受电磁干扰、细且重量轻、安全性好；缺点是单向传输且价格比较昂贵。

2. 无线传输系统

无线传输系统是以自由空间、电离层或对流层不均匀气团为媒质的传输系统，传输质量不稳定，易受干扰，必须采取抗衰落措施，并进行频率管理和系统间协调。该系统无需实体传输媒质，成本低、建设快、调度灵活，而且可进行定向或全向广播通信。卫星通信系统采用 C

频段载频时不受电离层影响，在非暴雨区可基本视为传输质量稳定的恒参信道。无线传输系统的发展过程系由小容量的短波、特高频接力通信，以至大容量的微波接力通信和卫星通信系统等。

# 1.2 发送设备与接收设备构成

无线通信系统的构成包括信源、输入变换器、发送设备、信道、接收设备、输出变换器、信宿。其中发送设备和接收设备为无线通信系统的主要设备。

## 1.2.1 发送设备的基本原理

发送设备的主要作用是将要传送的信息经过处理变换为可以无线发射的高频信号，从而实现无线传输，也就是"调制"。

发送设备包括三个组成部分：高频部分、低频部分和电源部分。

高频部分通常由主振、缓冲、倍频、高频放大、调制与高频功放组成。主振级的作用是产生频率稳定的载频信号，缓冲级是为减弱后级对主振级的影响而设置的。有时为了将主振级的频率提高到所需的数值，缓冲级后要加一级或若干级倍频器。倍频级后加若干级高频放大器，以逐步提高输出信号的功率。调制级将基带信号变换成适合信道传输的频带信号。最后经高频功率放大器进行放大，使输出信号的功率达到额定的发射功率，再经天线辐射出去。

低频部分包括换能器、低频放大及低频功放。换能器把非电量信息变换为基带低频电信号，通过低频放大级逐级放大，使低频功放输出能对高频载频信号进行调制所需的信号功率。

**说明**：信号的"加载"——调制。

调制：把待传送信号"装载"到高频振荡信号上的过程。

三种信号：调制信号、载波信号和已调信号。

调制的三种方式：调幅（AM）、调频（FM）和调相（PM）。

典型发送设备调幅式无线电广播发射机的组成框图如图1-6所示。

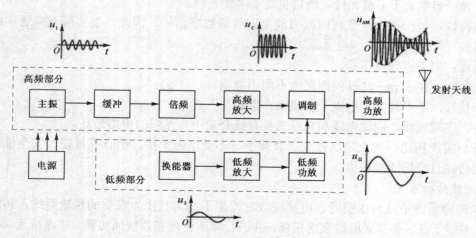

图 1-6 调幅式无线电广播发射机组成框图

### 1.2.2 发送设备的主要技术指标

（1）频率范围。

发射机的工作频率即发射机的射频载波频率。具体数值由发射机的用途决定，一般是指一个能够正常工作的频率范围或频段，有以下两方面的要求：

● 要求在波段内的任何一个频率或指定频率上都能工作。

● 要求在整个波段内或所有指定频率上的电性能基本稳定。

（2）频率的准确度及稳定性。

发射频率的准确度及稳定性基本上是由载波基准频率振荡器决定的。不同应用的无线收发系统有不同的要求。发射频率的准确度和稳定性可以用 Hz 或者频率的百分比来表示。

频率准确度是指实际工作频率对于标称工作频率的准确程度。频率准确度越高，通信链路的建立就越快。频率稳定度是指在各种外界因素的影响下发射机频率的稳定程度。频率稳定度高，一旦建立通信，接收机就不致因频率变化而需实时微调，故可实现不微调的通信，从而提高了通信的可靠性。调幅发射机的频率稳定度一般在 $10^{-4}\sim10^{-5}$ 数量级，单边带发射机的频率稳定度一般在 $10^{-6}\sim10^{-7}$ 数量级。

（3）载波的频率捷变。

载波的频率捷变是指载波频率快速改变的能力。对于多频道发射，这是一个重要的技术性能指标。通常利用频率合成器来设置和改变发射频率，在整个发射系统中还需要利用宽带技术以保证频率的改变和调谐之间的同步。

（4）发射频谱纯度。

频谱纯度指信号源输出的实际频谱与理想频谱的逼近程度。发射机除了产生载波信号及所需要的边带信号外，同时还会产生一些寄生信号。寄生信号通常是载波频率的谐波成分。所有的放大器都可能产生谐波失真，如 C 类功率放大器就会产生大量的谐波成分。在发射输出中除指定的发射载波频率外，其他谐波频率成分都需要通过滤波消除，以避免干扰。

（5）输出功率。

发射机的输出功率是指发射机传送到天线、馈线上的功率。发射机采用不同的调制方式，对应的发射输出功率的测量方法不同。如全载波 AM（调幅）系统的发射功率是根据载波功率来确定的，调制后输出信号功率大于未调载波功率。而在抑制载波 AM 系统中，采用峰值包络功率（PEP）。FM（调频）系统是一个恒定功率系统，FM 发射通道的额定功率为输出信号的总功率。

对输出功率进行测试时，一定要注意发射通道的占空系数（反映导通和关断时间之间的关系），如许多双向式语音通信系统的发射通道并不是在最大功率下连续工作的，但广播发射机是连续工作的，而且是在最大功率下一天 24 小时不停地运行。

（6）功率与效率。

功率与效率是发射机的一个非常重要的性能指标。

无线电通信的有效距离及可靠性取决于发射机的发射功率大小。通常发射机输出功率有三种表示方式，即峰包功率、平均功率、载波功率。峰包功率（PEP）是指正常工作时在调制包络最高点的一个射频周期内馈送到天线上的平均功率，平均功率是指在足够长的时间内馈送到天线上的平均功率，载波功率是指未调制载波射频一周内的平均功率。这几种功率适用于不同的工作种类和调制方式，例如调幅常用载波功率标定，单边带通常用峰包功率或平均功率标定，等幅报和移频报则用载波功率标定。对一部电台而言，其发射机输出功率的大小在很大程度上还受体积、重量等条件的限制。另外，在设计发射机输出功率大小时，必须考虑天线增益、接收机灵敏度等因素。天线增益越高，接收灵敏度越高，接收机保证有相同输出信噪比的情况下所需的发射功率越小。

发射机的总效率（功率效率）是指发射机传送到天线、馈线上的功率与整机输入功率的比值。在大功率发射机或小型移动式发射机中，提高发射机的效率可以减小电源消耗，减小体积，经济意义重大。整机效率主要由末级功放的效率决定，末级一般采用丙类或丁类放大器，用来提高整机效率。固定发射机的效率在 5%～30%之间，移动发射机的效率在百分之几到百分之十几之间。

（7）调制系统的保真度。

由发射机所引起的任何失真（如调制失真、谐波失真和交调失真等）都有可能始终对信号的还原造成不良影响，因为系统的接收机是不可能完全消除这些失真的。

### 1.2.3  接收设备的基本原理

无线通信的接收过程正好和发射过程相反。在接收端，接收天线将收到的电磁波转换为已调波电流，然后从这些已调波电流中选择出所需的信号进行放大和解调。为了提高灵敏度和选择性，无线通信系统的接收设备目前都采用超外差式接收机。

接收设备的主要作用是从高频信号中还原出要传送的信息，也就是"解调"。

超外差式接收机从天线接收到微弱的高频调幅信号，经输入回路选频后，通过高频放大器放大，送入混频器与本机振荡器所产生的等幅高频信号进行混频，在其输出端得到的波形包络形状与输入的高频信号的波形包络形状相同，但频率由原来的高频变化为中频调幅信号，经中频放大后送到检波器，检出原调制的低频信号，然后再经过低频放大，最后从扬声器还原成原来的声音信号。

混频器的作用是将接收到的不同频率的载波信号变换为固定频率的中频信号。混频器的原理是：用本地振荡器产生的正弦波振荡信号 $u_L(t)$（其频率为 $f_L$）与接收到的有用信号 $u_C(t)$（其频率为 $f_C$）在混频器中混频，得到中频信号 $u_I(t)$（其频率为 $f_I$）。通常选取 $f_I = f_L - f_C$。这种作用就是所谓的外差作用，也就是超外差式接收机名称的由来。

说明：信号的"卸载"——解调。

解调：从高频已调波信号中"取出"调制信号的过程。

解调的三种方式：①对调幅波的解调——检波；②对调频波的解调——鉴频；③对调相波的解调——鉴相。

典型接收设备超外差调幅收音机的组成框图如图 1-7 所示。

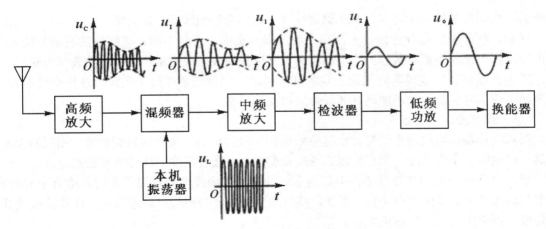

图 1-7　超外差调幅收音机组成框图

### 1.2.4　接收设备的主要技术指标

（1）频率范围。

接收机通常是分波段工作的，即具有一定的工作频率（射频）范围。当频带较宽时，鉴于调谐元器件动态范围有限以及在宽带内调谐回路阻抗变化较大、调谐不便，且难以保证度盘准确度和频率稳定度，则往往需要划分为几个子波段。

关于接收机频率范围有以下两点要求：

- 接收机能调谐到给定频率范围内的任何一个频率点。
- 在调谐到的任何一个频率点上，接收机的主要技术指标均符合规定要求。

（2）频率稳定度。

接收机的频率稳定度是指其本振频率的稳定程度。而度盘准确度是指接收机实际工作频率（射频）与度盘刻度相一致的程度，可理解为频率稳定度。

通常，调幅接收机的日稳定度要优于 $10^{-4}$，单边带接收机的月稳定度应在 $10^{-7}$ 数量级。

工作频率的稳定和度盘的准确度是实现不寻找、不微调通信的条件之一。为此，可采用高稳定度的频率合成器提供本振信号。

（3）灵敏度。

灵敏度是指当接收机输出功率和输出信噪比一定时，接收机接收微弱信号的能力，即天线上所需的最小感应电动势（单位通常为 μV）。灵敏度越高，接收微弱信号的能力就越强。不过，接收机工作种类或工作频率不同，灵敏度也不相同。

接收机应具有选择信号而抑制干扰的能力，因为提高接收机增益虽有利于提高灵敏度，但有用信号和各种噪声均可在接收机天线上生成感应电动势，加上接收机内部噪声，若将其一并放大输出，当接收信号很微弱时，噪声就有可能淹没有用的信号。

对超外差接收机而言，最常见的干扰既有位于信号频率附近的邻近干扰，又有位于中频附近的中频干扰，还有其频率比信号频率高（或低）两倍中频的镜像干扰等。

（4）选择性。

选择性是指接收机从有用信号和与其相似的各种频率不同的干扰信号中鉴别出有用信号

的能力。相似性是针对干扰与信号的调制规律（如同为等幅波等）而言的。

通常，接收机的选择性由谐振回路及滤波器件实现。干扰不同，选择性的表示方法（谐振曲线、抗拒比和矩形系数等）也不同。其中，谐振曲线是最基本和最常用的表示方法。

谐振曲线可较好地说明对邻近干扰的抑制情况。但谐振曲线过于尖锐，往往会使通频带太窄而造成信号失真，故不能离开通频带来讨论选择性。

（5）保真度。

保真度是指接收机输出信号波形与原始信号（即射频信号携带的调制信号）相似的程度，与其相对的概念是失真度。保真度越高或失真度越小，接收机输出信号就越自然逼真。

信号失真可分为由非线性器件引起的非线性失真和由线性器件对于不同频率有不同响应而引起的线性失真（即频率失真）两类，线性失真又可分为振幅—频率失真（简称振幅失真）和相位—频率失真（简称相位失真）。

接收图像信号时还需要考虑相位失真。在语音传输时，一般只考虑振幅失真，要求非线性失真系数<10%，在 300～3000Hz 频率范围内的振幅频率特性不平均度<10dB。

（6）工作稳定性。

接收机的工作稳定性包括两个方面：一是在任何情况下，接收机不应产生或接近寄生振荡；二是在工作过程中，接收机质量指标的变动不应超出许可范围。

通常，接收机对工作稳定性的要求较高，如某型单边带接收机要求在温度–10℃～+50℃、相对湿度为 65%±15%甚至是 95%±3%的环境下才能正常工作。

## 1.3　电磁波频段划分

### 1.3.1　无线电波的概念

无线电波是指在自由空间（包括空气和真空）传播的射频频段的电磁波。

无线电波是一种电磁波，其传播速度与光速相同，在真空中约为 300000km/s，且有 $\lambda=c/f$。电磁波波谱如图 1-8 所示。

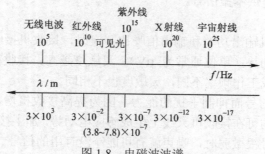

图 1-8　电磁波波谱

波长大于 1m 频率小于 300MHz 的电磁波是无线电波。无线电波是一种能量的传播形式，电场和磁场在空间中是相互垂直的，并都垂直于传播方向。

无线电技术是通过无线电波传播信号的技术。在天文学上，无线电波被称为射电波，简称射电。无线电技术的原理在于，导体中电流强弱的改变会产生无线电波。利用这一现象，通过调制可将信息加载于无线电波之上。当电波通过空间传播到达收信端，电波引起的电磁场变化又会在导体中产生电流。通过解调将信息从电流变化中提取出来，就达到了信息传递的目的。

### 1.3.2　无线电波的特性

（1）时间特性：反映信号随时间变化的快慢。无线电信号可以表示为电压或电流的时间函数，通常用时域波形或数学表达式来描述，如比较简单的信号（正弦波、周期性方波等），用时间特性表示很方便。

（2）频谱特性：对于较为复杂的信号（话音信号、图像信号等），用频谱法表示较为方便，因为任何信号都可分解为许多不同频率、不同幅度的正弦信号之和。周期性信号，用离散谱表示；非周期性信号，用连续谱表示。

（3）传播特性：指无线电信号的传播方式、传播距离、传播特点等。无线电通信的传输媒质主要是自由空间。由于地球表面与空间层的环境条件不同，因此对不同频率的电磁波的传播特性也不同。不同的信道有不同的传输特性，相同的信道对不同频率的信号传播特性也是不同的。

### 1.3.3　无线电波频段划分

无线电波是指频率在 3000GHz 以下的，可以不通过导线、人工波导等载体在自由空间辐射的电磁波。

空间无线电波所占用的频率统称为无线电频谱。它是一种特殊的自然资源，是无线电技术发展的基础和前提条件，也是现代社会赖以生存的基本要素之一。

根据国际电信联盟（ITU）制定的《无线电规则》，将不同频率的电磁波划分为若干频段或波段，每个频段用于一个或多个具有相似特性的业务，如表 1-1 所示。

表 1-1　无线电波频段划分

| 频段名称 | 频率范围 | 波段名称 | 波长范围 | 符号 | 主要用途 | 传输媒介 |
|---|---|---|---|---|---|---|
| 极低频 | 3Hz～30Hz | 极长波 | 100～10Mm | ELF | | |
| 超低频 | 30Hz～300Hz | 超长波 | 10～1Mm | SLF | | |
| 特低频 | 0.3kHz～3kHz | 特长波 | 1～0.1Mm | ULF | 音频 | 架空明线（长波） |
| 甚低频 | 3kHz～30kHz | 甚长波 | 100～10km | VLF | 音频电话、长距离导航、时标 | 架空明线、对称电缆、地球表层（长波） |
| 低频 | 30kHz～300kHz | 长波 | 10～1km | LF | 船舶通信、信标、导航 | 对称电缆、架空明线、地球表层（长波） |
| 中频 | 0.3MHz～3MHz | 中波 | 1000～100m | MF | 广播、船舶通信、飞行通信 | 同轴电缆、地球表层（中波） |
| 高频 | 3MHz～30MHz | 短波 | 100～10m | HF | 短波广播、军事通信 | 同轴电缆、电离表层（短波） |

| 频段名称 | 频率范围 | 波段名称 | 波长范围 | 符号 | 主要用途 | 传输媒介 |
|---|---|---|---|---|---|---|
| 甚高频 | 30MHz～300MHz | 米波 | 10～1m | VHF | 电视、调频广播、雷达、导航 | 同轴电缆、空间直线传播（超短波） |
| 特高频 | 0.3GHz～3GHz | 分米波 | 100～10cm | UHF | 电视、雷达、移动通信 | 波导、空间直线传播（分米波） |
| 超高频 | 3GHz～30GHz | 厘米波 | 10～1cm | SHF | 雷达、中继、卫星通信 | 波导、空间直线传播（厘米波） |
| 极高频 | 30GHz～300GHz | 毫米波 | 10～1mm | EHF | 射电天文、卫星通信、雷达 | 波导、空间直线传播（毫米波） |
| 至高频 | 300GHz～3000GHz | 丝米波 | 1～0.1mm | | | |

（微波跨越 分米波、厘米波、毫米波）

# 1.4　电磁波的传播特性

## 1.4.1　无线电波的传播方式

无线电波的传播方式包括地波传播、天波传播、空间波传播、对流层散射传播、外球层传播，如图 1-9 所示。

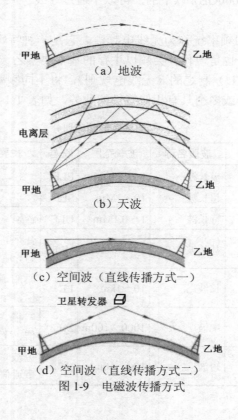

（a）地波

电离层

（b）天波

甲地　乙地
（c）空间波（直线传播方式一）

卫星转发器

甲地　乙地
（d）空间波（直线传播方式二）

图 1-9　电磁波传播方式

1. 地波传播

1.5MHz 以下的电磁波主要沿地球表面的绕射传播，称为地波。特点是信号较为稳定，但大地不是理想导体，频率越高、传播越远，衰减越严重。地波传播通常用于近距离长波广播、中波调幅广播和电力载波通信，一般不用作远距离通信。

2. 天波传播

1.5～30MHz 的电磁波主要靠天空中电离层的折射和反射传播，称为天波。电离层是由于太阳和星际空间的辐射引起大气层电离形成的，电磁波到达电离层后，一部分能量被吸收，一部分能量被反射和折射回到地面，频率越高，被吸收的能量越小，电磁波穿入电离层越深，当频率超过一定值后，电磁波就会穿透电离层而不再返回地面。特点是传输损耗小、能以较小的功率实现远距离通信或靠地波难以实现的极短距离通信，信号不够稳定，衰落和干扰严重。

3. 空间波传播

30MHz 以上的电磁波主要沿空间直线传播，称为空间波。由于地球表面弯曲，空间波传播距离受限于视距范围，可高架收发天线以增大传播距离。实践证明，当收发两地所架天线高度均为 50m 时，电磁波直线传播距离为 50km。

所以微波通信采用中继方式，而卫星通信则是利用离地面几万公里的卫星作为地面信号的转发器。

4. 对流层散射传播

对流层距地面约 10km，内部既存在规则的片状或层状气流，又存在类似水流中旋涡的不规则不均匀气流，电波通过时会产生反射、折射和散射等，使一部分能量（相当弱）传播到接收端。只有超短波能利用对流层进行远距离散射传播，适用于微波中继难以实现的地区，但因其传播损耗很大需要采用大功率发信机、高灵敏度接收机和高增益天线。

5. 外球层传播

外球层（外层空间）传播是指电磁波由地面发出或返回，经低空大气层和电离层而到达地球外层空间的传播方式。外球层距地面约 900～1200km。外球层传播主要用于宇宙探测、卫星通信等。

## 1.4.2  无线电波的传播特点

无线电波的传播特点包括多径传播、信号衰落、多普勒频移效应、极化现象等。

1. 多径传播

无线电波传播的机理是多种多样的，发射机天线发出的无线电波通过不同的路径到达接收机，称为多径传播（如图 1-10 所示）。直射、反射、折射、绕射、散射和吸收现象使之被衰减、放慢或使传播路径和相位发生改变。

直射是指电磁波从发射天线发出，经大气或某一介质直接到达接收天线的现象。然而，电磁波不可能在无限大的空间自由传播，在传播过程中往往会遇到性质不同的各种障碍物，从而产生反射、折射、绕射和吸收现象，使之被衰减、放慢或使传播路径和相位发生改变。

反射是指当电波在传播中遇到两种不同介质的光滑界面时，如果界面尺寸比电波波长大得多时，就会产生镜面反射现象。由于大地和大气是不同的介质，所以入射波会在界面上产生反射。反射发生于地球表面、建筑物和墙壁表面等。

折射是指电磁波在介质分界面传播方向偏折而进入另一种介质传播，或在同类介质中由于介质本身的不均匀性，使传播方向改变的现象。电磁波在传播过程中，由于低层大气并非均匀介质，它的温度、湿度和气压都会随时间和空间而发生变化，因此会产生折射和吸收现象。

绕射是指电磁波在传播过程中绕过障碍物到达接收点的现象。绕射使得无线电信号绕地球曲线表面传播，能够传播到阻挡物后面。

散射是指在 VHF、UHF 频段的移动信道中，电波传播除了直射波和地面反射波之外，还需要考虑传播路径中各种障碍物所引起的散射波。散射波产生于粗糙表面、小物体或其他不规则物体。在实际移动通信环境中，接收信号比单独绕射和反射的信号要强，如图 1-11 所示。这是因为当电波遇到粗糙表面时，反射能量由于散布于所有方向，这就给接收机提供了额外的能量。

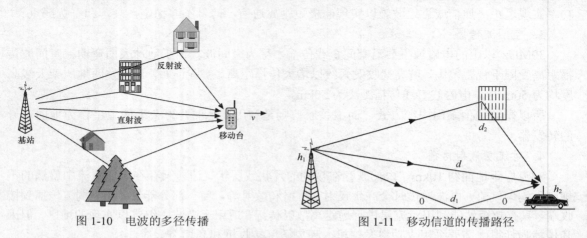

图 1-10  电波的多径传播　　　　图 1-11  移动信道的传播路径

当无线电波的频率 $f>30\text{MHz}$ 时，典型的传播路径如图 1-12 所示。

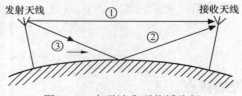

图 1-12  电磁波典型传播路径

沿路径①从发射天线直接到达接收天线的电磁波称为直射波，它是 VHF 和 UHF 频段的主要传播方式；沿路径②的电磁波经过地面反射到达接收机的电波称为地面反射波；沿路径③的电磁波沿地球表面传播的电波称为地表面波，由于地表面波的损耗随频率升高而急剧增大，传播距离迅速减小，因此在 VHF 和 UHF 频段的地表面波的传播可以忽略不计。在蜂窝移动通信系统中，电磁波遇到各种障碍物时会产生反射和散射现象，会对直射波造成干涉，即产生多径衰落现象。影响电波传播的 3 种基本传播机制是反射波、绕射波和散射波。

2. 信号衰落

当前无线通信的频率范围在甚高频和特高频之间。该频段的特点是：传播距离在视距范围内；天线短抗干扰力强；以地表面波、电离层反射波、直射波和散射波等方式传播，受地形地物影响大，导致其传输特性变化剧烈。因此，移动台接收到的电波一般是各种波的叠加，造成接收信号的电场起伏不定，最大可差 20～30dB，称为衰落。

### 3．多普勒频移效应

由于移动用户在不断地运动，当达到一定速度时，如超音速飞机，固定点接收到的载波频率将随运动速度 $v$ 的不同产生不同的频移，称这种现象为多普勒效应。多普勒效应使接收点的信号场强振幅、相位随时间、地点而不断地变化。

### 4．极化现象

无线电波在空间传播时，其电场矢量和磁场矢量的振幅总是维持特定方向并按一定的规律变化，这种现象称为无线电波的极化。无线电波的电场方向称为电波的极化方向，其中电场、磁场跟无线电波的传播方向是相互垂直的。

# 1.5　通信系统的类型

## 1.5.1　通信系统的分类

### 1．按通信业务分类

通信系统按通信业务（即所传输的信息的物理特征）分类可分为传真通信系统、电话通信系统、数据通信系统、图像通信系统等。

### 2．按基带信号的物理特征分类

通信系统按基带信号的物理特征分类分为模拟通信系统和数字通信系统。

信号在时间上是连续变化的，称为模拟信号（如电话）；在时间上离散，其幅度取值也是离散的信号称为数字信号（如电报）。模拟信号通过模拟－数字变换（包括采样、量化和编码过程）也可变成数字信号。通信系统中传输的基带信号为模拟信号时，这种系统称为模拟通信系统；传输的基带信号为数字信号的通信系统称为数字通信系统。

模拟通信是指在信道上把模拟信号从信源传送到信宿的一种通信方式。由于导体中存在电阻，信号直接传输的距离不能太远，解决的方法是通过载波来传输模拟信号。载波是指被调制以传输信号的波形，通常为高频振荡的正弦波。这样，把模拟信号调制在载波上传输，则可比直接传输远得多。一般要求正弦波的频率远远高于调制信号的带宽，否则会发生混叠，使传输信号失真。模拟通信系统通常由信源、调制器、信道、解调器、信宿及噪声源组成。模拟通信的优点是直观且容易实现，但保密性差、抗干扰能力弱。由于模拟通信在信道传输的信号频谱比较窄，因此可通过多路复用使信道的利用率提高。模拟信号传输系统中，信号随时间连续变化，必须采用线性调制技术和线性传输系统，单边带调制的已调信号带宽可与原信号相同，用它构成的复用系统频谱利用率较高，适用于频带受限的金属缆线。在无线传输系统中，为克服干扰和衰落，模拟基带信号的二次调制大多采用调频方式。有时为了扩大容量，某些特大容量的模拟微波接力系统也有用调幅方式的。模拟传输系统适用于早期业务量很大的模拟电话网，缺点是接力系统的噪声及信号损伤均有积累。

数字通信是指在信道上把数字信号从信源传送到信宿的一种通信方式。它与模拟通信相比，优点为：抗干扰能力强，没有噪声积累；可以进行远距离传输并能保证质量；能适应各种通信业务要求，便于实现综合处理；传输的二进制数字信号能直接被计算机接收和处理；便于采用大规模集成电路实现，通信设备利于集成化；容易进行加密处理，安全性更容易得到保证。

数字信号传输系统中，信号参量在等时间间隔内取 2n 或 2n+1 个离散值，接收时只需取参量与各标称离散值的最小"距离"进行判决，无需保持信号原状，因而抗干扰及抗损伤能力强。经过中继器的信号可以逐段再生，无噪声及损伤的积累，信号处理可用逻辑电路来实现，设备简单，易于集成化，不仅适用于电报、数据等数字信号的传输，也适用于数字话音信号以及其他各种数字化模拟信号的传输，从而为建立包容各种信号的综合业务数字网（ISDN）提供了条件。尽管二进制数字化模拟信号的频谱利用率远低于原信号，但通过采用高效编码技术、高效调制技术和高工作频段的传输媒质仍可在一定程度上提高频谱利用率，或直接以大带宽承纳大系统容量。数字传输系统的这些优点确定了它在传输系统发展中的特殊优越地位。

通信系统都是在有噪声的环境下工作的。设计模拟通信系统时采用最小均方误差准则，即收信端输出的信号噪声比最大。设计数字通信系统时，采用最小错误概率准则，即根据所选用的传输媒介和噪声的统计特性选用最佳调制体制，设计最佳信号和最佳接收机。数字通信系统模型示意图如图 1-13 所示。

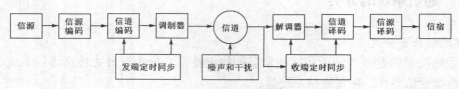

图 1-13　数字通信系统模型示意图

信源编码：提高通信系统效率，主要由两部分组成：一是模/数转换器；二是压缩编码器，用来降低信号数码率。

信道编码：提高通信系统的可靠性。在发送端按一定规则加入冗余码元，使接收端能发现或纠正错码。

定时同步系统：产生一系列定时信号，确保收发端具有一定（相对不变）的时间关系。

3．按传输媒介分类

通信系统按所用传输媒介的不同可分为两类：①利用金属导体为传输媒介，如常用的通信线缆等，这种以线缆为传输媒介的通信系统称为有线通信系统；②利用无线电波在大气、空间、水或岩、土等传输媒介中传播而进行通信，这种通信系统称为无线通信系统。光通信系统也有"有线"和"无线"之分，它们所用的传输媒介分别为光学纤维和大气、空间或水。

有线通信系统：适合基带传输或频带传输。传输语音信号的电话网、传输数据信号的计算机网、传输视频信号的有线电视网是最常见的有线信道。

平衡电缆：也称双绞线，每对信号传输线间的距离比明线小，而且包扎在绝缘体内。

同轴电缆：用来构建容量较大的有线信道，常用的有两种：一种是外径为 4.4mm 的细同轴电缆；另一种是外径为 9.5mm 的粗同轴电缆。

光纤信道：是以光波为载波，以光导纤维（光纤）为传输介质进行通信的通信信道。

无线通信系统：信息主要是通过自由空间传输，但必须通过发射机系统、发射天线系统、接收天线系统和接收机系统才能使携带信息的信号正常传输，从而组成一条无线传输信道。

4．按信号复用方式分类

多路复用方式即在同一传输途径上同时传输多个信息。多路复用系统可以充分利用通信信道、扩大通信容量和降低通信费用。复用方式主要有 4 种：空分复用（SDMA）、频分复用

（FDMA）、时分复用（TDMA）和码分复用（CDMA）。

空分复用：利用不同的空间来实现多路信号的传送，例如有线情况，可利用不同的电路或电缆来区分；无线情况，可依靠天线的指向和发射信号功率的大小来区分。

频分复用：使不同的信号占据不同的频率范围。

时分复用：通过抽样或脉冲调制方法使不同的信号占据不同的时间区间。

码分复用：在同一空间、同一频段、同一时间内，用相互正交的码组携带不同的信号。

在模拟通信系统中，将划分的可用频段分配给各个信息而共用一个共同传输媒质，称为频分多路复用。在数字通信系统中，分配给每个信息一个时隙（短暂的时间段），各路依次轮流占用时隙，称为时分多路复用。完成多路复用功能的设备称为多路复用终端设备，简称终端设备。多路通信系统由末端设备、终端设备、发送设备、接收设备和传输媒介等组成。

5. 按终端设备分类

通信系统按终端设备分类分为电话（包括手机）通信、电报通信、电传通信、传真通信、计算机通信等。

6. 按通信方式分类

通信系统按通信方式分类分为单工通信、半双工通信、全双工通信三种，如图1-14所示。

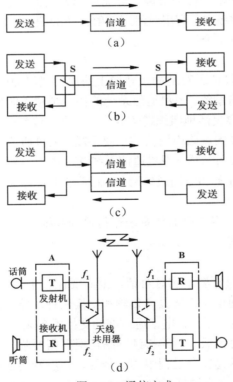

图1-14 通信方式

数字通信设备采用十分双工制（TDD），A发B收，B发A收，采用信道切换装置即电子开关来实现。由于采用数字技术，收发切换速度极快，虽然本质属于单工通信，感觉上却像双工通信。数字手机通信采用此方式。

### 1.5.2  通信系统的典型应用

#### 1. 有线系统

用于长距离电话通信的载波通信系统是按频率分割进行多路复用的通信系统。它由载波电话终端设备、增音机、传输线路和附属设备等组成。其中载波电话终端设备是把话频信号或其他群信号搬移到线路频谱或将对方传输来的线路频谱加以反变换并能适应线路传输要求的设备;增音机能补偿线路传输衰耗及其变化,沿线路每隔一定距离装设一部。

#### 2. 微波系统

是长距离大容量的无线电通信系统,因传输信号占用频带宽,一般工作于微波或超短波波段。在这些波段,一般仅在视距范围内具有稳定的传输特性,因而在进行长距离通信时必须采用接力(也称中继)通信方式,即在信号由一个终端站传输到另一个终端站所经过的路由上设立若干个邻接的、转送信号的微波接力站(又称中继站),各站间的空间距离约为 20~50km。接力站又可分为中间站和分转站。微波接力通信系统的终端站所传信号在基带上可与模拟频分多路终端设备或数字时分多路终端设备相连接,前者称为模拟接力通信系统,后者称为数字接力通信系统。由于具有便于加密和传输质量好等优点,数字微波接力通信系统日益受到人们的重视。除上述视距接力通信系统外,利用对流层散射传播的超视距散射通信系统也可通过接力方式作为长距离中容量的通信系统。

#### 3. 卫星系统

在微波通信系统中,若以位于对地静止轨道上的通信卫星为中继转发器,转发各地球站的信号,则构成一个卫星通信系统。卫星通信系统的特点是覆盖面积很大,在卫星天线波束覆盖的大面积范围内可根据需要灵活地组织通信联络,有的还具有一定的变换功能,故已成为国际通信的主要手段,也是许多国家国内通信的重要手段。卫星通信系统主要由通信卫星、地球站、测控系统和相应的终端设备组成。卫星通信系统既可作为一种独立的通信手段(特别适用于对海上、空中的移动通信业务和专用通信网),又可与陆地的通信系统结合、相互补充,构成更完善的传输系统。

用上述载波、微波接力、卫星等通信系统作传输分系统,与交换分系统相结合,可构成传送各种通信业务的通信系统。

#### 4. 电话系统

电话通信的特点是通话双方要求实时对话,因而要在一个相对短暂的时间内在双方之间临时接通一条通路,故电话通信系统应具有传输和交换两种功能。这种系统通常由用户线路、交换中心、局间中继线和干线等组成。电话通信网的交换设备采用电路交换方式,由接续网络(又称交换网络)和控制部分组成。话路接续网络可根据需要临时向用户接通通话用的通路,控制部分是用来完成用户通话建立全过程中的信号处理并控制接续网络。在设计电话通信系统时,主要以接收话音的响度来评定通话质量,在规定发送、接收和全程参考当量后即可进行传输衰耗的分配。另一方面根据话务量和规定的服务等级(即用户未被接通的概率——呼损率)来确定所需机、线设备的能力。

由于移动通信业务的需要日益增长,移动通信得到了迅速的发展。移动通信系统由车载无线电台、无线电中心(又称基地台)和无线交换中心等组成。车载电台通过固定配置的无线电中心进入无线电交换中心，可完成各移动用户间的通信联络；还可由无线电交换中心与固定电话通信系统中的交换中心（一般为市内电话局）连接，实现移动用户与固定用户间的通话。

### 5. 电报系统

电报系统是为使电报用户之间互通电报而建立的通信系统。它主要利用电话通路传输电报信号。公众电报通信系统中的电报交换设备采用存储转发交换方式（又称电文交换），即将收到的报文先存入缓冲存储器中，然后转发到去向路由，这样可以提高电路和交换设备的利用率。在设计电报通信系统时，服务质量是以通过系统传输一份报文所用的平均时延来衡量的。对于用户电报通信业务则仍采用电路交换方式，即将双方间的电路接通，然后由用户双方直接通报。

### 6. 数据系统

数据通信是伴随着信息处理技术的迅速发展而发展起来的。数据通信系统由分布在各点的数据终端和数据传输设备、数据交换设备和通信线路互相连接而成。利用通信线路把分布在不同地点的多个独立的计算机系统连接在一起的网络称为计算机网络，这样可使广大用户共享资源。在数据通信系统中多采用分组交换（或称包交换）方式，这是一种特殊的电文交换方式，在发信端把数据分割成若干长度较短的分组（或称包）然后进行传输，在收信端再加以合并。它的主要优点是可以减少时延和充分利用传输信道。

## 1.6 通信系统指标

通信系统的好坏主要是通过有效性和可靠性来衡量的。也就是说一个通信系统越高效可靠，显然就越好。但实际上有效性和可靠性是一对矛盾的指标，两者需要一定的折中。有效性指的是信息传输的速率，信息传输的速率越快，有效性越好。但信息传输快了，出错的概率也就越高，信息的传输质量就不能保证，也就是可靠性降低了。就好比汽车在公路上超速行驶，快是快了，但有很大的安全隐患。所以不能撇开可靠性来单纯追求高速度，否则，真的会欲速则不达了。

那么具体是用哪些指标来说明系统的有效性和可靠性的呢？

对于模拟通信系统来说，有效性是用系统的带宽来衡量的，可靠性则是用信噪比来衡量的。如果一路电话占用的带宽是一定，那么系统的总带宽越大就意味着能容纳更多路电话；而当系统的带宽一定时，要想增加系统的容量，则可以通过降低单路电话占用的带宽来实现，因此单路信号所需的带宽越窄说明有效性越好。但降低单路信号的占用带宽后，由于两路信号之间的频带隔离变窄，势必会增加相互间的干扰，即增加噪声，使信号功率与噪声功率的比值降低，从而降低了系统的可靠性。

对于数字通信系统来说，有效性是通过信息传输速率来表示的，可靠性是通过误码率或误信率来体现的。误码率是指接收端收到的错误码元数与总的传输码元数的比值，即表示在传输中出现错误码元的概率。误信率是指接收到的错误比特数与总的传输比特数的比值，即传输中出现错误信息量的概率。

数字信号在信道中传输时，为了保证传输的可靠性，往往要添加纠错编码，纠错编码是要占用传输速率的。当一个信道每秒能传输的总码元数或比特数一定时，如果不要纠错编码，显然每秒传输的信息量比特会多些，效率提高了，但没有了纠错码，可靠性则无法保证。这些为了提高可靠性而增加的编码也被称为传输开销,原因是传输这些码元或比特的目的是为了检查纠错,而它们是不携带信息的。

在通信系统中,频率是个任何信号都与生具有的特征,即使是数字信号也不例外,传输它们是要占用一定的频率资源的。带宽和数字信号的传输速率是成正比关系的。理想情况下,传输速率除以 2 就是以这个速率传输的数字信号所占用的频带宽度。所以越高速率所占的频带也会越宽,所以高速通信往往也称为"宽带通信"。

# 思考题与习题

1．无线通信系统由哪几部分组成,画出其模型框图并说明图中各部分起的作用。
2．无线通信为什么要用高频信号?"高频"信号指的是什么?
3．无线通信中为什么要进行调制与解调?
4．发射机和接收机的主要技术指标有哪些?
5．画出调幅式无线电广播发射机方框图,并说明高频部分各模块的作用。
6．示意画出超外差式调幅收音机的原理框图,简要叙述其工作原理。
7．调制和解调的三种方式分别是什么?
8．电磁波频段如何划分?各个频段的传播特性和主要应用情况如何?
9．如接收的广播信号频率为 936kHz,中频为 465kHz,问接收机的本机振荡频率是多少?

# 第2章 高频小信号放大器

高频小信号放大器也叫高频小信号谐振放大器，有时也称为射频放大器。本章讲述了射频放大器的结构组成和性能特点、谐振回路的基本特性和参数、集中选频调谐网络的结构和性能。

高频小信号放大器的作用如下：

- 放大：在通信电路中对微弱的高频信号进行放大，这些微弱的高频信号的中心频率在几百千赫兹至上千兆赫兹，频谱宽度在 20kHz～20MHz 的范围。
- 选频：选频功能依靠选频网络来实现，根据电路构成可分为分散选频和集中选频两大类。

高频小信号放大器除具有放大功能外，还具有选频功能，这也是高频放大电路与低频放大电路的主要区别。选频指从众多信号中选择出有用信号，滤除无用的干扰信号的能力。因此高频小信号谐振放大器又可视为集放大、选频于一体，由有源放大元件和无源选频网络所组成的高频电子电路。高频小信号谐振放大器在通信设备中的主要用途是在接收机系统的前端作接收机的高频放大器和中频放大器。选频网络分类如图 2-1 所示。

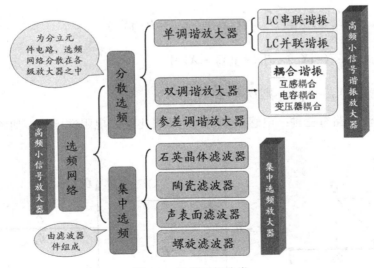

图 2-1　选频网络分类

## 本章主要内容

- 射频放大器的结构组成和性能特点。

- 谐振回路的基本特性和参数。
- 集中选频调谐网络的结构和性能。

# 2.1  分散选频

单调谐回路：在谐振回路中，通过简单的串并联方法将同类电抗元件合并，最后简化成只有一个电感和电容组成的谐振回路。

单调谐回路分类：根据电感、电容与信号源之间的串并联关系，可分为串联谐振和并联谐振两种回路，它们是通信、广播电路中不可缺少的重要网络，其主要作用是选频。

## 2.1.1  LC 谐振的概念

下面进行 RLC 串联交流电路特性分析。

（1）瞬时值表达式：

$$u = u_R + u_L + u_C = iR + L\frac{\mathrm{d}i}{\mathrm{d}t} + \frac{1}{C}\int i\mathrm{d}t$$

设 $i = I_m \sin\omega t$ ，则：

$$u = I_m R \sin\omega t + I_m(\omega L)\sin(\omega t + 90°) + I_m\left(\frac{1}{\omega C}\right)\sin(\omega t - 90°)$$

（2）相量式：

$$\dot{U} = \dot{U}_R + \dot{U}_L + \dot{U}_C$$

设 $\dot{I} = I\angle 0°$ ，则 $\dot{U}_R = \dot{I}R$ ， $\dot{U}_L = \dot{I}(\mathrm{j}X_L)$ ， $\dot{U}_C = \dot{I}(-\mathrm{j}X_C)$

$$\dot{U} = \dot{I}R + \dot{I}(\mathrm{j}X_L) + \dot{I}(-\mathrm{j}X_C) = \dot{I}[R + \mathrm{j}(X_L - X_C)]$$

令阻抗 $Z = R + \mathrm{j}(X_L - X_C)$ ，则 $\dot{U} = \dot{I}Z$

RLC 串联交流电路有三种：电感性电路、电容性电路、电阻性电路，如图 2-2 所示。

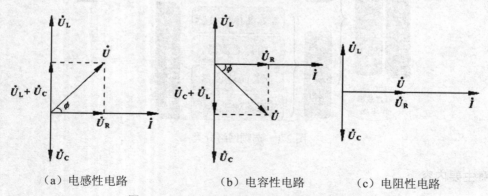

（a）电感性电路　　　　　（b）电容性电路　　　　（c）电阻性电路

图 2-2  RLC 串联交流电路电压电流相位关系

当 $X_L > X_C$ 时，$\phi > 0$，$u$ 超前 $i$ ——呈感性。

当 $X_L < X_C$ 时，$\phi < 0$，$u$ 滞后 $i$ ——呈容性。

当 $X_L = X_C$ 时，$\phi = 0$，$u$、$i$ 同相——呈电阻性（谐振）。

谐振的概念：在同时含有 $L$ 和 $C$ 的交流电路中，如果总电压和总电流同相，称电路处于谐振状态。此时电路与电源之间不再有能量的交换，电路呈电阻性。

串联谐振：$L$ 与 $C$ 串联时 $u$、$i$ 同相

并联谐振：$L$ 与 $C$ 并联时 $u$、$i$ 同相

谐振条件：$X_L = X_C$。

根据谐振条件推导出：谐振角频率 $\omega_0 = \dfrac{1}{\sqrt{LC}}$　　　谐振频率 $f_0 = \dfrac{1}{2\pi\sqrt{LC}}$

谐振作用：使电路具有选择性（电路具有选择最接近谐振频率附近的电流的能力称为选择性）。

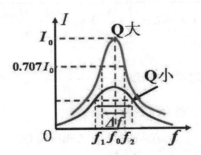

图 2-3　谐振时的频率特性

由图 2-3 可以看出，曲线越尖锐，选择性越好，通频带越窄，抗干扰能力越强；曲线越平，选择性越差，通频带越宽，信号越容易通过。信号的选择性与带宽是一对矛盾。必须保证在满足电路通频带等于或略大于需要传输信号带宽的前提下尽量提高回路的选择性。

### 2.1.2　串联谐振选频电路

分散选频的串联选频电路通常采用 LC 串联谐振电路，如图 2-4 所示。

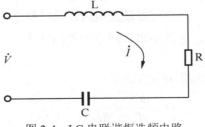

图 2-4　LC 串联谐振选频电路

$R$：回路损耗电阻，主要是电感 $L$ 的铜线损耗。如果电路接入负载，则负载 $R$、$L$ 将成为串联回路中能量消耗的主要部分。

$V$：外加电压（串联谐振电路的信号源宜用电压源，因为恒压源的内阻接近零）。

当外加信号频率正好等于串联回路的特有谐振频率 $f_0 = \dfrac{1}{2\pi\sqrt{LC}}$ 时，感抗等于容抗，二者

的作用相互抵消，使得回路呈纯阻状态，电流达到最大值。这种状态就是串联回路的谐振状态。若外加信号的频率不等于（大于或小于）回路的谐振频率时，回路对所加频率信号失谐，呈感性阻抗或容性阻抗。

下面进行串联回路特性分析。

（1）回路阻抗及回路的电流方程。

回路复阻抗：

$$Z = R + j\omega L + \frac{1}{j\omega C} = R + j\left(\omega L - \frac{1}{\omega C}\right) \tag{2-1}$$

回路电流矢量：

$$\dot{I} = \frac{\dot{V}}{Z} = \frac{\dot{V}}{R + j\left\{\omega L - \dfrac{1}{\omega C}\right\}} = \frac{\dot{V}/R}{1 + j\left\{\dfrac{\omega L - 1/\omega C}{R}\right\}} = \frac{\dot{I}_{\max}}{1 + j\xi} \tag{2-2}$$

式中，$\dot{I}_{\max} = \dot{V}/R$ 是回路的最大电流；$\xi = \dfrac{\omega L - \dfrac{1}{\omega C}}{R}$ 为广义失谐，或称相对失谐。

电流矢量 $I$ 的幅模与相角分别为：

$$I(\omega) = \frac{I_{\max}}{\sqrt{1 + \xi^2}} \quad （幅频特性） \tag{2-3}$$

$$\psi(\omega) = -\arctan\xi \quad （相频特性） \tag{2-4}$$

（2）回路谐振及谐振频率。

由式（2-2）可见，当外加信号电压的频率变化到某一频率 $f_0$ 时，若满足：

$$\omega L = \frac{1}{\omega C}$$

就有：

$$f_0 = \frac{1}{2\pi\sqrt{LC}}$$

即：

$$f_0 = \frac{1}{2\pi\sqrt{LC}} \tag{2-5}$$

此时有 $\xi = 0$，$I = I_{\max} = V/R$，回路获得最大电流，此时整个 LC 电路好像不存在电感 $L$ 和电容 $C$，而仅有等效串联电阻 $R$。这就是串联回路的谐振状态。

（3）回路的品质因数 $Q$。

品质因数 $Q$：指存储能量与消耗能量之比。

$$Q = \frac{\omega_0 L}{R} = \frac{1}{R\omega_0 C} = \frac{1}{R}\sqrt{\frac{L}{C}} \tag{2-6}$$

（4）回路的选频特性曲线。

由式（2-3）得：

$$\frac{I(\omega)}{I_{\max}} = \frac{1}{\sqrt{1 + \xi^2}} \tag{2-7}$$

为了分析方便起见，需要求出 $\xi$ 与品质因数 $Q$ 的关系。在窄带选频电路中，有：

$$\xi = \frac{\omega L - \dfrac{1}{\omega C}}{R} = \frac{\omega_0 L}{R}\left(\frac{\omega}{\omega_0} - \frac{\omega_0}{\omega}\right) = Q\left(\frac{f}{f_0} - \frac{f_0}{f}\right) = Q\frac{(f+f_0)(f-f_0)}{f_0 f} \approx Q\frac{2\Delta f}{f_0} \quad (2\text{-}8)$$

将式（2-8）代入式（2-7）可得串联谐振回路的选频特性方程式，即：

$$\frac{I(\omega)}{I_{\max}} = \alpha = \frac{1}{\sqrt{1+\xi^2}} = \frac{1}{\sqrt{1+Q^2\left(\dfrac{2\Delta f}{f_0}\right)^2}} \quad (2\text{-}9)$$

由式（2-9）可以画出串联谐振回路的幅频特性（即选频特性），如图 2-5 所示。串联谐振回路是一选频电路，在 $\omega = \omega_0$ 时，回路谐振，电流最大，为 $I_{\max}$；当 $\omega \neq \omega_0$ 时，回路失谐，电流值下降。

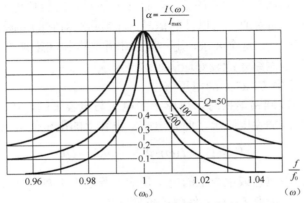

图 2-5　串联谐振回路的幅频特性

幅频特性曲线的陡直程度主要由品质因数 $Q$ 值的大小来决定：$Q$ 值大，曲线陡，选频特性好，但通频带窄；$Q$ 值小，曲线平缓，选频特性差，但通频带宽。

（5）串联回路的通频带宽度 $BW$。

串联回路的通频带是按 3dB 带宽定义的：使回路电流下降 3dB（即由 1 降至 0.707）时所对应的外加信号频率上限值与下限值的差值关系。由式（2-9）得：

$$\alpha = \frac{I(\omega)}{I_{\max}} = 0.707 = \frac{1}{\sqrt{2}} = \frac{1}{\sqrt{1+\xi^2}}$$

解得：
$$\xi = 1$$

根据式（2-8）可得通频带宽度 $BW$ 的表达式：

$$BW = 2\Delta f = \frac{f_0}{Q} \quad (2\text{-}10)$$

（6）串联谐振回路的选择性。

由幅频特性可见，在谐振时回路电流最大，对信号反应最强烈；偏离 $f_0$，回路电流将会减小，这就是选择性问题。

选择性的计算可以用式（2-7）或式（2-9）进行，式（2-9）可写为：

$$\frac{I(\omega)}{I_{\max}} = \frac{1}{\sqrt{1 + Q^2 \left(\dfrac{f}{f_0} - \dfrac{f_0}{f}\right)^2}}$$

(2-11)

式中，$f$ 为偏离谐振频率 $f_0$ 的指定频率。这个式子是个通式，若在谐振频率不远处计算回路对某个信号频率的选择性（或衰减），则用式（2-9）比较方便。

回路的选择性还有另一个定义，$\alpha$ 下降至 0.1 时的频带宽度 $BW0.1$ 与 $\alpha$ 下降至 0.707 时的频带宽度 $BW0.7$ 之比来表征，这个比值称为矩形系数。

调谐回路的矩形系数为：

$$K0.1 = BW0.1 / BW0.7 = 9.96 \approx 10$$

理想调谐回路的 $K0.1 \to 1$，$K0.1$ 值越接近 1 越好。这一指标通常用来评价不同网络的选频能力。

通常人们总是要求对所选用频率的信号，谐振网络对它的衰减越小越好，即在通频带内，幅频特性要尽可能平坦；而对通频带以外的信号，选频回路对它的衰减越大越好，即在通频带边缘，幅频特性应尽可能陡。这个要求，用一般的串并联谐振回路是难以达到的，只有用双调谐网络或者更复杂的组合网络才能较好地满足这一要求。

（7）串联谐振回路中 $L$、$C$ 上的电压值。

上面已经证明，串联回路谐振时，电感上的电压与电容上的电压因大小相等、方向相反而抵消。信号源电压全部加在电阻上，此时电感、电容上的电压值可由式（2-12）计算：

$$V_L = V_C = I(\omega) \cdot X = \frac{V}{R}\omega_0 L = QV$$

(2-12)

谐振时，串联回路中电感或电容上的电压是信号源电压 $V$ 的 $Q$ 倍，所以串联谐振回路也称为电压谐振回路。这是选取 $L$、$C$ 元件耐压条件的依据。

### 2.1.3 并联谐振选频电路

分散选频的并联选频电路通常采用 LC 并联谐振电路，如图 2-6 所示。

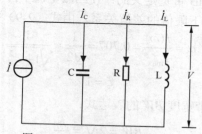

图 2-6 LC 并联谐振选频电路

在某一个特征频率 $f_0$ 上，回路感抗与容抗相等，这一点就是并联谐振回路的谐振点。并联回路在谐振时，感性与容性的作用相抵消，回路呈纯阻性。这时信号源的电流全部流入电阻 $R$ 支路，回路两端得到最大电压，电感和电容中也有很大的电流（等于 $QI$）流过，但由于方向相反而抵消了。所以，并联谐振回路也称为电流谐振回路。

下面进行并联回路特性分析。

（1）并联回路的电压方程式。

回路电压方程式为：

$$\dot{V} = \dot{I}Z = \frac{\dot{I}}{G + j\left\{\omega C - \dfrac{1}{\omega L}\right\}} = \frac{\dot{I}/G}{1 + j\left\{\dfrac{\omega C - 1/\omega L}{G}\right\}} = \frac{\dot{V}_{max}}{1 + j\xi} \quad (2\text{-}13)$$

式中，$V_{max}$ 为并联谐振回路的最大电压，且 $V_{max}=I/G$；$G=1/R$ 为电导；$\xi$ 称为相对失谐或广义失谐，在偏离谐振频率 $f_0$ 不远时，其大小为：

$$\varsigma = \frac{\omega C - \dfrac{1}{\omega L}}{G} = \frac{\omega_0 C}{G}\left(\frac{\omega}{\omega_0} - \frac{\omega_0}{\omega}\right) = Q\frac{(f + f_0)(f - f_0)}{f_0 f} \approx Q\frac{2\Delta f}{f_0} \quad (2\text{-}14)$$

电压矢量 $V$ 的幅模与相角分别为：

$$V(\omega) = \frac{V_{max}}{\sqrt{1 + \xi^2}} \quad （幅频特性） \quad (2\text{-}15)$$

$$\psi(\omega) = -\arctan\xi \quad （相频特性） \quad (2\text{-}16)$$

（2）并联回路的谐振及谐振频率 $f_0$。

$$\omega_0 = \frac{1}{\sqrt{LC}} \text{ 或 } f_0 = \frac{1}{2\pi\sqrt{LC}} \quad (2\text{-}17)$$

（3）并联回路的品质因数 $Q$。

$$Q = \frac{R}{\omega_0 L} = R\omega_0 C = R\sqrt{\frac{C}{L}} = \frac{1}{G\omega_0 L} = \frac{\omega_0 C}{G} \quad (2\text{-}18)$$

并联电阻代表能量消耗的情况，$L$、$C$ 代表贮能情况，$R$ 大表示流过它的电流小，旁路作用小，损失的能量就小，所以 $Q$ 值就高；$\omega_0 L$ 大，表明 $L$ 的作用小，其贮能的作用也小，$Q$ 值当然也低。

（4）并联回路的选频特性曲线。

仿照串联谐振曲线的分析，对式（2-15）略作变化，用相对关系表示其值，可得：

$$\alpha = \frac{V(\omega)}{V_{max}} = \frac{1}{\sqrt{1 + \xi^2}} = \frac{1}{\sqrt{1 + Q^2\left(\dfrac{2\Delta f}{f_0}\right)^2}} \quad (2\text{-}19)$$

由式（2-19）画出并联回路的选频特性曲线，如图 2-7 所示。

（5）回路的通频带宽度 $BW$。

并联回路的通频带也是按 3dB 带宽定义的。

$$BW = 2\Delta f = \frac{f_0}{Q}$$

（6）并联回路的选择性。

LCR 回路的选择性有两种定义：一种是指回路对某一频率的衰减程度；另一种是用矩形系数。前者可以求得回路对某一频率的实际衰减值，后者可以评价各种不同回路选频特性的优劣。

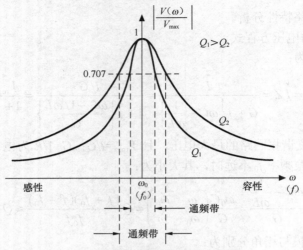

图 2-7　并联回路的幅频特性

（7）并联回路的插入损耗。

并联调谐回路是将信号源（如放大器）的工作频带内能量传送到负载电路上。网络本身总是存在电阻的，因此信号通过调谐回路时必然会产生损耗，定义为插入损耗。图 2-8 中 $R_0$ 就是回路自身的总损耗电阻。

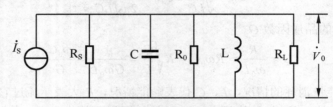

图 2-8　并联谐振回路的插入损耗

回路插入损耗定义为：

$$K_L = \frac{回路有损时的输出功率}{回路无损时的输出功率} = \frac{P_L'}{P_L} < 1 \qquad （2\text{-}20）$$

式中：

$$P_L = V_0^2 G_L = \left(\frac{I_S}{G_S + G_L}\right)^2 G_L \qquad G_0 = \frac{1}{R_0} = 0$$

$$P_L' = \left(\frac{I_S}{G_S + G_0 + G_L}\right)^2 G_L \qquad G_0 \neq 0$$

可得：

$$K_L = \frac{P_L'}{P_L} = \left(\frac{G_S + G_L}{G_S + G_0 + G_L}\right)^2 = \left(\frac{G_S + G_L}{G}\right)^2$$

$$G = \frac{1}{\omega_0 L Q} \qquad G_0 = \frac{1}{\omega_0 L Q_0}$$

由此可以导出：

$$G_S + G_L = G - G_0$$

$$K_L = \left(\frac{G - G_0}{G}\right)^2 = \left(1 - \frac{G_0}{G}\right)^2 = \left(1 - \frac{Q}{Q_0}\right)^2 \qquad （2\text{-}21）$$

插入损耗也可以用分贝表示，即：

$$10\lg K_{\mathrm{L}} = 20\lg\left(1 - \frac{Q}{Q_0}\right) \tag{2-22}$$

**例 2-1**　已知某谐振回路的 $Q_0 = 100$，有载的 $Q = 30$，则回路的插入损耗为多少？

**解**：根据插入损耗公式：

$$10\lg K_{\mathrm{L}} = 20\lg\left(1 - \frac{Q}{Q_0}\right) = 20\lg\left(1 - \frac{30}{100}\right) = 20\lg 0.7 = -3\mathrm{dB}$$

如果回路没有损耗，即 $R_0 = \infty$，则 $Q_0 = \infty$，此时回路的插入损耗为：

$$20\lg(1 - 0) = 20\lg 1 = 0\mathrm{dB}$$

### 2.1.4　耦合谐振电路

由两个单调谐回路组成的电路系统称为双调谐回路，也称耦合谐振电路。

特点：通频带宽、选择性好；不足：调节比较麻烦。双调谐回路广泛用作接收机的前级高频放大或中频放大环节的选频部件。

常用的双调谐回路有 3 种形式，如图 2-9 所示。

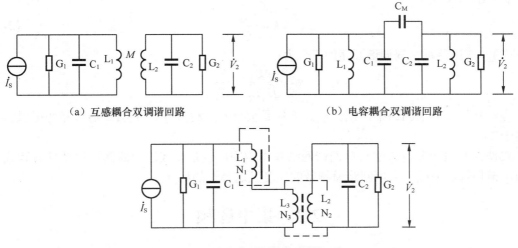

（a）互感耦合双调谐回路　　　（b）电容耦合双调谐回路

（c）变压器耦合双调谐回路

图 2-9　双调谐回路的 3 种形式

图 2-9（a）所示是互感耦合双调谐电路，电感 $L_1$、$L_2$ 之间是互感耦合。这种电路的工作频率较高，可达数百 MHz，所以不能按理想变压器处理。这种电路的缺点是调整比较麻烦。

图 2-9（b）所示是电容耦合双调谐电路，初次级两个回路是靠电容 $C_{\mathrm{M}}$ 耦合的。电感 $L_1$、$L_2$ 之间没有磁路的联系，通常是各自屏蔽的。初级回路中的 $G_1$ 和 $C_1$ 包含信号源内阻抗的电导和电容；次级回路中的 $G_2$、$C_2$ 包含负载电导和电容。这种电路的特点是结构比较简单，调节也较方便，但工作频率不很高。

图 2-9（c）所示是变压器耦合双调谐回路。$L_1$、$L_2$ 是初次级回路的电感，$L_2$ 与 $L_3$ 之间有磁的耦合，而且是紧耦合，可按理想变压器处理。$L_1$ 与 $L_2$ 之间没有磁的耦合，由于 $L_3$ 的匝数

$N_3$ 比 $L_1$ 的匝数 $N_1$ 少得多，所以初次级两个回路之间的耦合系数 $k$ 仍比 1 小得多。这种电路的最大特点是调整方便，性能也很稳定，但是电路的工作频率不很高。

双调谐回路的一个重要参数是表征两个回路之间耦合程度强弱的耦合系数，常以符号 $k$ 表示。

（1）互感耦合双调谐回路的 $k$ 值为：

$$k = \frac{M}{\sqrt{L_1 L_2}} \tag{2-23}$$

$M$ 为互感量。若初次级回路相同，即：

$$C_1 = C_2 ， \quad L_1 = L_2 = L$$

则：
$$k = M / L \tag{2-24}$$

（2）电容耦合双调谐回路的 $k$ 值为：

$$k = \frac{C_M}{\sqrt{(C_1 + C_M)(C_2 + C_M)}} \tag{2-25}$$

在初次级回路完全对称时，有：

$$k = \frac{C_M}{C + C_M} \tag{2-26}$$

若 $C_M << C$，则：

$$k = \frac{C_M}{C} \tag{2-27}$$

（3）变压器耦合双调谐回路的 $k$ 值为：

$$k = \frac{M}{\sqrt{L_1 L_2}} = \frac{N_3}{N_1} \tag{2-28}$$

在实际的双调谐回路中，耦合系数 $k$ 值是很小的，约为 0.1～0.01；而理想变压器的 $k$ 值则等于 1。

双调谐回路的分析方法与单调谐网络基本相同，也是要找出回路的谐振特性方程式，然后画出谐振特性曲线，求出回路通频带的宽度及选择性的好坏。

## 2.2　集中选频

分散选频网络在单级调谐放大电路中应用较为普遍。

多级调谐放大器（要求放大器的频带宽、增益高时需要采用）采用集中选频滤波器件。

常用的集中选频滤波器：高阶 LC 滤波器、石英晶体滤波器、陶瓷滤波器、声表面波滤波器、螺旋滤波器等。

### 2.2.1　高频电子元器件

1. 高频无源元件

$C_R$：电阻器分布电容。

$L_R$：电阻器引线电感。

电阻的高频等效电路

$R$：电阻。

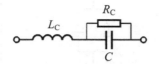

电容的高频等效电路

$R_C$：极板间绝缘电阻（由于两极板间绝缘介质非理想所致）。

$L_C$：引线电感。

电感的高频等效电路

$R_L$：绕制高频电感的导线的直流电阻及骨架引起的额外损耗。

（1）高频电阻。

低频时，电阻器为纯电阻 $R$；高频时，由于分布电容和引线电感的影响增大，不能再忽略，不仅呈现出电阻特性，而且呈现出电抗特性。分布电容和引线电感越小，电阻器越接近纯电阻特性，其高频特性越好。

电阻器高频特性的好坏与电阻体的材料、封装形式及尺寸大小有密切关系。一般来说，金属膜电阻比碳膜电阻的高频特性好，而碳膜电阻比线绕电阻的高频特性好；表面贴装（SMD）电阻比引线电阻的高频特性好，小尺寸的电阻比大尺寸的电阻高频特性好。频率越高，电阻器的电抗特性表现越明显。在实际应用中，应尽量减小电阻器电抗特性的影响。

（2）高频电容。

低频时，极板间绝缘电阻 $R_C$ 可视为开路，电感 $L_C$ 可视为短路；高频时，它们的影响不能忽略。由于在高频电路中常常使用片状电容和表面贴装技术，电感 $L_C$ 可以忽略。

（3）高频电感。

电感由导线绕制而成，也称电感线圈。

$R_L$ 的阻值因集肤效应随频率的增高而增大。

集肤效应是指，随着工作频率的升高，流过导线的交流电流集中在导线表面的现象。当频率很高时，导线中心部位几乎完全没有电流流过，导线的有效截面积大大减少，故阻值增大。$R_L$ 越大，电感的高频特性越差。

（4）传输线。

通信电路中的传输线泛指传输电信号的导线。

可以是对称的平行导线或是扭在一起的双绞线，也可以是同轴电缆。

当在一对导线上施加电压时，导线中有电流流过，则一对导线间会产生电场而储存电能，导线的周围产生磁场而储存磁能。导线既呈现电容性质，又呈现电感性质。电流流经导线时发热耗能，又使其呈现串联电阻性质。两根导线之间有漏电时，则相当于一并联电导，故均匀传输线的高频等效电路如图 2-10 所示。

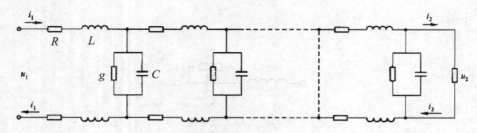

R 和 L 代表导线单位长度的电阻和电感

g 和 C 代表其单位长度的漏电导和电容

图 2-10　均匀传输线的等效电路

2. 高频有源元件

高频有源元件主要有晶体二极管、晶体三极管、场效应管和集成电路。

（1）晶体二极管。

高频电路中，晶体二极管常用于检波、调制、解调、混频等非线性电路。

常用的高频二极管主要有点接触式二极管和表面势垒二极管（又称肖特基二极管），两者都是利用多数载流子导电的机理，它们的极间电容小、工作频率高，常用的点接触式二极管（如 2AP 系列）工作频率高达 100～200MHz，而表面势垒二极管工作频率可高达微波范围。高频调谐电路中广泛使用变容二极管（2CC 系列）。

（2）晶体三极管与场效应管。

高频晶体管有两大类型：一类是高频小功率管（3AG 系列、3DG 系列、3CG 系列），用于小信号放大，主要要求其增益高、噪声低；另一类是高频功率放大管（3DA 系列、3CA 系列），一般指特征频率大于 4MHz，耗散功率大于 1W 的三极管。对于高频功率放大管除了对增益的要求外，还要求其有较大的输出功率。高频大功率晶体管在几百兆赫兹以下频率的输出功率可达 10～1000W。而 MOS 场效应管在几千兆赫兹的频率上还能输出几瓦功率。

（3）集成电路。

高频集成电路主要分为通用型和专用型两大类，目前通用型的宽带集成放大器工作频率高达一二百兆赫兹，增益可达五六十分贝甚至更高，如高频模拟乘法器工作频率高达 100MHz 以上。高频专用集成电路包括集成锁相环、集成调频信号解调器、单片集成接收芯片和电视机专用集成电路等。

3. 高频滤波器

分散选频网络在单级调谐放大电路中应用较为普遍，但是在要求放大器的频带宽、增益高时，需要采用多级调谐放大器，如果每一级都用分散选频网络，则元件多，调整操作烦琐，性能也不稳定。这时采用集中选频滤波器件则可较方便地获得良好的增益和选频特性。

常用的集中选频滤波器件有由多个 LC 元件构成的高阶 LC 滤波器、石英晶体滤波器、陶瓷滤波器、声表面波滤波器和螺旋滤波器等。

4. 高频滤波器的指标

（1）中心频率 $f_0$。

中心频率通常指滤波器的固有谐振频率，在中心频率处电路的传输能力最强，即电路的电压传输系数最大。

（2）通频带 $B0.7$。

通频带通常用 $B0.7$ 表示，指滤波器的电压传输系数的大小下降到 $f_0$ 对应的传输系数（即 0.707）时所对应的频率范围。

（3）带内波动。

理想滤波器通频带内的传输特性是常数，而实际滤波器通频带内的传输特性是变化的，在实际应用中应尽量减小带内波动以减小因此而引起的失真，即频率失真。

（4）选择性与矩形系数。

选择性指滤波器选出有用信号，滤除干扰的能力。理想滤波器的幅频特性应为矩形，为了描述滤波器幅频特性与理想幅频特性的接近程度，定义了矩形系数。

（5）插入损耗。

插入损耗定义为在通频带内插入滤波器前后负载功率之比。

（6）输入输出电阻。

滤波器的性能指标是在其输入、输出端均匹配的条件下测得的，使用时必须知道其输入输出电阻，并很好地匹配，才能使滤波器性能最佳。

（7）相频特性。

理想滤波器的相频特性应为线性，实际滤波器的相频特性应尽量接近线性，以减小相位失真。

## 2.2.2　石英晶体滤波器

一般的 LC 集中滤波器，$Q$ 值只能达到 100～200 的范围，很难做得更高，无法达到所需要求。

用特殊方式切割的石英晶体构成的石英晶体谐振器（又称为石英晶体振荡器），$Q$ 值可达几十万，甚至更高。

石英晶体的化学成分是二氧化硅（$SiO_2$）。把石英切成薄片可以得到石英晶片，在石英晶片两面敷上导电层，焊接出引线，并将其装置在支架上，再封装在外壳中，就成了石英谐振器，如图 2-11 所示。

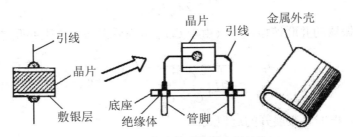

图 2-11　石英晶体滤波器内部结构

1. 石英晶体特性：压电效应和逆压电效应

压电效应：当晶片两面加机械力时，晶片两面将产生电荷，电荷的多少与机械力所引起的变形成正比，电荷的正负将取决于所加的机械力是张力还是压力。

逆压电效应：当在晶片两面加不同极性的电压时，晶片会产生机械形变，其形变大小正比于所加的电压强度；形变是压缩还是伸张，则决定于所加电压的极性。

制成的石英晶片存在着固有的振动频率，当外加交流信号的频率与晶片固有的振动频率相等时，晶片的机械振动最强，产生谐振现象。

2. 石英晶体谐振器等效电路

石英晶体谐振器等效电路如图 2-12 所示。

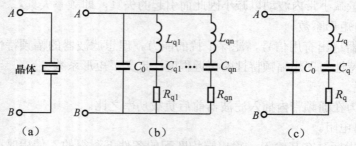

图 2-12　石英晶体谐振器的电路符号、等效电路

$L_q$：石英晶片的动态等效电感。

$C_q$：石英晶片的动态等效电容。

$R_q$：石英晶片的动态等效电阻。

$C_0$：石英谐振器的静态电容。

晶体两电极可以看作一个平板电容器，用 $C_0$ 等效。$C_0$ 的大小与晶体的几何尺寸、电极面积有关，约几个皮法到几十皮法。$L_q$、$C_q$ 为晶体谐振时的等效参数，晶片振动时因摩擦面造成的损失用损耗电阻 $R_q$ 来等效，它的数值约为 $100\Omega$。

（1）$Q$ 值高。

$$Q = \frac{1}{R_q}\sqrt{\frac{L_q}{C_q}} \tag{2-29}$$

（2）有两个谐振频率。

$f_s$：右侧支路（图 2-12（c））串联谐振频率，即石英晶片本身的自然频率。

$$f_s = \frac{1}{2\pi\sqrt{L_q C_q}} \tag{2-30}$$

$f_p$：和石英谐振器的并联谐振频率（由于 $C_0 C_q$ 串联后再与 $L$ 产生并联谐振，因此 $f_p > f_s$）。

$$f_p = \frac{1}{2\pi\sqrt{L_q \dfrac{C_0 C_q}{C_0 + C_q}}} = f_s\sqrt{1 + \frac{C_q}{C_0}} \tag{2-31}$$

因为 $C_q \ll C_0$，根据级数展开的近似式：

$$\sqrt{1 + X} \approx 1 + \frac{X}{2} \quad (X \ll 1)$$

式（2-31）可近似简化为：

$$f_p \approx f_s\left(1 + \frac{C_q}{2C_0}\right) \tag{2-32}$$

$$f_p - f_s \approx f_s \frac{C_q}{2C_0} \qquad (2\text{-}33)$$

（3）接入系数小。

$$p \approx \frac{C_q}{C_0} \qquad (2\text{-}34)$$

所以晶体谐振器与外电路的耦合很微弱，这样就削弱了外电路与石英谐振器相互间的不良影响，从而保证石英谐振器本身的高 $Q$ 值。

（4）特殊谐振曲线。

$$Z_e = \frac{\dfrac{1}{j\omega C_0}\left[R_q + j\left(\omega L_q - \dfrac{1}{\omega C_q}\right)\right]}{R_q + j\left\{\omega L_q - \dfrac{1}{\omega C_q}\right\} + \dfrac{1}{j\omega C_0}} \qquad (2\text{-}35)$$

式（2-35）在忽略 $R_q$ 时可简化为：

$$Z_e \approx -j\frac{1}{\omega C_0}\frac{1 - \dfrac{\omega_s^2}{\omega^2}}{1 - \dfrac{\omega_p^2}{\omega^2}} \qquad (2\text{-}36)$$

根据式（2-36）画出石英谐振器的电抗特性曲线，如图 2-13 所示。由于晶体的等效电感很大，而 $R_q$ 很小，因而晶体的品质因数 $Q$ 很大。晶体谐振频率基本上只与晶体自身的切割方式、几何形状及其尺寸有关，可做得非常精确，因此石英晶体具有非常好的选频特性。

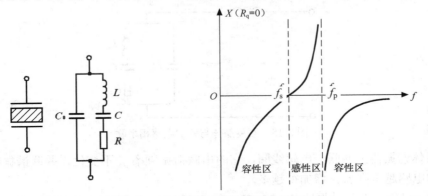

图 2-13　石英晶体滤波器的选频特性

当 $f > f_p$ 或 $f < f_s$ 时，等效电路呈容性；当 $f_s < f < f_p$ 时，等效电路呈感性，石英谐振器所呈现的等效电感由式 2-37 计算：

$$Z_e \approx -\frac{1}{\omega^2 C_0}\frac{1 - \dfrac{\omega_s^2}{\omega^2}}{1 - \dfrac{\omega_p^2}{\omega^2}} \qquad (2\text{-}37)$$

应当指出，$L_e$ 不等于石英晶片本身的动态等效电感 $L_q$。在外加信号频率 $f = f_s$ 工作时，谐振器电抗为零，呈串联谐振状态，电路为纯阻性，如图 2-14 所示。

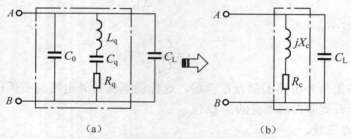

图 2-14 晶体谐振器在谐振回路中的特征阻抗

由石英谐振器的电抗特性曲线可以看出，当石英晶体谐振器作为谐振元件时，它的实际工作区域一定在 $f_s$ 与 $f_p$ 之间。这个频率就是晶体的标称频率。它既不是 $f_s$，也不是 $f_p$，而是两者之间的某一个频率。

**3. 石英晶体滤波器**

石英晶体作滤波器时，石英晶体谐振器两个谐振频率 $f_s$ 与 $f_p$ 之间的差值通常就是滤波器的通频带宽度。它属于带通滤波器，通频带非常窄。为了加宽通频带宽，应加大串联谐振频率与并联谐振频率之间的差值。解决的方法有两种：一种是外加一电感与石英晶体相串联；另一种是外加一电感与石英晶体相并联。

石英晶体与外加电感相串联的等效电路如图 2-15 所示。串入电感 $L_s$ 后，其并联谐振的频率 $f_p$ 不变化，而串联谐振频率 $f_s$ 降低了，串入的 $L_s$ 越大，则 $f_s$ 就降得越多，这样就增加了石英晶体滤波器的通频带宽度。

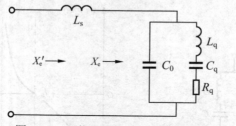

图 2-15 石英晶体与外加电感相串联

石英晶体谐振器上并联一电感线圈，它的串联谐振频率 $f_s$ 不变化，并联谐振频率 $f_p$ 会提高，并联的电感越小则 $f_p$ 就增加得越多。

**例 2-2** 已知一石英谐振器 $L_q$=25mH，$C_q$=0.008pF，$R_q$=30Ω，$C_0$=2pF，它与信号源及负载相串联，接成如图 2-16（a）所示的电路，试求：电路串并联谐振频率及通频带宽度、插入损耗，并画出大致的频率特性。

**解**：（1）串并联谐振频率分别为：

$$f_s = \frac{1}{2\pi\sqrt{L_q C_q}} = 11.254\text{MHz}$$

$$f_p = f_s\left(1 + \frac{C_q}{2C_0}\right) = 11.276\text{MHz}$$

（2）石英晶体谐振器的 $Q$ 值及回路的有载 $Q_L$ 分别为：

$$Q = \frac{\omega_s L_q}{R_q} = 58925$$

$$Q_L = \frac{\omega_s L_q}{R_s + R_L + R_q} = 871$$

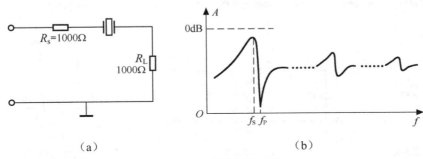

（a）　　　　　　　　　　　　　（b）

图 2-16　石英谐振器电路

（3）通频带宽度：

$$BW = \frac{f_q}{Q_L} = \frac{11.254 \times 10^6}{871} = 12.9\text{kHz}$$

（4）插入损耗：

$$\alpha = 20\lg\left(\frac{R_s + R_L}{R_s + R_L + R_q}\right) = 20\lg\left(\frac{1000 + 1000}{1000 + 1000 + 30}\right) = -0.13\text{dB}$$

插入损耗公式：

$$\alpha = 20\lg\left(1 - \frac{Q}{Q_0}\right) = 20\lg\left(1 - \frac{Q_L}{Q}\right) = 20\lg\left(1 - \frac{\dfrac{\omega_s L_q}{R_s + R_L + R_q}}{\dfrac{\omega_s L_q}{R_q}}\right)$$

$$= 20\lg\left(1 - \frac{R_q}{R_s + R_L + R_q}\right) = 20\lg\left(\frac{R_s + R_L}{R_s + R_L + R_q}\right)$$

### 2.2.3　陶瓷滤波器

某些陶瓷材料也具有压电效应，如锆钛酸铅（简称 PZT），利用这种材料制成的滤波器称为陶瓷滤波器。

用高温使银浆烧结在陶瓷片的两个侧面，形成两个电极，再经过直流高压极化之后，陶瓷片即具有和石英晶体相似的压电效应。

1. 陶瓷滤波器等效电路

陶瓷滤波器等效电路如图 2-17 所示。

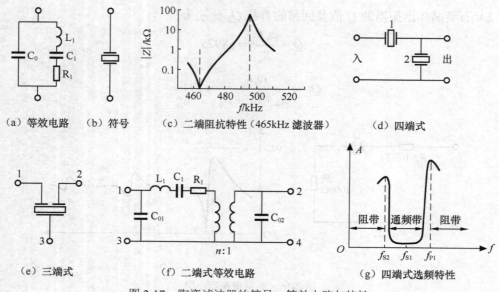

图 2-17 陶瓷滤波器的符号、等效电路与特性

**2. 陶瓷滤波器频率特性**

$C_0$：压电陶瓷振子的静态电容。

$L_1$、$C_1$、$R_1$ 是压电陶瓷振子的动态等效电感、动态等效电容、动态阻尼电阻。

由等效电路可见，陶瓷谐振器也有两个谐振频率，即串联谐振频率 $f_s$ 和并联谐振频率 $f_p$。

$$f_s = \frac{1}{2\pi\sqrt{L_1 C_1}} \tag{2-38}$$

$$f_p = \frac{1}{2\pi\sqrt{L_1 \dfrac{C_0 C_1}{C_0 + C_1}}} = f_s\sqrt{1 + \frac{C_1}{C_0}} \tag{2-39}$$

$C_1$ 与 $C_0$ 数值相差不很悬殊，$f_s$ 与 $f_p$ 相差值比石英晶体的大，因此陶瓷滤波器的通频带较宽。

### 2.2.4 声表面波滤波器

声表面波滤波器（SAWF）是一种集成滤波器件，它可以按电路系统的要求设计出特殊需要的滤波响应曲线，因此声表面波滤波器被广泛应用到电视、雷达、通信、移动通信设备等电路系统中。

**1. 基本工作原理**

声表面波滤波器是以铌酸锂、锆钛酸铅或石英等压电材料为基体构成的一种电声换能元件，结构示意图如图 2-18 所示。图中左右两对指形电极分别称为发端换能器和收端换能器。它是利用真空蒸镀法在抛光过的基体表面形成厚约 $10\mu m$ 的铝膜或金膜电极，通称为叉指电极。

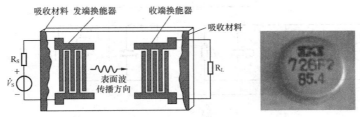

图 2-18 声表面波滤波器的基本结构与外形

当来自信号源的交变电压加到发端换能器后，由于压电效应作用，基体材料将产生弹性形变，这个随信号变化的弹性波（即声波）沿垂直于电极轴向的两个方向传播。由于这种弹性波仅存在于基体表面以下约 10μm 的深度，故称为声表面波。上述向边缘传播的声波被预先涂好的吸收材料所吸收，以不造成对主波的干扰。向收端传播的能量为主波，它沿着图中箭头所示方向从发端到达收端，并通过反压电效应作用在收端换能器上重新变换为交变电信号，最终传送给负载。

2. 等效电路

声表面波滤波器等效电路如图 2-19 所示。

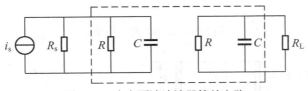

图 2-19 声表面波滤波器等效电路

$R$：换能器的输入、输出电阻。

$C$：换能器输入、输出端的总电容（静态电容）。

3. 声表面波滤波器典型参数

声表面波滤波器典型参数如表 2-1 所示。

表 2-1 声表面波滤波器参数

| 参数 | 典型值 | 参数 | 典型值 |
|---|---|---|---|
| 中心频率 $f_0$/MHz | 10～1000 | 最大带外抑制/dB | 50～80 |
| 频带宽度 | 50kHz～0.5$f_0$ | 线性相位偏移/° | ±1.5 |
| 矩形系数 | 1.2 | 带内幅度波动/dB | 0.5 |
| 插入损耗/dB | 6～25 | | |

4. 应用举例

为了减小 SAWF 的插入损耗，通常在外电路采用串接电感或并联电感的方法，如图 2-20 所示。

### 2.2.5 螺旋滤波器

螺旋滤波器无载 $Q$ 值高，螺旋滤波器的基本部件是螺旋谐振器，如图 2-21 所示。在前面曾经讨论过同轴线一端短路时的谐振特性，它可以等效成为一个 LC 并联谐振网络。

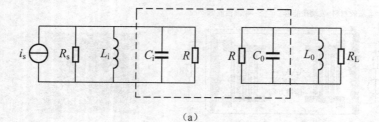

（a）

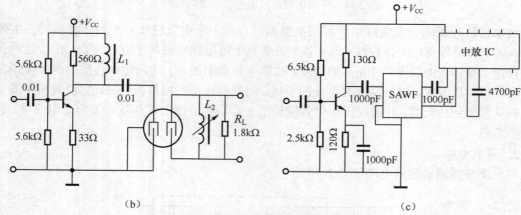

（b）                              （c）

图 2-20　SAWF 的应用举例

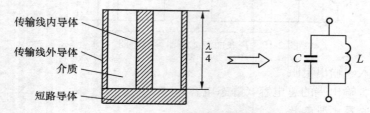

（a）同轴线谐振器的结构和等效网络

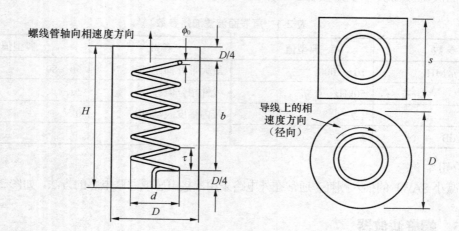

（b）螺旋谐振器　　　　　（c）常用螺旋谐振器腔体形状

图 2-21　同轴线谐振器与螺旋谐振器

基本原理：电磁波在同轴传输线中的相速度 $u\varphi$ 等于光速 c。但是在螺旋内导体的同轴传输线中，相速度由于内导体的螺旋作用而降低。

## 2.3 高频小信号放大器

发送设备原理框图如图 2-22 所示，接收设备原理框图如图 2-23 所示。

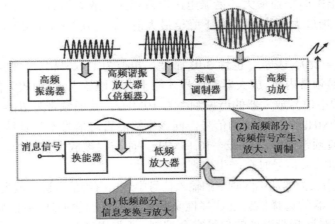

图 2-22 发送设备原理框图

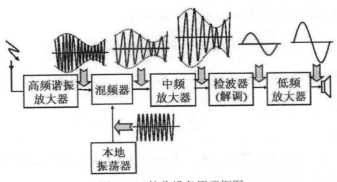

图 2-23 接收设备原理框图

### 2.3.1 高频小信号放大器的主要技术指标

高频小信号放大器是选择性放大器，其负载为选择性负载（如 LC 谐振电路）。

高频小信号放大器的特点如下：

- 频率较高：中心频率一般在几百 kHz 到几百 MHz；带宽 $B_{0.7}=2\Delta f_{0.7}$ 在几 kHz 到几十 MHz。
- 小信号：信号较小，所以工作在线性范围内，为甲类放大器。

高频小信号放大器的主要性能指标有谐振电压增益、通频带、选择性、噪声系数、稳定性等。

（1）谐振电压增益：指放大器在其谐振频率处的电压增益，用 $A_{uo}$ 表示。

电压增益：$A_u = \dfrac{V_o}{V_i}$　　用分贝表示：$A_u = 20\log\dfrac{V_o}{V_i}$

功率增益：$A_p = \dfrac{P_o}{P_i}$　　用分贝表示：$A_p = 10\log\dfrac{P_o}{P_i}$

高频小信号放大器对不同频率的信号放大能力不同，当放大器的固有谐振频率等于输入信号的频率，产生谐振时增益最大。谐振电压增益越大，放大器对信号的放大能力越强。

（2）通频带：指放大器的增益 $A_u$ 下降至最大值 $A_{uo}$ 的 0.7（即 $1/\sqrt{2}$）倍时所对应的上、下限之间的频率范围。

通频带宽用 $B_{0.7} = 2\Delta f_{0.7}$ 表示，也称 3dB 带宽，单位为 Hz。只有当被放大信号的所有频率分量都落在放大器通频带内时，放大器对信号才能不失真地放大，否则放大信号时会产生失真。

**例 2-3**　某高频小信号放大器的谐振频率为 10MHz，其通频带为 $B_{0.7}$=150kHz，现要用该放大器放大频率为 9MHz～11MHz 的信号，问该电路能否对信号不失真地放大？

**解：** 放大器的通频带为 9.85MHz～10.15MHz，而需要被放大信号的频率没有全部落入通频带内，因此放大器放大信号时会产生失真。

（3）选择性：指放大器从不同频率的输入信号中选出有用信号进行放大，滤除干扰的能力。

高频小信号放大器的选择性通过选择性负载来实现。理想的选择性是对放大器通频带内的信号同等放大，而对通频带以外的信号完全抑制。通常用抑制比和矩形系数两个指标来衡量放大器的选择性。

抑制比表示放大器对某干扰的抑制能力，定义为：

$$d(\text{dB}) = 20\lg\left(\frac{A_{uo}}{A_u}\right) \tag{2-40}$$

矩形系数用来评价实际放大器的增益——频率特性与理想放大器的增益——频率特性的接近程度，定义为：

$$K_{0.1} = \frac{B_{0.1}}{B_{0.7}} \tag{2-41}$$

（4）噪声系数：是用来反映电路本身噪声大小的技术指标，定义为输入信号的信噪比 $P_{si}/P_{ni}$ 与输出信号的信噪比 $P_{so}/P_{no}$ 的比值，即：

$$F = \frac{P_{si}/P_{ni}}{P_{so}/P_{no}} \tag{2-42}$$

与低频放大器一样，选频放大器的输出噪声也来源于输入端和放大电路本身。通常用信噪比来表示噪声对信号的影响，电路中某处信号功率与噪声功率之比称为信噪比。信噪比越大，信号质量越好。噪声系数越接近于 1，说明放大器的抗噪能力越强，输出信号的质量越好。

（5）稳定性：高频放大器的工作稳定性指放大器的工作状态（直流偏置）、晶体管参数、电路元件参数等发生可能的变化时放大器的主要特性稳定，不产生任何频率的自激振荡。

由于晶体管工作于高频时内部反馈已不能忽略，因此高频放大器比低频放大器更容易产生自激振荡，且放大器的增益越高，越容易产生自激振荡，可见增益和稳定性是相互矛盾的一对指标。

### 2.3.2　高频小信号放大器的分类

接收机中的射频放大器属于高频小信号放大器，其上限截止频率 $f_H$ 与下限截止频率 $f_L$ 之比接近于 1 或略大于 1，属于窄频带放大器，工作在甲类放大状态。

1. 高频小信号放大器分类

高频小信号放大器根据放大器回路的负载不同分为以下两类：

● 以谐振回路为负载的调谐放大器。
● 以滤波器为负载的集中选频放大器。

2. 调谐放大器分类

调谐放大器的组成包括放大器和 LC 调谐回路两大部分，根据调谐回路的不同，调谐放大器又分为单调谐放大器和双调谐放大器。

实际应用中，可将单调谐放大器进行级联成为多级单调谐放大器，也可将双调谐放大器进行级联成为多级双调谐放大器。

在高频集成电路中，单调谐放大器更为常见。

3. 集中选频放大器分类

集中选频放大器也称为集中选频滤波器，一般采用集中滤波器作为选频电路，根据集中选频器件的不同分为石英晶体滤波器选频，陶瓷滤波选频、声表面滤波选频等，它只适用于对固定频率的信号进行选频放大。

### 2.3.3　单级单调谐放大器

单级单调谐放大器有两种：单管共发射极电路和差动对管电路。

1. 单调谐放大器电路及其等效电路

图 2-24（a）所示的负载回路是变压器耦合形式，原边 L 与 C 构成谐振电路，采用抽头接入方式，以减轻晶体管输出电阻对谐振电路 Q 值的影响。它的交流等效电路如图 2-24（c）所示，$G_0$ 是电感 L 的损耗，$G_1$ 是 LC 回路的并联电导，是为调节回路通频带宽度而设置的。

图 2-24（b）所示的负载回路用直接耦合方式，同样也可用变压器耦合方式或电容分压耦合方式。交流信号是单端输入，单端输出，均为不对称型。它的交流等效电路如图 2-24（d）所示，$R_e$ 是差动对管射极恒流源 $I_0$ 的交流等效电阻。由于恒流源的直流电阻较小，交流电阻很大，在理想时可以认为 $R_e \to \infty$，所以虚线部分可认为是开路的。因此，输入交流信号被 VT$_1$、VT$_2$ 管输入端（b$_1$e$_1$、e$_2$b$_2$）所平分，各得 $u_s/2$，VT$_2$ 管将 $u_s/2$ 信号放大。在回路两端获得输出电压 $u_L$。由于被放大的信号是输入信号的一半，所以差动电路的放大倍数是同类单管放大器放大倍数的一半。

2. 小信号调谐放大器的指标分析

将 $N_3$ 和 $N_2$ 分别折算到 $N_1$ 端后，图 2-24（c）和（d）所示的等效电路进一步简化成为图 2-25 所示的形式，该等效电路实质上就是一单调谐回路，因此单调谐放大器指标的计算最终归结为单调谐回路的计算。

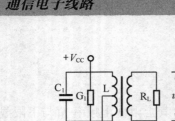

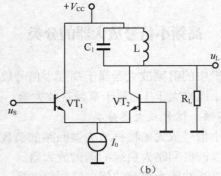

（a）

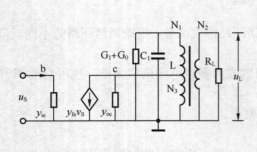

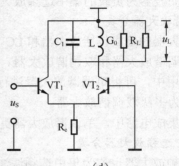

（b）

（c）

（d）

图 2-24　单调谐放大器及其等效电路

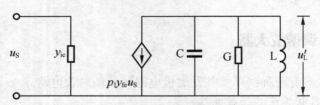

图 2-25　单调谐放大器等效电路

（1）谐振频率：

$$f_0 = \frac{1}{2\pi\sqrt{LC}} \tag{2-43}$$

（2）通频带：

$$B_{0.7} = \frac{f_0}{Q} \qquad Q = \frac{R}{\omega_0 L} = R\omega_0 C = R\sqrt{\frac{C}{L}} = \frac{1}{G\omega_0 L} = \frac{\omega_0 C}{G} \tag{2-44}$$

（3）放大器的选择性：

$$K_{0.1} = BW_{0.1} / BW_{0.7} = 9.96 \approx 10 \tag{2-45}$$

（4）电压增益：

$$A_{u_0} = \frac{u_L}{u_s} = \frac{p_2 u'_L}{u_s} = \frac{p_2 p_1 |Y_{fe}| u_s}{G u_s} = \frac{p_2 p_1 |Y_{fe}|}{G} \tag{2-46}$$

（5）增益带宽乘积：

$$GB = \left| A_{u_0} B_{0.7} \right| = \frac{p_2 p_1 |y_{fe}|}{2\pi C} \tag{2-47}$$

为了获得大的 $GB$ 值，需要选用 $|y_{fe}|$ 大的管子，选用电容值较小的回路电容 $C$，但是：

$$C = C_1 + p_1{}^2 C_{oe} + p_2{}^2 C_L + C_M$$

式中，$C_M$ 是分布电容；第二、三项是放大管和负载等效至回路两端的电容。该式中唯一可选的是回路电容 $C_1$，设计时，通常取值如下：

$f_0$=465 kHz（收音机中频），选 $C_1$=120～510 pF。

$f_0$=10.7 MHz（通信、调频机中频），选 $C_1$=50～150 pF。

$f_0$=38 MHz（电视图像中频），选 $C_1$=10～30 pF。

### 2.3.4 单级双调谐放大器

放大管的负载回路是双调谐回路的放大器，称为双调谐放大器，特点与双调谐回路一样：通频带宽、选择性好，但调整较麻烦。

单级双调谐放大器有 3 种形式：互感耦合双调谐放大器、电容耦合双调谐放大器、变压器耦合双调谐放大器。

1. 电容耦合双调谐放大器及其等效电路

双调谐放大器如图 2-26 所示，双调谐放大器的等效电路如图 2-27 所示。

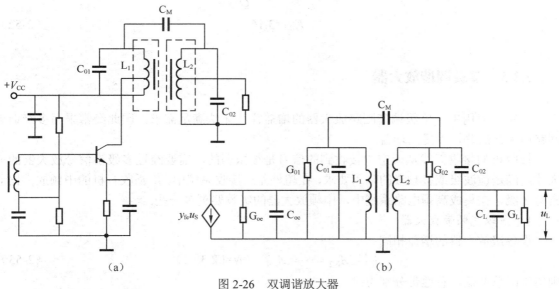

图 2-26 双调谐放大器

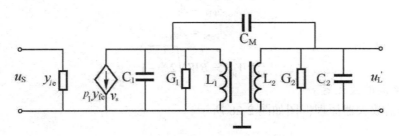

图 2-27 双调谐放大器的等效电路

耦合系数：

$$k = \frac{C_M}{\sqrt{(C_1+C_M)(C_2+C_M)}} \quad (2\text{-}48)$$

在初次级回路完全对称时有：

$$k = \frac{C_M}{C+C_M}$$

2. 电容耦合双调谐放大器的计算指标

（1）电压增益：

$$A_V = \frac{p_2 p_1 |y_{fe}|}{G} \cdot \frac{\eta}{\sqrt{\xi^4 + 2\xi^2(1-\eta^2)+(1+\eta^2)^2}} \quad (2\text{-}49)$$

在 $\eta=1$ 的临界耦合且回路谐振（即 $\xi=0$）时，放大器增益最大，其值为：

$$A_{V0} = \frac{p_2 p_1 |y_{fe}|}{2G} \quad (2\text{-}50)$$

分母中的 2 是因为双调谐放大器有两个调谐回路，各自都有损耗电导。

（2）回路的通频带及放大器的选择性：

$$BW_{0.7} = \sqrt{2}\frac{f_0}{Q} \quad (2\text{-}51)$$

$$K_{0.1}=3.16 \quad (2\text{-}52)$$

### 2.3.5  多级调谐放大器

在实际应用中，单级调谐回路放大器的增益往往无法满足需求，因此经常采用多级调谐回路放大器级联，以提高增益。

接收机的接收天线从天空中接收到的信号是很微弱的，需要经过多级小信号放大器的放大才能满足检波级或鉴频级的输入要求，在超外差式接收系统中，广播收音机的中频放大器通常有 3 级，在集成高频电路系统中，中频放大器的级数要更多一些。

1. 多级宽频带放大器

设各级放大器的增益相同：

$$A_{V1} = A_{V2} = \cdots = A_{VN} \quad (N=1,2,3,\ldots) \quad (2\text{-}53)$$

则电压的总增益、总通带分别为：

$$A_{VN} = A_V^N \quad (2\text{-}54)$$

$$A_{VoN} = A_{Vo}^N$$

$$BW_{0.7} = BW\sqrt{2^{\frac{1}{N}}-1} \quad (2\text{-}55)$$

2. 多级单调谐放大器

多级单调谐放大器原理框图如图 2-28 所示。

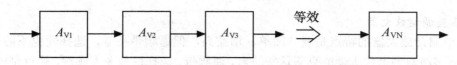

图 2-28  多级单调谐放大器原理框图

（1）总电压增益。

设多级单调谐放大器的增益相同，均为：

$$A_V = \frac{p_2 p_1 |y_{fe}|}{G(1+j\xi)}$$

则总增益为：

$$A_{VN} = \left[ \frac{p_2 p_1 |y_{fe}|}{G(1+j\xi)} \right]^N \tag{2-56}$$

谐振时增益：

$$A_{VoN} = \left[ \frac{p_2 p_1 |y_{fe}|}{G} \right]^N \tag{2-57}$$

（2）总谐振曲线方程：

$$\alpha = \left| \frac{A_{VN}}{A_{VoN}} \right| = \left[ \frac{1}{\sqrt{1+\xi^2}} \right]^N = \frac{1}{\left[ 1 + Q^2 \left( \frac{2\Delta f}{f_0} \right)^2 \right]^{\frac{N}{2}}} \tag{2-58}$$

（3）总通频带：

$$BW_{0.7} = \frac{f_0}{Q} \sqrt{2^{\frac{1}{N}} - 1} \tag{2-59}$$

（4）总的选择性：

$$K_{0.1} = \frac{\sqrt{100^{\frac{1}{N}} - 1}}{\sqrt{2^{\frac{1}{N}} - 1}} \tag{2-60}$$

3．多级双调谐放大器（临界状态）

（1）谐振曲线方程：

$$\alpha = \left( \frac{2}{\sqrt{4+\xi^4}} \right)^N \tag{2-61}$$

（2）总通频带：

$$BW_{0.7} = \sqrt{2} \frac{f_0}{Q} \sqrt[4]{2^{\frac{1}{N}} - 1} \tag{2-62}$$

（3）总的选择性：

$$K_{0.1} = \sqrt[4]{\frac{100^{\frac{1}{N}} - 1}{2^{\frac{1}{N}} - 1}} \tag{2-63}$$

### 4. 参差调谐放大器

多级单调谐放大器的特点是调节简单、增益高，但通频带不宽，选择性也不够好，稳定性下降；而多级双调谐放大器能克服这些缺点，通频带、选择性都令人满意，缺点是电路复杂、调节困难、稳定性差。参差调谐放大器能兼有上述多级调谐放大器的优点，所以在各种接收设备中得到广泛应用。

（1）双参差调谐放大器。

双参差调谐放大器框图与频率特性示意图如图 2-29 所示，两个放大器分别调谐在 $f_1$、$f_2$ 上，合成的总曲线由虚线表示。根据两单调谐放大器各自的选频曲线形状及谐振频率 $f_1$、$f_2$ 间相差值的大小，参差调谐放大器总的特性曲线可以是单峰，也可以是双峰。理论推导证明，其总的增益公式与双调谐放大器完全相同。因此，双调谐放大器的许多结论均适用于双参差调谐放大器。双参差调谐放大器选频特性曲线两侧的斜率要比两单调谐放大器的陡直。

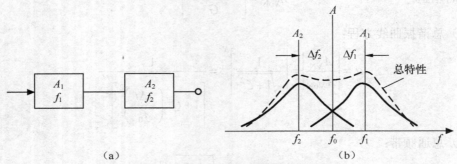

（a）                （b）

图 2-29　双参差调谐放大器框图与频率特性示意图

（2）三参差调谐放大器。

三参差调谐放大器是由三级单调谐放大器组成的，构成框图和谐振曲线如图 2-30 所示。

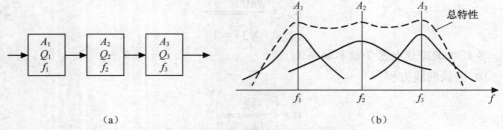

（a）                （b）

图 2-30　三参差调谐放大器框图和谐振曲线

为了获得较平坦的幅频特性，三级放大器回路的谐振频率和通频带的设计关系如下：

$$f_1 = f_0$$
$$f_2 = f_0 + 0.43 \times \Delta f_{0.7}$$
$$f_3 = f_0 - 0.43 \times \Delta f_{0.7}$$
$$BW_1 = 2\Delta f_{0.7} \qquad Q_1 = Q$$
$$BW_2 = 0.5 \times 2\Delta f_{0.7} \qquad Q_2 = 2Q$$
$$BW_3 = 0.5 \times 2\Delta f_{0.7} \qquad Q_3 = 2Q$$

式中，$f_0$ 是放大器的中心谐振频率，$2\Delta f_{0.7}$ 是放大器的通频带宽度（总幅频特性），$Q$ 是放大器的等效品质因数。

（3）其他组合参差调谐放大器。

参差调谐的目的是以不同频率特性的组合（参差）来实现某一特定幅频特性的要求，如图 2-31 所示。

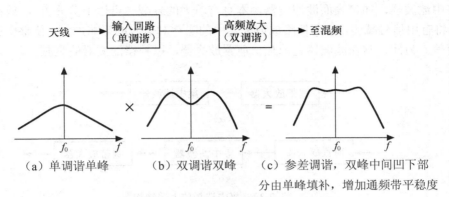

（a）单调谐单峰　　　（b）双调谐双峰　　　（c）参差调谐，双峰中间凹下部
分由单峰填补，增加通频带平稳度

图 2-31　不同频率组合的参差调谐放大器

其高频调谐器（即 VHF 高频头）中的电路结构是一个单调谐回路与双调谐高频放大器的参差组合。双调谐放大器的耦合因数常取值 2～3，使曲线双峰中间下凹的部分正好由输入回路的单峰曲线填补，参差的结果可获选择性良好、通频带宽度达 8MHz 的高放幅频特性。

### 2.3.6　集中选频放大器

随着电子技术的发展，出现了越来越多的高频集成放大器，由于具有线路简单、性能稳定可靠、调整方便等优点，应用也越来越广泛。

高频集成放大器有两类：一种是非选频的高频集成放大器，主要用于某些不需要有选频功能的设备中，通常以电阻或宽带高频变压器作负载；另一种是选频放大器，用于需要有选频功能的场合，如接收机的中放就是它的典型应用。

集中选频放大器一般采用集中滤波器作为选频电路，如石英晶体滤波器、陶瓷滤波器、声表面波滤波器等，它只适用于对固定频率的信号进行选频放大。

集中选频放大器实现的方案有以下两种：

（1）宽带放大器+集中选频滤波器。

如图 2-32（a）所示是一种常用接法，集中选频滤波器接于宽带集成放大器的后面，集中选频滤波器的输入端必须与宽带集成放大器的输出端匹配，从集成放大器输出看，阻抗匹配表示放大器有较大的功率增益；从滤波器输入端看，要求信号源的阻抗与滤波器的输入阻抗相等且匹配，滤波器的输出端也必须与负载匹配，这是因为滤波器的频率特性依赖于两端的源阻抗与负载阻抗，只有当两端端接阻抗等于要求的阻抗时才能得到预期的频率特性。当集成放大器的输出阻抗与滤波器输入阻抗不相等时，应在两者间加阻抗转换电路。通常可用高频宽带变压器进行阻抗变换，也可以用低 $Q$ 的振荡回路。采用振荡回路时，应使回路带宽大于滤波器带宽，使放大器的频率特性只由滤波器决定。通常集成放大器的输出阻抗较低，实现阻抗变换没有什么困难。

（2）前置放大器+集中选频滤波器+宽带放大器。

如图 2-32（b）所示，集中滤波器放在宽带集成放大器的前面，当被放大信号的频带以外有强干扰信号时，不会直接进入集成放大器，而是先经集中滤波器将其滤除，避免此干扰信号进入宽带放大器后因放大器的非线性（放大器在大信号时总是有非线性）而产生更多的干扰。有些集中滤波器，如声表面波滤波器，本身有较大的衰减（可达十多分贝），放在集成放大器之前，将有用信号减弱，从而使集成放大器中的噪声对信号的影响加大，使整个放大器的噪声性能变差。为此，常在滤波器之前加一前置放大器，以补偿滤波器的衰减。

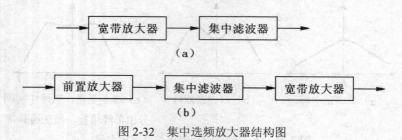

图 2-32　集中选频放大器结构图

### 2.3.7　场效应管射频放大器

近年来，场效应管高频放大器尤其是双栅场效应管放大器得到了较多的应用，如卫星接收机高频调谐器中的高频放大电路几乎均采用这一电路形式。

场效应管除了具有晶体管的体积小、寿命长、省电等一系列优点外，还有输入阻抗高、动态范围大、噪声系数小、线性好、抗辐射能力强等优点，所以在分立元件高频放大器及 RFIC 中被广泛采用。对于耗尽型绝缘栅场效应管（又称 MOS 管），其栅极电压的变化范围不受正负的限制，动态范围会更大。

对于接收机而言，从天线接收到的信号强度会有很大的变化，作为整机第一级的高频放大器应该有足够的动态输入范围，以适应信号强弱悬殊的变化，否则将会使大信号产生堵塞，所以用场效应管尤其是双栅场效应管作为接收机的高频放大器是极为合理的。

1. 结型场效应管高频放大器

以共源—共栅高频放大电路为例，如图 2-33 所示。与晶体管共发射极—共基极级联放大电路一样，场效应管共源—共栅放大电路除了具有放大量大、工作稳定、高频特性好等特点外，还有噪声低、动态范围大、线性好等独特的性能。

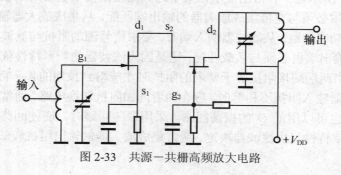

图 2-33　共源—共栅高频放大电路

2. 双栅场效应管高频放大电路

双栅场效应管也称双栅 MOS 管。由它组成的高频放大器已获得广泛的应用，其典型电路如图 2-34 所示。图中的双栅场效应管可看成是两只管子串联而成，第一只管子的漏极与第二只管子的源极相连而组成双栅管，这种结构为形成共源－共栅放大器提供了依据。

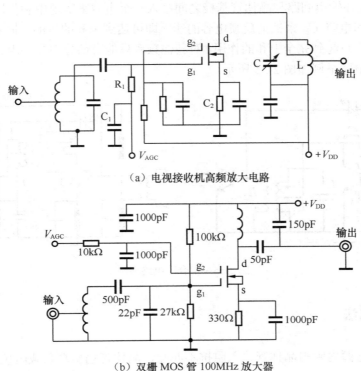

（a）电视接收机高频放大电路

（b）双栅 MOS 管 100MHz 放大器

图 2-34　双栅场效应管高频放大器

图 2-34（a）所示是彩色电视机高频头中的高频放大电路。电视信号由第一栅 $g_1$ 输入，经共源放大，送串联管作共栅放大，然后由漏极 d 送至 LC 调谐回路；$g_2$ 是经 $C_2$ 交流接地的，所以它是共栅组态。自动增益控制电压 $V_{AGC}$ 是加在 $g_1$ 上，$V_{AGC}$ 的变化可使放大器的增益得到控制。$R_1$ 是隔离电阻，防止高频信号由 AGC 电路旁路；$C_1$ 是 AGC 电路的退耦电容。这种放大电路的工作频率可高达 900 MHz 以上。

图 2-34（b）所示是 100 MHz 高频放大电路，也具有共源—共栅放大电路的特点。第二栅 $g_2$ 通过 1000 pF 电容交流接地。这里的 $V_{AGC}$ 电压是加在 $g_2$ 上的，通过改变第二栅的偏置来使放大器增益受控。该电路噪声系数小、交叉抑制性能好、自动增益控制特性优良。在大多数电路中，可稳定工作在 200 MHz 以上的频率范围。

## 2.4　高频调谐放大器的稳定性

调谐放大器的晶体管结电容内部有反馈作用，若反馈足够大，放大器可能产生正弦或其他形式的振荡，即产生自激，从而使放大器无法正常工作。

解决上述问题的方法有中和法和失配法。

### 2.4.1 中和法

在晶体管的输出端与输入端之间引入一个附加的外部反馈电路,与晶体管内部反馈作用相互抵消。通常是在输出回路与晶体管基极之间接入一个电容来实现中和作用,该电容亦称为中和电容。用中和电容 $C_N$ 来抵消反馈电容的影响即可达到中和的目的。固定的中和电容 $C_N$ 只能在某一个频率点起到完全中和的作用,对其他频率只能有部分中和作用。中和电路的效果很有限。中和法电路举例如图 2-35 所示。

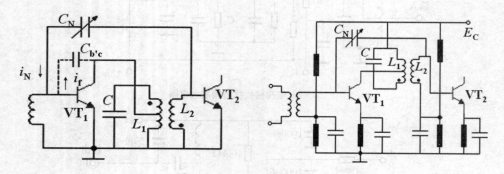

图 2-35　中合法电路举例

### 2.4.2 失配法

失配是指信号源内阻与晶体管输入阻抗不匹配,晶体管输出端负载阻抗与本级晶体管的输出阻抗不匹配。

失配法是通过适当降低放大器的增益来提高放大器的稳定性的方法。通过减小负载阻抗,使输出电路严重失配,以减小输出电压,进而使反馈信号减弱,提高电路的稳定性。用两只晶体管按共射一共基方式连接成一个复合管是经常采用的一种失配法。由于共基电路的输入导纳较大,当它和输出导纳较小的共射电路连接时,相当于增大共射电路的负载导纳而使之失配,从而使共射晶体管内部反馈减弱,稳定性大大提高。共射电路在负载导纳很大的情况下,虽然电压增益减小,但电流增益仍较大;而共基电路虽然电流增益接近 1,但电压增益却较大。所以二者级联后,互相补偿,电压增益和电流增益都比较大,而且共射一共基电路的上限频率很高。失配法电路举例如图 2-36 所示。

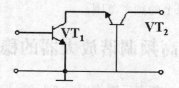

图 2-36　失配法电路举例

## 2.5　电子噪声及抑制方法

1. 内部噪声

（1）电阻的热噪声。

一个电阻在没有外加电压时，电阻材料中的自由电子要做无规则的热运动。温度越高，这种运动越剧烈，只有当温度下降到绝对零度时运动才会停止。因为自由电子运动速度的大小和方向都是不规则的，所以通过导体任一截面的自由电子数目是变化的，即使在导体两端不外加电压，导体中也会有由于热运动而引起的电流，这种电流呈杂乱起伏状态，称起伏噪声电流。起伏噪声电流通过电阻本身就会在其两端产生起伏噪声电压，因为这种噪声是由于电子的热运动产生的，故称为热噪声，也称为白噪声。

（2）晶体三极管噪声。

晶体三极管噪声主要包括热噪声、散弹噪声、分配噪声和闪烁噪声 4 个部分。

2. 外部干扰

由于自然噪声的影响低于电气设备噪声，所以对于外部干扰主要讨论无线电设备干扰。对于各种各样的无线电设备，互调干扰、邻信道干扰和同频干扰是应该考虑的主要干扰。

3. 通信系统中抗干扰的方法

在实际应用中，通信系统的输出端需要有效地排除噪声和干扰带来的影响。这种影响在模拟通信中用失真的大小来描述，在数字通信中用误码率来描述，它们都反映了收到的信号与原始信号之间存在的差异。

为了减小干扰，应从以下 4 个方面来考虑：

- 设法使接收端能收到更强的有用信号。
- 将接收到的信号送入具有识别功能的选通电路中进行有用信号的提取。
- 在多路通信中采用隔离频带的设置和对通信信道实行频段划分。
- 在发射端采用输出信号频率范围有限的调制方式和其他技术，尽可能减少无用频率信号的辐射。

# 思考题与习题

1. 高频小信号谐振放大器有哪些特点？
2. 高频小信号谐振放大器的主要技术指标有哪些？
3. 参差调谐放大电路与多级单调谐放大电路的区别是什么？
4. 简要叙述石英晶体滤波器选频的工作原理。
5. 简要叙述声表面波滤波器选频的工作原理。
6. 一个 5kHz 的基频石英晶体谐振器，$C_q=2.4\times10^{-2}$pF，$C_0=6$pF，$r_o=15\Omega$。求此谐振器的 $Q$ 值和串并联谐振频率。
7. 中心频率都是 6.5MHz 的单调谐放大器和耦合双调谐放大器，若 $Q_e$ 均为 30，试问这两个放大器的通频带各为多少？
8. 已知并联谐振单调谐放大器中，若谐振频率 $f_0=10.7$MHz，$C_\Sigma=50$pF，$BW_{0.7}=150$kHz，

求回路的电感 $L$ 和 $Q_e$。如将通频带加宽为 300kHz，应在回路两端并接一个多大的电阻？

9．三级单调谐中频放大器，中心频率 $f_0$=465kHz，若要求总的带宽 $BW_{0.7}$=8kHz，求每一级回路的带宽 $B_1$ 和回路有载品质因数 $Q_L$ 的值。

10．若采用三级临界耦合双调谐放大器作中频放大器，中心频率为 $f_0$=465kHz，当要求总带宽 $BW_{0.7}$=8kHz 时，每级放大器的带宽 $B_1$ 有多大，回路有载品质因数 $Q_L$ 多大？

11．对于收音机的中频放大器，其中心频率 $f_0$=465kHz，$B_{0.707}$=8kHz，回路电容 $C$=200pF，试计算回路电感 $L$ 和 $Q_L$ 值。若电感线圈的 $Q_0$=100，问在回路上应并联多大的电阻才能满足要求？

12．如图 2-37 所示为波段内调谐用的并联振荡回路，可变电容 $C$ 的变化范围为 12～260pF，$C_t$ 为微调电容，要求此回路的调谐范围为 535～1605kHz，求回路电感 $L$ 和 $C_t$ 的值，并要求 $C$ 的最大值和最小值与波段的最低频率和最高频率对应。

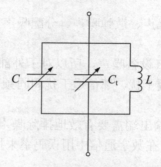

图 2-37 波段内调谐用的并联振荡回路

# 任务一 RLC 串联谐振电路仿真分析

## 一、目的

（1）自行设计一个 RLC 串联电路并自选合适的参数，运用 Multisim 仿真软件进行仿真分析与测试。

（2）不断改变函数信号发生器的频率，测量各元件两端的电压，以验证幅频特性。

（3）不断改变函数信号发生器的频率，利用示波器观察端口电压与电流相位，以验证发生谐振时的频率与电路参数的关系。测量 RLC 串联谐振电路的谐振频率 $f_0$，观测谐振现象，测量电路参数。

（4）用波特图示仪观察幅频特性。

## 二、仪器和设备

计算机：安装 Multisim 电路仿真软件。

## 三、原理

一个优质电容器可以认为是无损耗的（即不计其漏电阻），而一个实际线圈通常具有不可忽略的电阻。把频率可变的正弦交流电压加至电容器和线圈相串联的电路上。

若 $R$、$L$、$C$ 和 $U$ 的大小不变，阻抗角和电流将随着信号电压频率的改变而改变，这种关系称为频率特性。当信号频率为 $f = f_0 = \dfrac{1}{2\pi\sqrt{LC}}$ 时，即出现谐振现象，谐振时电路有以下特性：

（1）电路呈纯电阻性，所以电路阻抗具有最小值。

（2）$I = I_0 = U/R$，即电路中的电流最大，因而电路消耗的功率最大。同时线圈磁场和电容电场之间具有最大的能量互换。工程上把谐振时线圈的感抗压降与电源电压之比称为线圈的品质因数 $Q$，$Q = \dfrac{\omega_0 L}{R} = \dfrac{1}{\omega_0 RC}$。

### 四、内容与步骤

（1）电路设计。

自选元器件及设定参数，通过仿真软件观察并确定 RLC 串联谐振的频率，通过改变信号发生器的频率，当电阻上的电压达到最大值时的频率就是谐振频率。设计 RLC 串联电路如图 2-38 所示。

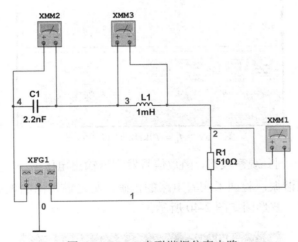

图 2-38　RLC 串联谐振仿真电路

当电路发生谐振时 $X_L = X_C$，即 $\omega L = \dfrac{1}{\omega C}$（谐振条件）。其中，$C_1 = 2.2\text{nF}$，$L_1 = 1\text{mH}$，$R_1 = 510\Omega$，根据公式 $f_0 = \dfrac{1}{2\pi\sqrt{LC}}$ 可以得出，当该电路发生谐振时，频率 $f_0 = 108\text{kHz}$。RLC 串联电路谐振时，电路的阻抗最小，电流最大；电源电压与电流同相；谐振时电感两端电压与电容两端电压大小相等，相位相反。

（2）用调节频率法测量 RLC 串联谐振电路的谐振频率 $f_0$。

用 Multisim 仿真软件连接的 RLC 串联谐振电路，电容选用 $C_1 = 2.2\text{nF}$，电感选用 $L_1 = 1\text{mH}$，电阻选用 $R_1 = 510\Omega$。电源电压 $U_s$ 处接低频正弦函数信号发生器。

保持低频正弦函数信号发生器输出电压 $U_s = 10\text{V}$ 不变，改变信号发生器的频率（由小逐渐变大），观察万用表的电压值。当电阻电压 $U_R$ 的读数达到最大值时所对应的频率值即为谐振频率。将此时的谐振频率记录下来填入表 2-2 中。

表 2-2 串联谐振曲线的测量数据表

| $f$（kHz） | 70 | 80 | 90 | 100 | 108 | 110 | 120 | 130 | 140 | 150 |
|---|---|---|---|---|---|---|---|---|---|---|
| $U_R$（V） | | | | | | | | | | |
| $U_C$（V） | | | | | | | | | | |
| $U_L$（V） | | | | | | | | | | |

当频率为 108kHz 时，电阻电压 $U_R$ 的读数达到最大值，即此时电路发生谐振。

当频率 $f_0 = 70$kHz 时，用示波器观察波形，函数信号发生器输出电压 $U_s$ 和电阻电压 $U_R$ 相位不同，此时电路呈现电感性，波形图如图 2-39 所示。

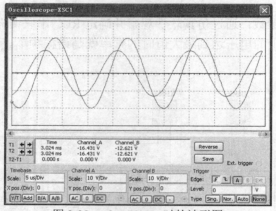

图 2-39　$f_0 = 70$kHz 时的波形图

当频率 $f_0 = 108$kHz 时，观察波形，函数信号发生器输出电压 $U_s$ 和电阻电压 $U_R$ 同相位，可以得出，此时电路发生谐振，验证了实验电路的正确，与之前得出的理论值相等，因此证明实验电路的连接是正确的，波形图如图 2-40 所示。

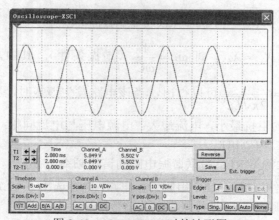

图 2-40　$f_0 = 108$kHz 时的波形图

当频率 $f_0 = 150\text{kHz}$ 时，观察波形，函数信号发生器输出电压 $U_s$ 和电阻电压 $U_R$ 相位不同，此时电路呈现出电容性，波形图如图 2-41 所示。

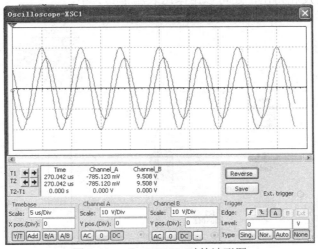

图 2-41　$f_0 = 150\text{kHz}$ 时的波形图

（3）用波特图示仪观察幅频特性。

如图 2-42 所示，将波特图示仪 XBP1 连接到电路中。双击波特图示仪图标打开面板，面板上各项参数的设置如图所示。打开仿真开关，在波特图示仪面板上出现输出 $U_0$ 的幅频特性，拖动红色指针使之对应在幅值最高点，此时在面板上显示出谐振频率 $f_0 = 101.567\text{kHz}$。

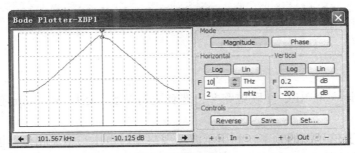

图 2-42　波特图

### 五、结论

一个正弦稳态电路，当其两端的电压和通过的电流同相位时，则称电路发生谐振，此时的电路称为谐振电路。

本任务用 Multisim 仿真软件对 RLC 串联谐振电路（如图 2-43 所示）进行分析，设计出了准确的电路模型，仿真出了正确的结果。通过本任务加深了对 RLC 振荡电路的理解与应用，并且得到了 RLC 串联谐振电路的如下几个主要特征：

（1）谐振时，电路为阻性，阻抗最小，电流最大。可在电路中串入一个电流表，在改变电路参数的同时观察电流的读数并记录，测试电路发生谐振时电流是否为最大。

（2）谐振时，电源电压与电流同相。这可以通过示波器观察电源电压和电阻负载两端电压的波形是否同相得到。

（3）谐振时，电感电压与电容电压大小相等，相位相反。这可以通过示波器观察电感和电容两端的波形是否反相得出，还可以用电压表测量其大小。

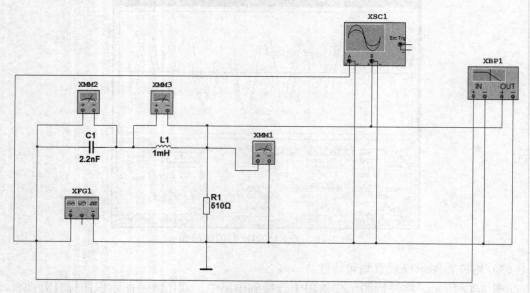

图 2-43　RLC 串联谐振仿真分析测试电路

# 任务二　RLC 并联谐振电路仿真分析

## 一、目的

（1）自行设计一个 RLC 并联电路并自选合适的参数，运用 Multisim 仿真软件进行仿真分析与测试。

（2）不断改变信号源的频率，利用示波器观察端口电压与电流相位，以验证发生谐振时的频率与电路参数的关系。测量 RLC 并联谐振电路的谐振频率 $f_0$，观测谐振现象，测量电路参数。

## 二、仪器和设备

计算机：安装 Multisim 电路仿真软件。

## 三、原理

图 2-44 所示电路图的复导纳为：$Y = \dfrac{1}{R} + j\omega C + \dfrac{1}{j\omega L} = \dfrac{1}{R} + j\left(\omega C - \dfrac{1}{\omega L}\right)$

当发生谐振时，$\omega C = \dfrac{1}{\omega L}$（谐振条件），谐振频率 $f_0 = \dfrac{1}{2\pi\sqrt{LC}}$。

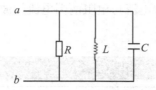

图 2-44　RLC 并联谐振电路原理图

## 四、内容与步骤

（1）用 Multisim 仿真软件连接的 RLC 并联谐振电路，电容选用 $C_1=30\mu F$，电感选用 $L_1=100mH$，电阻选用 $R_1=100\Omega$。电源电压 $I_s$ 处接交流电流源。

保持电流源输出电流 $I_s=0.01A$ 不变，改变电流源的频率（由小逐渐变大），观察万用表的电流值。当电阻电流 $I_R$ 的读数达到最大值时所对应的频率值即为谐振频率。将此时的谐振频率记录下来填入表 2-3 中。

表 2-3　并联谐振曲线的测量数据表

| $f$（Hz） | 50 | 60 | 70 | 80 | 91.888 | 100 | 110 | 120 | 130 | 140 |
|---|---|---|---|---|---|---|---|---|---|---|
| $I_R$（mA） | | | | | | | | | | |
| $I_C$（mA） | | | | | | | | | | |
| $I_L$（mA） | | | | | | | | | | |

当频率为 92Hz 时，电阻电压 $U_R$ 的读数达到最大值，即此时电路发生谐振。

利用电流表测量电感元件和电容元件的电流值，两者大小相等、方向相反时即为并联谐振。

谐振频率 $f_0 = \dfrac{1}{2\pi\sqrt{LC}}$，如图 2-45 所示，电容选用 $C_1=30\mu F$，电感选用 $L_1=100mH$，电阻选用 $R_1=100\Omega$，当该电路发生谐振时频率 $f_0 = 92kHz$。

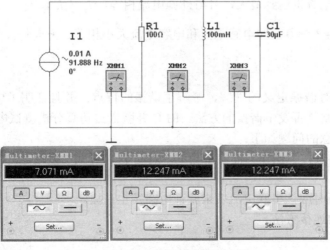

图 2-45　RLC 并联谐振调试电路

（2）利用示波器观察电源两端电流与电阻两端电流的波形（如图 2-46 所示），两者同相即为并联谐振。

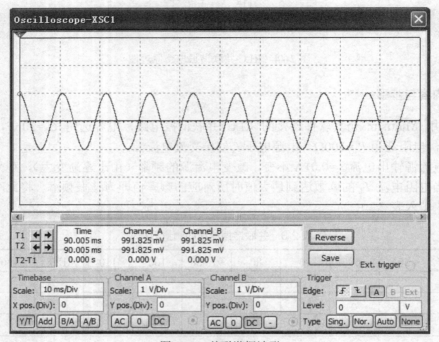

图 2-46　并联谐振波形

总电源电流波形与流经 $R$ 的电流波形同相，所以电路达到并联谐振状态。

（3）RLC 并联谐振电路的特点如下：

- 谐振时 $Y=G$，电路呈电阻性，导纳的模最小 $|Y|=\sqrt{G^2+B^2}=G$。
- 若外加电流 $I_S$ 一定，谐振时，电压为最大，$U_0=\dfrac{I_S}{G}$，且与外施电流同相。
- 电阻中的电流也达到最大，且与外施电流相等，$I_R=I_S$。
- 谐振时 $I_L+I_C=0$，即电感电流和电容电流大小相等、方向相反。

## 五、结论

本任务加深了对谐振定义的理解，了解了谐振的特点，并且证明了电路的并联谐振，学会用示波器验证电路是否发生谐振的方法。RLC 并联谐振仿真分析测试电路如图 2-47 所示。

测量中需要注意的问题如下：

（1）每次要通过按下操作界面右上角的"启动/停止开关"接通电源才可观察到电压表和电流表读数。

（2）并联谐振时应该串联电流表来验证电路发生谐振。

（3）示波器的连接方法。

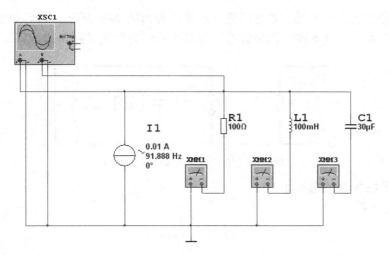

图 2-47　RLC 并联谐振仿真分析测试电路

# 任务三　高频小信号单调谐放大器仿真分析

## 一、目的

（1）分析高频小信号单调谐放大器电路并选择合适的元件参数，运用 Multisim 仿真软件进行仿真分析与测试。

（2）测试高频小信号单调谐放大器的动态 $U_i$-$U_o$ 曲线和电压放大倍数。

（3）利用波特图示仪测试高频小信号单调谐放大器回路谐振曲线。

（4）测试频率特性。

## 二、仪器和设备

计算机：安装 Multisim 电路仿真软件。

## 三、原理

高频小信号单调谐放大器原理电路及等效电路如图 2-48 所示。

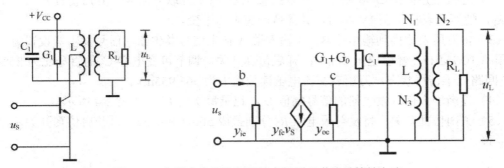

图 2-48　高频小信号单调谐放大器原理电路及等效电路

高频小信号单调谐放大器等效电路进一步简化为如图 2-49 所示，该等效电路实质上就是一单调谐回路，因此单调谐放大器指标的计算最终归结为单调谐回路的计算。

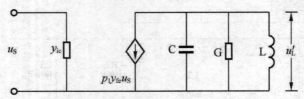

图 2-49  单调谐放大电路等效电路

小信号调谐放大器的指标如下：

（1）谐振频率：

$$f_0 = \frac{1}{2\pi\sqrt{LC}}$$

（2）通频带：

$$B_{0.7} = \frac{f_0}{Q}$$

（3）品质因数：

$$Q = \frac{R}{\omega_0 L} = R\omega_0 C = R\sqrt{\frac{C}{L}} = \frac{1}{G\omega_0 L} = \frac{\omega_0 C}{G}$$

（4）放大器的选择性：

$$K_{0.1} = BW_{0.1} / BW_{0.7} = 9.96 \approx 10$$

（5）电压增益：

$$A_{Vo} = \frac{u_L}{u_s} = \frac{p_2 u'_L}{u_s} = \frac{p_2 p_1 |Y_{fe}| u_s}{G u_s} = \frac{p_2 p_1 |Y_{fe}|}{G}$$

（6）增益带宽乘积：

$$GB = |A_{Vo} B_{0.7}| = \frac{p_2 p_1 |Y_{fe}|}{2\pi C}$$

**四、内容与步骤**

（1）动态 $U_i$-$U_o$ 曲线和电压放大倍数测试。

（2）连接电路如图 2-50 所示，在发射极电阻 $R_3$ 上并联万用表，开启仿真开关，调整电位器 $R_P$，使万用表指示在 1V 左右，并保持静态电压不变。

（3）将万用表改接到输出端 B，在输入端 A 接上信号发生器，信号发生器设置为：正弦波，频率 10.7MHz，峰值电压 20mV；开启仿真开关，调节可变电容 $C_2$ 的百分比为 35%，此时 LC 回路处于谐振状态，万用表交流电压读数最大为 563.955mV。

（4）逐渐增大信号发生器的信号幅值 $U_i$，记录每次的 $U_o$，如表 2-4 所示。

（5）关闭仿真开关，将发射极电阻 $R_3$ 分别换成 500Ω 和 2kΩ，再开启仿真开关，重复上面的步骤。

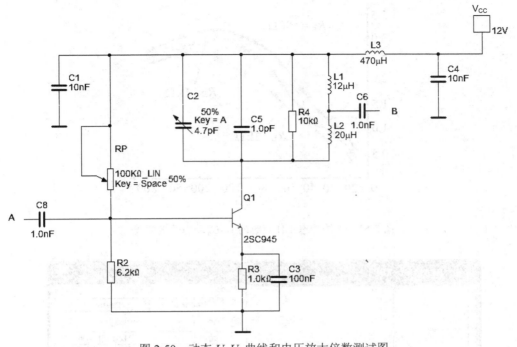

图 2-50　动态 $U_i$-$U_o$ 曲线和电压放大倍数测试图

表 2-4　单调谐放大器参数测试表

| $U_i$（mV） | | 20 | 30 | 40 | 50 | 80 | 100 | 200 | 500 | 800 |
|---|---|---|---|---|---|---|---|---|---|---|
| $U_o$（V） | 500Ω | | | | | | | | | |
| | 1kΩ | | | | | | | | | |
| | 2kΩ | | | | | | | | | |

　　根据测得的数据绘制出不同静态工作点时的 $U_i$-$U_o$ 动态范围曲线。

　　结论：电压放大倍数 $A_U = \dfrac{U_o}{U_i}$，在发射极静态电压不变时，改变发射极静态电阻大小可以改变输出电压的大小。在输入电压幅值不变的情况下，发射极电阻越大，电压放大倍数越小。

　　（6）调谐放大器回路谐振曲线测试。

　　发射极电阻 $R_3$ 为 1kΩ，连接电路如图 2-50 所示，调出波特仪和信号发生器的特性曲线（如图 2-51 所示），打开仿真开关，观察谐振放大器的幅频特性曲线，将读数指针拉到曲线峰值位置，测出调谐放大器的谐振频率约为 10.7MHz，增益约为 31.868dB，如图 2-52 所示。分别向左向右移动指针，让放大倍数下降 3dB，得出上限频率和下限频率，求差值测得的带宽为 5.445MHz。

　　波特图仪上选择"相位 Phase"，得到相频特性曲线，如图 2-53 所示。从相频特性可知，当放大器发生谐振时，调谐放大器的谐振频率约为 10.7MHz，相位角大约是 180°，说明输出电压的极性与输入电压的极性反相。

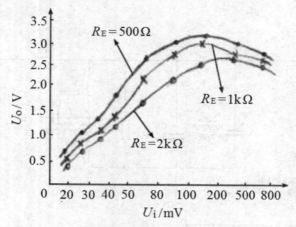

图 2-51　不同静态工作点时的 $U_i$-$U_o$ 动态范围曲线

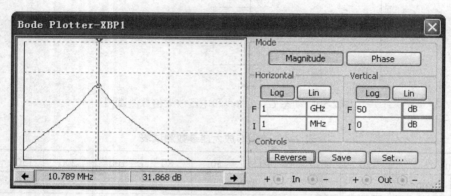

图 2-52　调谐放大器的幅频特性

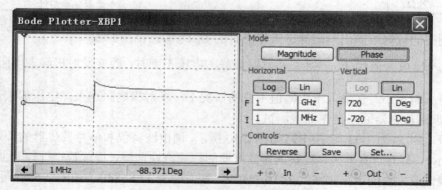

图 2-53　调谐放大器的相频特性

（7）频率特性曲线测试。

仿真电路如图 2-50 所示，输入信号取 10.7MHz，80mV。改变电阻 $R_3$ 的大小和信号发生器的频率，测出放大器的输出电压。当 $R_3$=10kΩ 时测试并记录数据（如表 2-5 所示），由测试数据得到 $R_3$=10kΩ 时调谐放大器的频率特性曲线，如图 2-54 所示。

表 2-5    单调谐放大器频率特性测试数据表

| $f$（MHz） | | 5 | 7 | 8 | 9 | 10 | 10.7 | 12 | 13 | 14 | 15 | 17 |
|---|---|---|---|---|---|---|---|---|---|---|---|---|
| $U_o$（V） | 1kΩ | | | | | | | | | | | |
| | 2kΩ | | | | | | | | | | | |
| | 10kΩ | | | | | | | | | | | |

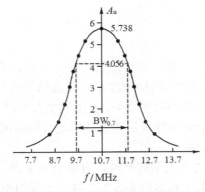

图 2-54    单调谐放大器频率特性曲线

由频率特性曲线可知，当 $R_3$=10kΩ 时，对应带宽 $BW_{0.7}$=12.191-9.624=2.567MHz（利用波特图仪观察的带宽值是 2.551MHz），计算得到的电压放大倍数为 0.459/0.08=5.7375，回路的品质因数 $Q$=10.7MHz/2.576MHz=4.154。将电阻 $R_3$ 分别改成 1kΩ 和 2kΩ，重复上述过程，比较它们的带宽，结果是：1kΩ 对应带宽为 4.843MHz，2kΩ 对应带宽为 3.354MHz。比较上述发射极电阻的大小以及不同电阻对应的带宽，说明电阻越大带宽越窄，而电阻越大电压放大倍数越小。电压放大倍数与带宽在发射极电阻逐渐增大的过程中是同步变化的。

高频小信号单调谐放大器仿真分析测试电路如图 2-55 所示。

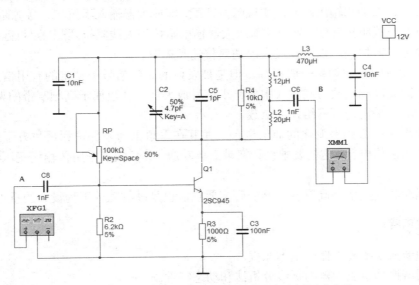

图 2-55    高频小信号单调谐放大器仿真分析测试电路

# 第3章 高频功率放大器

高频功率放大器的作用：在广播、电视、通信等系统中，都要将需要传送的信息携带在高频载波信号上，通过无线电发射机发射出去。高频载波信号由高频振荡器产生，一般情况下，高频振荡器所产生的高频振荡信号的功率很小，不能满足发射机天线对发射功率的要求，所以在发射之前需要经过高频信号的功率放大后才能获得足够的输出功率。在发射机系统中的末端完成功率放大的电路称为高频功率放大器。

根据高频功率放大器输出功率大小的不同，有输出功率很小的便携式毫瓦级发射机，还有输出功率很大的几十千瓦甚至兆瓦级的无线电广播电台发射机。但根据能量守恒的原则，无论是小功率发射机还是大功率发射机，其输出高频信号的功率都是由功率放大器将直流电源的能量转换成高频信号的能量输出的。由于在能量的转换过程中存在着能量消耗，高的能量发射必然有高的能量损耗，因此要求功率放大器应该在尽可能低的能量损耗下具有尽可能高的能量转换和能量发射，即要求高频功率放大器应具有高的能量转换效率。实践证明，功率放大器工作在甲类状态效率最低，乙类状态效率比甲类高，丙类状态效率最高。为了获得高效率，高频功率放大器通常工作于丙类状态，属于非线性电子电路，因此不能采用高频小信号放大器的线性等效电路方法来分析，而是通常采用图解法即折线法来进行分析。

为了使发射机的输出功率大，必须使发射机内部各级电路之间信号功率能有效地传输，这就要求放大器输入端和输出端都能实现阻抗匹配，即放大器输入阻抗和信号源阻抗匹配、放大器输出阻抗和负载阻抗匹配、末级功率放大器输出阻抗和天线阻抗匹配。阻抗匹配能使信号在传输过程中无反射损耗，以达到最大的功率传输和辐射。

无线电台发射的载波频率一般很高，但是被发射的高频信号中携带的有用信息所占有的带宽却很窄，因此高频功放与高频（中放）小信号放大器一样也属于高频窄带的调谐放大器，即高频功放一般都采用选频网络作为负载。

近年来出现了中心频率变化的通信电台，尤其在军事上为了保密和反敌方干扰，常采用中心频率变化的通信电台，这就要求设计宽带高频功放，其负载多采用传输线变压器或其他匹配电路。

调谐、匹配和高效率是高频放大器的研究要点，也是高频功放工程设计的重点。

**本章主要内容：**

- 高频谐振功率放大器的基本原理。
- 高频谐振功率放大器的折线分析法和动态特性。
- 高频功率放大器实际电路。

- 放大器的功率、效率和功率合成。
- 丙类倍频器的原理和电路应用。

# 3.1　高频功率放大器的工作原理

## 3.1.1　高频功放知识

### 1. 用途

在高频范围内，为了获得较大的高频输出功率，必须采用高频功率放大器。高频功率放大电路主要用于发射机的末级或输出前一级（如图 3-1 所示），作用是将振荡器产生的信号加以放大，获得足够的高频功率后送到天线上辐射出去。

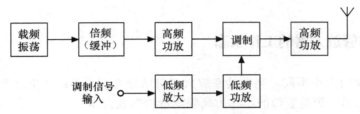

图 3-1　高频功放在发射机中的位置

高频功率放大器是一种能量转换器件，它是将电源供给的直流能量转换为高频交流输出；负载回路若调谐于基波，则得到高频功率放大；若调谐于谐波，则得到倍频。高频功率放大器的主要功能如图 3-2 所示。

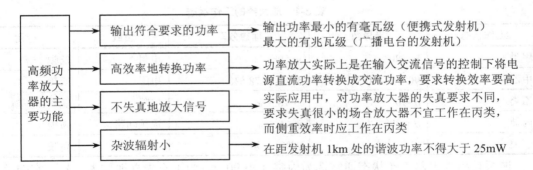

图 3-2　高频功率放大器的主要功能

### 2. 特点

（1）输入信号强，电压在几百毫伏至几伏数量级附近。

（2）为了提高放大器的工作效率，它通常工作在丙类，即晶体管工作延伸到非线性区域：饱和区、截止区。

（3）要求：输出功率大、效率高。

### 3. 分析方法

采用近似的分析方法——折线法。

4. 谐振功率放大器与小信号谐振放大器的异同

相同：它们放大的信号均为高频信号，而且放大器的负载均为谐振回路。

不同：高频小信号放大器的谐振网络主要起选择有用信号、滤除干扰信号的作用，输入信号为小信号，晶体管工作在线性状态，属于线性放大器，进行电压放大；高频功率放大器的谐振网络主要起选择基波信号、滤除谐波成分的作用，输入信号多为大信号，晶体管工作在非线性状态，属于非线性放大器，进行功率放大。

5. 谐振功率放大器与非谐振功率放大器的异同

相同：都要求输出功率大和效率高。

不同：谐振功率放大器通常用来放大窄带高频信号（信号的通频带宽度只有其中心频率的 1%或更小），其工作状态通常选为丙类工作状态（$\theta<90°$），为了不失真地放大信号，它的负载必须是谐振回路；非谐振大器可分为低频功率放大器和宽带高频功率放大器，低频功率放大器的负载为无调谐负载，工作在甲类或乙类工作状态，而宽带高频功率放大器以宽带传输线为负载。

### 3.1.2 晶体管放大器的工作状态

根据通带宽度的大小不同，高频功率放大器可以分为两大类：一类是窄带的，称为高频谐振功率放大器；另一类是宽带的，称为高频宽带功率放大器。

高频功率放大器有多种工作方式，根据晶体管集电极电流导通时间的长短不同一般分为甲（A）类、乙（B）类、甲乙（AB）类、丙（C）类和丁（D）类等，如表 3-1 所示。为了进一步提高效率，近年来又出现了戊（E）类和 S 类等开关型高频功率放大器，以及利用特殊技术来提高效率的 F 类、G 类和 H 类高频功率放大器。

表 3-1　放大器的工作状态

| 工作状态 | 半导角 | 理想效率 | 负载 | 应用 |
| --- | --- | --- | --- | --- |
| 甲类 | $\theta=180°$ | $\eta=50\%$ | 电阻 | 低频 |
| 甲乙类 | $90°<\theta<180°$ | $50\%<\eta<78.5\%$ | 电阻 | 低频 |
| 乙类 | $\theta=90°$ | $\eta=78.5\%$ | 电阻 | 低频、高频 |
| 丙类 | $\theta<90°$ | $\eta>78.5\%$ | 选频回路 | 高频 |
| 丁类 | 开关状态 | $90\%\sim100\%$ | 选频回路 | 高频 |

谐振功率放大器工作状态通常选为丙类（$\theta<90°$），为了不失真地放大信号，它的负载必须是谐振回路。

甲类工作状态：晶体管在输入信号的整个周期都导通，静态 $I_C$ 较大，波形好、管耗大、效率低，如图 3-3 所示。电压放大电路采用。

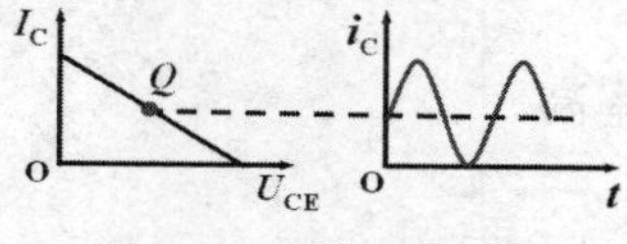

图 3-3　甲类工作状态

甲乙类工作状态：晶体管导通的时间大于半个周期，静态 $I_C \approx 0$，效率提高，如图 3-4 所示。一般功率放大电路常采用。

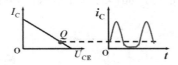

图 3-4 甲乙类工作状态

乙类工作状态：晶体管只在输入信号的半个周期内导通，静态 $I_C = 0$，波形严重失真、管耗小、效率高，如图 3-5 所示。功率放大电路采用。

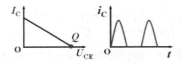

图 3-5 乙类工作状态

丙类工作状态：晶体管只在输入信号的少半个周期内导通，静态 $I_C = 0$，波形严重失真、管耗小、效率更高，如图 3-6 所示。高频功率放大电路采用。

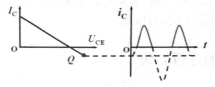

图 3-6 丙类工作状态

丁类工作状态：晶体管只在输入信号的最大值导通，效率接近 100%，如图 3-7 所示。用作高频开关电路。

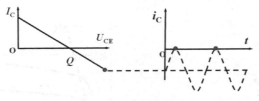

图 3-7 丁类工作状态

### 3.1.3 高频谐振功放的工作原理

如图 3-8 所示，$E_c$ 和 $E_b$ 为集电极和基极的直流电源；输入信号经变压器 $T_1$ 耦合到晶体管基—射极，这个信号也叫激励信号；$L$、$C$ 组成并联谐振回路，作为集电极负载，这个回路也叫槽路，调谐于载波频率上，输出信号的波形和输入信号一样；$C_1$、$C_2$ 是高频旁路电容，能对直流供电电压 $E_c$ 和 $E_b$ 作交流滤波，也防止本级交流信号窜入电源而影响其他电路工作；为了实现丙类工作状态，$E_b$ 采用反向偏置，设置在功率管的截止区内；晶体管在交流输入信号

的作用下产生 $i_b$，$i_b$ 控制较大的集电极电流 $i_c$，$i_c$ 流过谐振回路输出大功率，完成了将电源提供的直流功率转换成交流输出功率的任务。高频谐振功率放大器静态时晶体管截止，当有交流输入电压时，由于输入电压为大信号，晶体管工作于截止和导通两种状态。

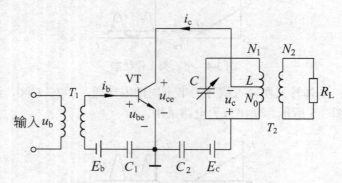

图 3-8　谐振功率放大器的基本电路

在丙类谐振放大电路中，作为集电极负载的谐振回路有以下两个作用：

（1）利用它的谐振特性从众多的电流分量中选取出有用分量（即基波分量），起到选频作用。

（2）阻抗匹配作用，将负载电阻 $R_L$ 变为所需要的晶体管集电极负载电阻，使回路阻抗为最佳负载阻抗值，确保能获得最大输出功率。

### 3.1.4　高频谐振功放的分析方法

**1. 折线分析法**

由于谐振功率放大器工作在丙类状态，属于非线性电路，因此不能采用线性等效电路来分析。目前工程上大都采用折线近似分析法作近似估算，即将电子器件的特性理想化，每条特性曲线用一组折线来代替。

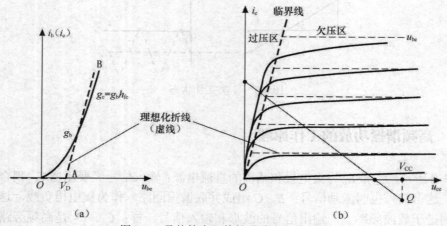

图 3-9　晶体管实际特性曲线和理想折线

图 3-9 中实线代表实际特性曲线，虚线代表近似折线。由图可见，输入特性可用两段直线

近似。

折线化后的 AB 线斜率为 $g$，此时理想静态特性可用式（3-1）表示：

$$i_c = \begin{cases} g(u_{be} - U_j) & (u_{be} > U_j) \\ 0 & (u_{be} < U_j) \end{cases} \tag{3-1}$$

折线法分析非线性电路电流电压波形如图 3-10 所示。

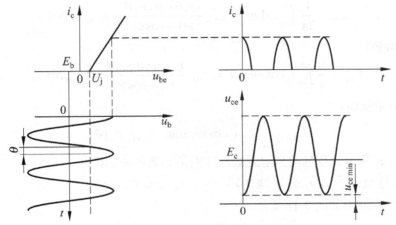

图 3-10　折线法分析非线性电路电流电压波形

**2. 导通角**

晶体管导通的特点 $\begin{cases} \text{无信号：晶体管截止} \\ \text{有信号：激励信号}<E_b+U_j \quad \text{截止} \\ \qquad\qquad\ \text{激励信号}>E_b+U_j \quad \text{导通} \end{cases}$

在转移特性的放大区：

$$i_c = g(u_{be} - U_j) \quad (u_{be} > U_j) \tag{3-2}$$

假设输入信号 $u_b = U_{bm}\cos\omega t$，则加到晶体管基—射极的电压为：

$$u_{be} = u_b - E_b = U_{bm}\cos\omega t - E_b \tag{3-3}$$

式（3-3）代入式（3-2）得晶体管导通范围内集电极电流 $i_c$ 的表达式：

$$i_c = g(U_{bm}\cos\omega t - E_b - U_j) \tag{3-4}$$

通常把集电极电流导通时间相对应角度的一半称为集电极电流的导通角，用 $\theta$ 表示。在丙类工作状态下 $\theta<90°$。

根据导通角的定义，当 $\omega t = \theta$ 时，$i_c = 0$，即：

$$g(U_{bm}\cos\theta - U_j - E_b) = 0 \Rightarrow \cos\theta = \frac{U_j + E_b}{U_{bm}} \Rightarrow U_j + E_b = U_{bm}\cos\theta \tag{3-5}$$

式（3-5）代入式（3-4）得到：

$$i_c = gU_{bm}(\cos\omega t - \cos\theta) \tag{3-6}$$

当 $\omega t = 0$ 时，$i_c$ 为最大值，用 $I_{cmax}$ 表示，则：

$$I_{cmax} = gU_{bm}(1 - \cos\theta) \Rightarrow gU_{bm} = \frac{I_{cmax}}{1 - \cos\theta} \tag{3-7}$$

代入 $i_c$ 得到：

$$i_c = \frac{I_{cmax}}{1-\cos\theta}(\cos\omega t - \cos\theta) \tag{3-8}$$

若将尖顶余弦脉冲分解为傅里叶级数：

$$i_c = I_{c0} + I_{c1m}\cos\omega t + I_{c2m}\cos 2\omega t + \cdots \tag{3-9}$$

其中，直流分量幅值：

$$I_{c0} = \frac{1}{2\pi}\int_{-\pi}^{\pi} i_c \mathrm{d}\omega t = I_{cmax}\frac{\sin\theta - \theta\cos\theta}{\pi(1-\cos\theta)} = I_{cmax}\alpha_0(\theta) \tag{3-10}$$

基波分量幅值：

$$I_{c1m} = \frac{1}{\pi}\int_{-\pi}^{\pi} i_c\cos\omega t\mathrm{d}\omega t = I_{cmax}\frac{\theta - \sin\theta\cos\theta}{\pi(1-\cos\theta)} = I_{cmax}\alpha_1(\theta) \tag{3-11}$$

$n$ 次谐波分量幅值：

$$I_{cnm} = \frac{1}{\pi}\int_{-\pi}^{\pi} i_c\cos n\omega t\mathrm{d}\omega t = I_{cmax}\alpha_n(\theta) \tag{3-12}$$

$\alpha_0$、$\alpha_1$、$\alpha_2$ 称为余弦脉冲分解系数，它们是导通角 $\theta$ 的函数。

$\alpha_0$、$\alpha_1$ 的特点：① $\alpha_1 > \alpha_0$；② $\theta\downarrow----\alpha_0\downarrow,\alpha_1\downarrow$。

各次谐波分量波形如图 3-11 所示。

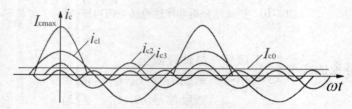

图 3-11　各次谐波分量波形

从曲线可以看出：

● 谐波次数越高其振幅值越小。

● 对某一次谐波而言，总有一个相应的值 $\theta$ 可使振幅为最大值。

余弦脉冲分解系数与 $\theta$ 关系曲线如图 3-12 所示。

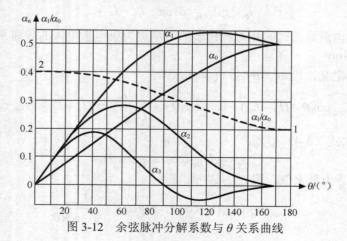

图 3-12　余弦脉冲分解系数与 $\theta$ 关系曲线

槽路电压：$L$、$C$ 组成并联谐振回路，作为集电极负载，这个回路称为槽路，如图 3-13 所示。

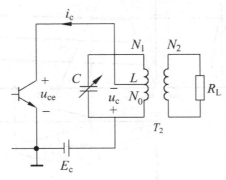

图 3-13 槽路

波形：基本正弦。

条件：槽路调谐于基波、$Q_L$ 足够高。

大小：$u_{ce} = E_c - U_{cm}\cos\omega t \qquad U_{cm} = I_{c1m}R_c$

$R_c$ 为抽头部分谐振电阻：

$$R_c = \left(\frac{N_0}{N_1}\right)^2 R = \left(\frac{N_0}{N_1}\right)^2 Q_L\omega_0 L = \left(\frac{N_0}{N_1}\right)^2 Q_0\omega_0 L / / \left(\frac{N_1}{N_2}\right)^2 R_L \tag{3-13}$$

$R$ 为并联回路谐振电阻：$R = R_0 / / R_L'$ 且 $R = Q_L\omega L$

## 3.2 高频功率放大器的动态特性

晶体管的静态特性是指集电极电路没有负载阻抗条件下电压与电流的变化关系。当考虑了负载的反作用后，得到的 $u_{ce}$、$u_{be}$ 与 $i_c$ 的关系曲线称为动态特性（如图 3-14 所示），即实际放大器的工作特性。

当放大器工作于谐振状态时，外部特性方程为：

$$\left.\begin{array}{l}u_{be} = -E_b + U_{bm}\cos\omega t \\ u_{ce} = E_c - U_{cm}\cos\omega t\end{array}\right\} \Rightarrow u_{be} = -E_b + U_{bm}\frac{E_c - u_{ce}}{U_{cm}} \tag{3-14}$$

在转移特性的放大区，内部特性方程为：

$$i_c = g(u_{be} - U_j) \tag{3-15}$$

动态特性应同时满足外部特性方程和内部特性方程，联立可得：

$$i_c = g\left(-E_b - U_j + U_{bm}\frac{E_c - u_{ce}}{U_{cm}}\right) \tag{3-16}$$

谐振功率放大器动态特性的方程是一条直线，只需找出两个特殊点即可把它绘出。

$Q$ 点$(E_c, -g(E_b + U_j))$ $\qquad$ $B$ 点$(E_c - U_{cm}\frac{U_j + E_b}{U_{bm}} = E_c - U_{cm}\cos\theta, 0)$

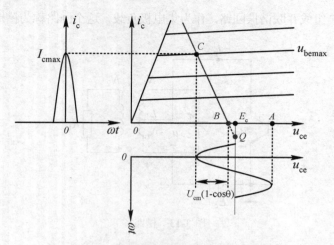

图 3-14 调谐功率放大器的动态特性

作出动态特性曲线后，由它和静态特性曲线相应交点即可求出对应各种不同 $\omega t$ 值的 $i_c$ 值，绘出相应的 $i_c$ 脉冲波形。

谐振功率放大器的三种工作状态：根据谐振功率放大器在工作时是否进入饱和区，可将放大器的工作状态分为欠压、过压和临界 3 种。

- 欠压：晶体管在任何时刻都工作在放大状态。
- 临界：刚刚进入饱和区的边缘。
- 过压：晶体管工作时有部分时间进入饱和区。

工作状态的判别方法：

$$u_{ce\min} = E_c - U_{cm}$$
$$u_{ce\min} > U_{ces} \quad （欠压）$$
$$u_{ce\min} = U_{ces} \quad （临界）$$
$$u_{ce\min} < U_{ces} \quad （过压）$$

### 3.2.1 负载特性

负载特性即 $R_c$ 变化对放大器工作状态的影响。

负载特性是指当调谐功率放大器的电源电压 $E_c$、偏置电压 $E_b$ 和激励电压幅值 $U_{bm}$ 不变时，改变集电极等效负载电阻 $R_c$ 后引起的放大器输出电压、集电极电流、输出功率、效率的变化特性。

如图 3-15 所示为不同负载电阻时的动态特性，3 条负载线分别对应欠压、过压、临界 3 种工作状态。

（1）欠压状态：即 $B$ 点以右的区域，如 $QA$ 线。在欠压区至临界点的范围内，当负载 $R_c$ 逐步增大时，集电极电流 $i_c$ 均为一余弦脉冲，其振幅 $I_m$ 及导通角 $\theta$ 的变化都不大，根据波形分析可知，这样的 $i_c$ 脉冲，其直流分量 $I_{c0}$、基波分量 $I_{c1}$ 等也变化甚微。如果输出特性的理想折线较平，则可以把欠压状态的放大器看作一个类恒流源。根据 $V_o = R_c I_{c1}$，放大器的交流输出电压在欠压区内必随负载电阻 $R_c$ 的增大而增大，其输出功率、效率的变化也将如此。

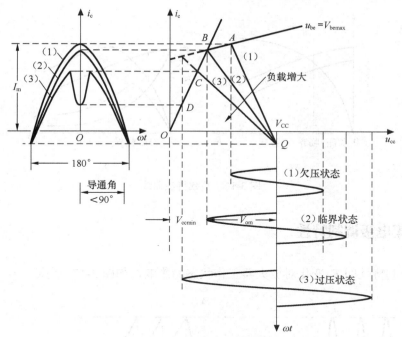

图 3-15 电压、电流随负载变化的波形

（2）临界状态：即负载线和 $V_{\text{bemax}}$ 正好相交于临界线的拐点。$i_c$ 波形仍为一余弦脉冲，其振幅仍很大，和欠压区相差无几，因此 $I_{\text{c1m}}$ 是较大的。临界点 $B$ 所对应的交流输出电压 $V_{\text{om}}$ 已足够大，管子的压降 $V_{\text{cemin}}$ 较小。由此可知，放大器工作在临界状态时，输出功率最大，管子损耗小，放大器的效率也高，接近最大，通常称为最佳工作状态。

（3）过压状态：即放大器的负载较大，如图 3-15 中的动态线（3）就是这种情况。动态线穿过与临界线的交点 $C$ 后，电流沿临界线下降，因此集电极电流 $i_c$ 呈下凹状，过压越强，则 $i_c$ 波顶下凹越厉害，严重时，$i_c$ 波形可分裂为两部分。根据傅里叶级数对 $i_c$ 波形分解可知，波形下凹的 $i_c$，其基波分量 $I_{\text{c1}}$ 会下降，下凹越深则 $I_{\text{c0}}$、$I_{\text{c1}}$ 的下降也就越激烈。由图 3-15 可知，在过压区中变化负载 $R_c$ 时，交流输出电压的变化不大且幅值较大。所以，也可以把过压状态的放大器看成是一个类恒压源。在过压区，随着负载 $R_c$ 的加大，$I_{\text{c1m}}$ 要下降，因此放大器的输出功率和效率也要减小。

根据上述分析，可以画出调谐功率放大器的负载特性曲线，如图 3-16 所示。下面对这 3 种工作状态的特点进行简单归纳。

临界状态：输出功率最大，效率也较高，和最大效率差不了多少，可以说是最佳工作状态，发射机的末级常设计成这种状态，在计算谐振功率放大器时也常以此状态为准。

过压状态：当负载阻抗变化时，输出电压比较平稳且幅值较大。在弱过压状态时，输出电压基本上不随 $R_c$ 变化，效率可达最高，但输出功率有所下降；深度过压时，$i_c$ 波形下凹严重，谐波增多，一般应用较少。发射机的中间级、集电极调幅级常采用这种状态。

欠压状态：功率和效率都比较低，集电极耗散功率也较大，输出电压随负载阻抗变化而变化，因此较少采用，但晶体管基极调幅需要采用这种工作状态。

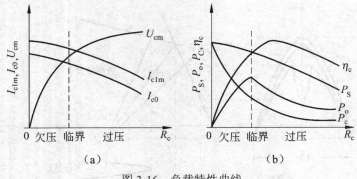

图 3-16 负载特性曲线

### 3.2.2 集电极调制特性

集电极调制特性即 $E_c$ 变化对放大器工作状态的影响，如图 3-17 所示。

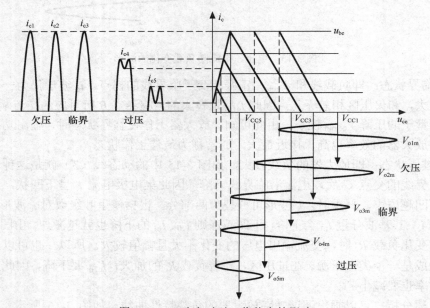

图 3-17 $E_c$ 改变时对工作状态的影响

集电极调制特性是指当 $E_b$、$U_{bm}$、$R_c$ 保持恒定时，放大器的性能随集电极电压 $E_c$ 变化的特性。

在欠压区内，输出电压的振幅基本上不随 $E_c$ 的变化而变化，故输出功率基本不变；而在过压区，输出电压 $U_{cm}$ 的振幅将随 $E_c$ 的减小而下降，故输出功率也随之下降，所以集电极调幅工作在过压状态。

### 3.2.3 基极调制特性

基极调制特性即 $E_b$ 变化对放大器工作状态的影响，如图 3-18 所示。

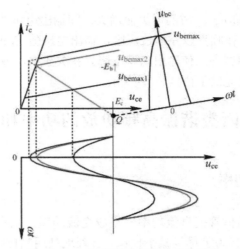

图 3-18   $E_b$ 改变时对工作状态的影响

基极调制特性是指当 $E_c$、$U_{bm}$、$R_c$ 保持恒定时，放大器的性能随基极偏置电压 $E_b$ 变化的特性。

由于只有在欠压状态，$E_b$ 对 $U_{cm}$ 才能有较大的控制作用，所以基极调幅工作在欠压状态。

### 3.2.4   振幅特性

振幅特性即 $U_{bm}$ 变化对放大器工作状态的影响，如图 3-19 所示。

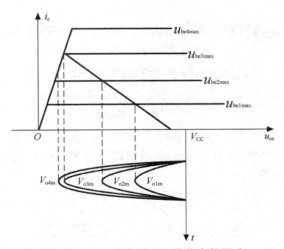

图 3-19   $U_{bm}$ 改变时对工作状态的影响

谐振功放的振幅特性是指当 $E_c$、$E_b$、$R_c$ 保持恒定时，放大器的性能随激励振幅 $U_{bm}$ 变化的特性。

因为 $u_{bemax}=-E_b+U_{bm}$，$E_b$ 和 $U_{bm}$ 决定了放大器的 $u_{bemax}$，因此改变 $U_{bm}$ 的情况和改变 $E_b$ 的情况类似。

当 $E_b$ 或 $U_{bm}$ 由小到大变化时，放大器的工作状态由欠压经临界转入过压。在欠压区内变

化 $E_b$ 或 $U_{bm}$ 时，输出电压随 $u_{bemax}$ 值的增大而增大，即输出电压随 $E_b$ 或 $U_{bm}$ 的增加而增加，输出功率也有相应的变化；在临界以左的过压区，输出电压随 $E_b$ 或 $U_{bm}$ 变化的程度甚小；在强过压时，由于 $i_c$ 波顶下凹厉害，使输出功率下降。在欠压区，输出电压随 $E_b$ 或 $U_{bm}$ 变化而变化的特性为实现基极调幅提供了依据。

## 3.3　丙类谐振高频功放的功率和效率

### 3.3.1　高频功放的功率

谐振功率放大器通过晶体管把直流功率转换成交流功率。功率放大器输出功率大，电源供给、管子发热等问题也大。为了尽量减小损耗，合理地利用晶体管和电源，必须了解功率放大器的功率和效率问题。

调谐功率放大器的 5 种功率如下：

（1）电源供给的直流功率：

$$P_s = E_c I_{co} \tag{3-17}$$

（2）通过晶体管转换的交流功率，即晶体管集电极输出的交流功率：

$$P_o = \frac{1}{2} U_{cm} I_{c1m} = \frac{1}{2} I_{c1m}^2 R_L = \frac{1}{2} \frac{U_{cm}^2}{R_L} \tag{3-18}$$

（3）通过槽路送给负载的交流功率，即 $R_L$ 上得到的功率：

$$P_L = P_O - P_T \tag{3-19}$$

（4）晶体管在能量转换过程中的损耗功率，即晶体管损耗功率：

$$P_C = P_s - P_O \tag{3-20}$$

（5）槽路损耗功率，槽路空载电阻 $R_0$ 所吸收的功率：

$$P_T = \frac{U_m^2}{2R_0} = \frac{U_m^2}{2Q_0 \omega L} \tag{3-21}$$

电源供给的功率 $P_s$，一部分（$P_c$）损耗在管子上，使管子发热；另一部分（$P_o$）转换为交流功率，输出给槽路，如图 3-20 所示。通过槽路一部分（$P_T$）损耗在槽路线圈和电容中，另一部分（$P_L$）输出给负载 $R_L$。

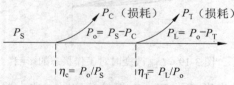

图 3-20　调谐功率放大器中的功率关系

### 3.3.2　高频功放的效率

集电极效率：放大器的能量转换效率，用 $\eta_c$ 表示。

$$\eta_c = \frac{P_O}{P_S} = \frac{\frac{1}{2}U_{cm}I_{c1m}}{E_C I_{CO}} = \frac{1}{2}\frac{U_{cm}I_{cmax}a_1(\theta)}{E_C I_{Cmax}a_0(\theta)} = \frac{1}{2}\cdot\frac{U_{cm}}{E_C}\cdot\frac{a_1(\theta)}{a_0(\theta)} \qquad (3\text{-}22)$$

$\dfrac{U_{cm}}{E_c}$ 为集电极电压利用系数，$\dfrac{\alpha_1(\theta)}{\alpha_0(\theta)}$ 为集电极电流利用系数。

分析：$\dfrac{\alpha_1(\theta)}{\alpha_0(\theta)}\uparrow \to \eta_c \uparrow$，但 $\theta\downarrow\to P_o\downarrow$，为了兼顾功率和效率，通常取 $\theta = 60°\sim 80°$。

槽路效率：槽路将交流功率传送给负载的效率，用 $\eta_T$ 表示。

$$\eta_T = \frac{P_L}{P_O} = \frac{P_O - P_T}{P_O} = \frac{\frac{1}{2}\dfrac{U_m^2}{Q_L\omega L} - \frac{1}{2}\dfrac{U_m^2}{Q_0\omega L}}{\frac{1}{2}\dfrac{U_m^2}{Q_L\omega L}} = \frac{Q_0 - Q_L}{Q_0} \qquad (3\text{-}23)$$

$\eta_T$ 取决于槽路的空载和有载品质因数。由于受到槽路元件质量的限制，$Q_0$ 一般为几十到几百。$Q_L$ 也不能太小，否则槽路滤波效果太差，输出波形不好，一般 $Q_L = 5\sim 10$。

为了尽可能利用小功率容量的管子和电源，输出较大的功率，应力求 $\eta_c$ 和 $\eta_T$ 高。$\eta_c$ 高要适当选取 $\theta$，电压利用系数尽可能大；$\eta_T$ 高，要求槽路空载品质因数 $Q_0$ 大，即应选用低损耗的电感和电容元件。

## 3.4　高频谐振功率放大器

调谐功率放大器电路由直流馈电电路、偏置电路、输出和输入匹配网络组成。

作用如下：

（1）保证晶体管各电极获得相应的馈电电源。

（2）通过匹配网络将交流输出功率有效地传输到负载。

### 3.4.1　直流馈电电路

直流馈电电路分为串联馈电和并联馈电两种。所谓串馈是指直流电源 $E_c$、晶体管和负载是串联连接，而并馈是三者并联连接。

（1）串馈电路如图 3-21（a）所示。$C_1$、$LC$ 为低通滤波电路，$A$ 点为高频地电位，既阻止电源 $E_c$ 中的高频成分影响放大器的工作，又避免高频信号在负载回路以外产生不必要的损耗。$C_1$、$LC$ 取值的选取原则大致为：$\dfrac{1}{\omega C_1} < 回路阻抗\times\dfrac{1}{10}$　　　　$\omega LC > \dfrac{1}{\omega C_1}\times 10$

（2）并馈电路如图 3-21（b）所示。$LC$ 为高频扼流圈，$C_1$ 为高频旁路电容，$C_2$ 为隔直流通高频电容，$LC$、$C_1$、$C_2$ 取值的选取原则与串馈电路基本相同。

（3）串、并馈直流供电路的优点：在并馈电路中，信号通道两端均处于直流地电位，即零电位，对高频而言，电路的一端直接接地，因此电路安装比较方便，调谐电容 $C$ 上无直流高压，安全可靠；缺点是在并馈电路中，$LC$ 处于高频高电位上，它对地的分布电容较大，将会直接影响回路谐振频率的稳定性；串馈电路中，由于谐振回路通过旁路电容 $C_1$ 直接接地，所以馈电支路的分布参数不会影响谐振回路的工作频率。串馈电路适于工作在频率较高的情况。但串馈电路的缺点是谐振回路处于直流高电位上，谐振回路元件不能直接接地，调谐时外部参数影响较大，调整不便。

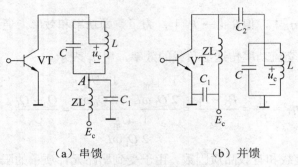

（a）串馈　　　　　（b）并馈

图 3-21　集电极馈电电路

比较：串馈电路中，电源与滤波匹配网络串联，因此滤波匹配网络处于直流高电位上，网络元件不能直接接地；并馈电路中，电源通过高频扼流圈供电，再加上 $C_2$ 隔断直流，因此滤波匹配网络可以处于直流地电位上，可以直接接地，这样在电路板上安装比串馈电路方便，但馈电支路的分布参数将直接影响网络调谐。

### 3.4.2　偏置电路

调谐功率放大器基极电路的电源 $E_b$ 很少使用独立电源，通常利用射级或基级电流在某电阻上产生的压降作为基极的反向偏置电压。这种方法叫自给偏压法。

（1）射极电流自给偏压环节。

如图 3-22 所示，射极电流的直流成分通过电阻 $R_e$ 形成偏置电压。当调谐功率放大器设计在欠压状态下工作时，采用射极电流偏压。

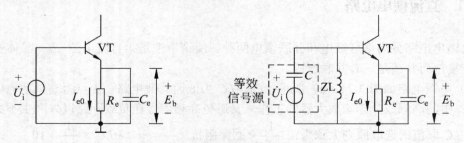

图 3-22　射极电流自给偏压环节

（2）基极电流自给偏压环节。

如图 3-23 所示，基极电流的直流成分通过电阻 $R_b$ 形成偏置电压。当调谐功率放大器设计在过压状态下工作时，采用基极电流偏压。

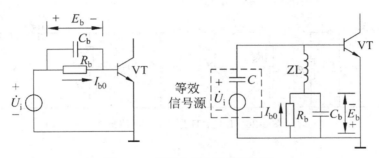

图 3-23　基极电流自给偏压环节

### 3.4.3　输入输出匹配网络

为了使功率放大器具有最大的输出功率，必须具有良好的输入、输出匹配网络。

输入匹配网络的作用是实现信号源输出阻抗与放大器输入阻抗之间的匹配，以期获得最大的激励功率。

输出匹配网络的作用是将负载 $R_L$ 变换为放大器所需的最佳负载电阻，以保证放大器输出功率最大。

匹配网络有两种类型：并联谐振回路匹配网络（多用于前级、中间级放大器以及某些需要可调电路的输出级）、滤波器型匹配网络（多用于大功率、低阻抗宽带输出级）。

对输出匹配网络的要求如下：

（1）匹配网络应有选频作用，充分滤除不需要的直流和谐波分量，以保证外接负载上仅输出高频基波功率。

（2）匹配网络还应具有阻抗变换作用，以保证放大器工作在所设计的状态。

（3）匹配网络应能将功率管输出的信号功率高效率地传送到外接负载，即要求匹配网络的效率（槽路效率 $\eta_L$）高。

单谐振变压器耦合匹配电路原理图如图 3-24 所示，晶体管输出端等效回路如图 3-25 所示。

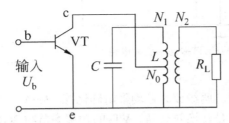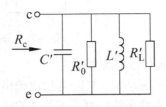

图 3-24　单谐振变压器耦合匹配电路原理图　　图 3-25　晶体管输出端等效回路

在甚高频或大功率输出级，广泛利用 $L$、$C$ 变换网络来实现调谐和阻抗匹配。从结构来看，可分为 L 型、T 型、Π 型 3 种类型，如图 3-26 所示。

电路中有 3 个可调元件（$L$、$C_1$、$C_2$），调整它们可以改变谐振频率、有载 $Q$ 值、匹配阻抗。

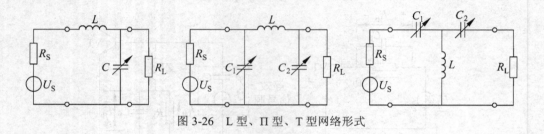

图 3-26  L 型、Ⅱ 型、T 型网络形式

### 3.4.4  实用电路举例

采用不同的直流馈电电路和匹配网络可以构成多种实用的谐振放大电路，现在举例说明实用谐振放大电路的构成及特点。

1.  160MHz、13W 谐振功率放大电路

放大器的功率增益达 9dB，可向 50Ω 负载供出 13 W 功率，电路如图 3-27 所示。电路中，基极采用自给偏置电路，$I_{B0}$ 在高频扼流圈 $L_b$ 的直流电阻上产生很小的负向偏置电压，使放大器工作于丙类。$C_1$、$C_2$、$L_1$ 构成 T 型匹配网络，调节 $C_1$ 和 $C_2$ 使本级的输入阻抗等于前级放大器所要求的 50 Ω 匹配电阻，以传输最大的功率。集电极采用并馈电路。$L_c$ 为高频扼流圈，$C_c$ 为高频旁路电容。对于交流信号，放大器的输出端采用 L 型匹配网络，调节 $C_3$、$C_4$ 可使 50Ω 的负载阻抗变换为功率放大管所要求的最佳匹配阻抗 $R_e$。

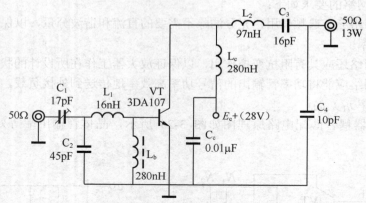

图 3-27  160 MHz 谐振功率放大电路

2.  某手机中的功放电路

$VT_1$ 为功放驱动管，$VT_2$ 为功放输出级。两级放大管均采用砷化镓（GaAs）器件，其栅极偏置为负值，均受系统控制，该器件的特点是转换效益高。$VT_2$ 的功率增益约 20dB，其负载为 π 型匹配调谐网络。手机的发射电路中一般均接有功率检测电路，并根据检测结果对功放级（前级）进行功率控制，使手机的发射功率维持在一定值。本电路的工作频率在 890～915MHz 范围。

3.  某手机的集成功放电路

如图 3-28 所示为某双频手机的功率放大电路，其放大器件为集成化功率组件，而不是晶体管或场效应管，电路的工作频率很宽，含 GSM 频段（890～915 MHz）和 DCS 频段（1710～1785 MHz），故本电路为宽频带放大电路。放大后的输出信号一路经滤波后至手机的天线开关

送天线发射，另一路被功率检测电路所检测，根据检测结果对功率激励级及本级的输出功率作自动控制（调整），使手机的发射功率保持在设定值，如图 3-29 所示。功率组件通常内含两级功放电路，增益约 21dB。

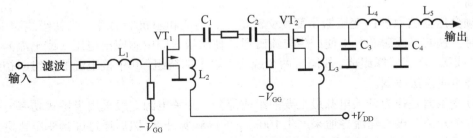

图 3-28　某手机发射电路中的功率放大电路

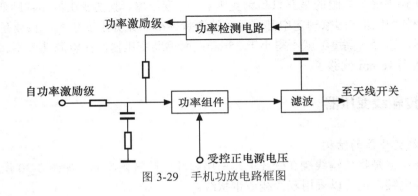

图 3-29　手机功放电路框图

# 3.5　高频宽带功率放大器

在发射设备的各功率级，特别是中间级甚至末前级都采用宽频带高频功率放大器，它不用调谐回路，这在中小功率级的功放中是很适用的，在大功率设备中，用宽带功放作为推动级同样也能节省调谐时间。

高频宽带功率放大器也称非谐振功率放大器，放大器的负载不是调谐回路，而是宽频带变压器。宽带变压器有以下两种：

（1）高频变压器。它是采用铁氧体作为磁芯的高频变压器，可工作到短波波段，上限频率可达几十 MHz。

（2）传输线变压器。这是一种利用传输线原理与变压器原理相结合的高频匹配网络，这种传输线变压器的上限截止频率最高可达上千 MHz，频率覆盖系数即 $f_H/f_L$ 可高达 10000（从几百 MHz 至 1000 MHz 范围）。

## 3.5.1　高频变压器

高频变压器是工作频率超过中频（10kHz）的电源变压器，主要用于高频开关电源中作高频开关电源变压器，也有用于高频逆变电源和高频逆变焊机中作高频逆变电源变压器的。按工作频率高低可分为几个档次：10kHz～50kHz、50kHz～100kHz、100kHz～500kHz、500kHz～1MHz、1MHz 以上。传送功率比较大的情况下，功率器件一般采用 IGBT，由于 IGBT 存在关断电流拖尾现象，所以工作频率比较低；传送功率比较小的，可以采用 MOSFET，工作频率就比较高。

高频变压器的原理：变压器是变换交流电压、电流和阻抗的器件，当初级线圈中通有交流电流时，铁芯（或磁芯）中便产生交流磁通，使次级线圈中感应出电压（或电流）。变压器由铁芯（或磁芯）和线圈组成，线圈有两个或两个以上的绕组，其中接电源的绕组叫初级线圈，其余的绕组叫次级线圈。

高频变压器是作为开关电源最主要的组成部分。开关电源一般采用半桥式功率转换电路，工作时两个开关三极管轮流导通来产生100kHz 的高频脉冲波，然后通过高频变压器进行降压，输出低电压的交流电，高频变压器各个绕组线圈的匝数比例则决定了输出电压的多少。典型的半桥式变压电路中最为显眼的是三只高频变压器：主变压器、驱动变压器和辅助变压器（待机变压器），每种变压器在国家规定中都有各自的衡量标准，比如主变压器，只要是 200W 以上的电源，其磁芯直径（高度）就不得小于 35mm；而辅助变压器，在电源功率不超过 300W 时其磁芯直径达到 16mm 就够了。

### 3.5.2　传输线变压器

**1. 传输线变压器的结构**

传输线变压器是将传输线绕在磁环上，所用磁环由铁氧体制成，如图 3-30 所示。传输线可以采用同轴电缆，也可以采用双绞线或带状线。

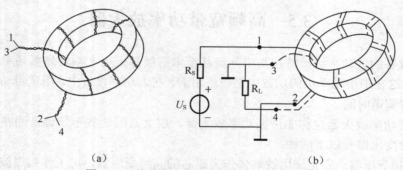

（a）　　　　　　　　　　　　　　　　（b）

图 3-30　传输线变压器及 1:1 倒相器结构图

普通变压器的能量传输是依靠两个线圈之间的磁耦合来实现的，线圈之间的漏感和匝间分布电容限制了它的工作频率。传输线变压器则是采用传输线作为绕组，利用了线圈间的漏感及匝间分布电容，能量的传输是以电磁波在传输线上传播的方式进行的，从而展宽了工作频带。

与普通变压器相比较，传输线变压器的主要特点是工作频带极宽，它的上限工作频率可达上千兆赫，频率覆盖系数（$f_H/f_L$）可以达到 $10^4$；而普通变压器的上限工作频率只能达到几十 MHz，频率覆盖系数只有几百。

**2. 传输线变压器的工作原理**

所谓传输线，就是指如图 3-31（a）所示的连接信号源和负载的两根导线。在低频段工作时，即信号波长远大于导线长度时，它就是两根普通的连接线。而在高频段工作时，即信号波长与导线长度可以比拟时，两根导线上的固有分布电感和线间分布电容的作用就不能忽略了，其等效电路如图 3-31（b）所示。

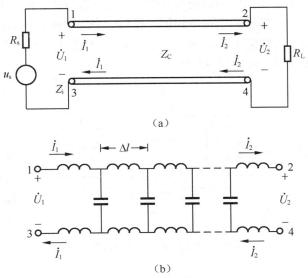

图 3-31　传输线及其等效电路

传输线变压器是依靠传输线传送能量的一种宽带匹配元件，它的上限频率取决于传输线的长度及其终端失配程度，下限频率取决于初级绕组的电感量。

# 3.6　功率合成器

前面介绍的丙类谐振功率放大电路是以 LC 谐振回路作负载，其相对频带宽度 $BW_{0.7}/f_0$ 均小于 10%，通常被称为窄带高频功率放大电路。它仅适用于固定频率或频率变化很小的高频设备。在多频道通信系统及频段通信系统中，一般采用宽频带功率放大电路。

宽带高频功率放大电路是以非调谐宽带网络作为输出匹配网络的放大电路，要求在很宽的波段范围内对载波或已调波信号获得尽可能一致的线性放大。它和低频放大电路相似，只是用频率特性很宽的传输线变压器代替了电阻－电容或电感线圈作为其输出负载，从而使放大电路的最高工作频率从几千赫或几兆赫扩展到上千兆赫，并能同时覆盖几个倍频量的频带宽度。采用宽带高频功率放大电路，可以在很宽的范围内改变工作频率，而不需要重新调谐。

由于传输线变压器没有选频作用，无法有效地抑制谐波，所以它的工作状态就只能选在非线性失真比较小的甲类或甲乙类，也就是说，它是以低效率（20%左右）为代价来换取宽频带输出的优点的。

宽带高频功率放大电路由于不工作在丙类，所以它的效率较低、输出功率较小，加之高频功率管的输出功率还比较小，所以用单管功率放大电路或推挽功率放大电路等结构尚不能满足大功率输出的要求。因此在要求大功率输出时，需要采用功率合成技术将几个管子的输出功率有效地叠加起来，其耦合元件也大多采用传输线变压器。

### 3.6.1 功率合成

功率合成是利用多个功率放大电路同时对输入信号进行放大，然后利用由传输线变压器组成的功率合成网络使各放大器的输出功率相加，获得一个总的输出功率，且各放大器间相互隔离，各不相关，若一路放大管损坏，另一路放大管的工作状态不会受到影响，其输出功率不变。功率分配合成系统结构示意图如图 3-32 所示。

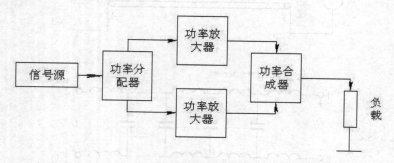

图 3-32　功率分配合成系统结构示意图

## 3.6.2 功率分配

功率分配是将输入的高频信号功率利用由传输线变压器组成的功率分配网络均匀地、互不影响地分配至几个独立的负载，使各负载获得的信号功率相同，相位相同或相反。这一分配网络同样也使各分路相互隔离，各不相关，若一路有故障，其他分路均照常工作，获得的功率也不会发生变化。

图 3-33 所示是功率合成与功率分配在功率放大器中实际应用的组成框图。所用的均为二路合一的功率合成器和一分为二的功率二分配器，图中每一个三角形代表一级功率放大电路。这一系统能将 1W 的高频信号放大成 64W 的输出（设置各放大器的功率增益均为 4 倍）。

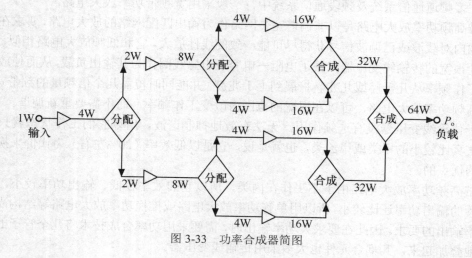

图 3-33　功率合成器简图

## 3.7 倍频器

倍频电路的功能是使输出信号频率等于输入信号频率的整数倍（2 倍、3 倍、…、*n* 倍），它经常用在发射机或其他电子设备的中间级。

### 3.7.1 采用倍频电路的目的

采用倍频电路的目的有以下几个：
- 采用倍频器后，可降低发射机中振荡器的振荡频率，使晶体振荡器工作在较低的、稳定性最佳的频率上，提高系统的频率稳定度。
- 提高发射机的工作稳定性。
- 对于调频或调相发射机，采用倍频器可以加大信号的频偏或相移，提高信号的抗干扰能力。
- 在频率合成器中，倍频器的输入信号与输出信号的频率是不相同的，倍频电路可以用来产生等于主频率各次谐波的频率源。这样可削弱前后级寄生耦合，对发射机的稳定工作是有利的。

倍频器常有以下 3 种形式：
- 利用晶体管的非线性电阻效应把正弦波变为正弦脉冲，再用选频回路将它的某次谐波选出，完成倍频的作用。这种倍频器的电路结构与谐振功率放大器类似，所以又称为"丙类倍频电路"。
- 利用 PN 结电容的非线性变化得到输入信号的谐波，这种倍频电路称为"参量倍频电路"。变容二极管倍频电路、阶跃二极管倍频电路以及利用集电结非线性效应做成的三极管倍频电路等都是参量倍频电路。
- 用乘法器实现倍频。

不论采用哪种电路，它们的工作原理都是利用非线性器件对输入信号进行非线性变换，再用谐振回路从中取出 *n* 次谐波分量，从中获得所需的输出信号。

### 3.7.2 丙类倍频器电路及其工作原理

丙类放大器晶体管集电极电流 $i_c$ 是一脉冲波形，脉冲中含有输入信号的基波和丰富的高次谐波分量。如果集电极输出调谐回路调谐于某次谐波即可实现某次谐波的放大。调谐在二次或三次谐波频率上，放大器就主要有二次或三次谐波电压输出。这样丙类放大器就成了二倍频器或三倍频器。

基波：复合波的最低频率分量。在复杂的周期性振荡中，包含基波和谐波。和该振荡最长周期相等的正弦波分量称为基波。相应于这个周期的频率称为基本频率。频率等于基本频率的整倍数的正弦波分量称为谐波。谐波频率与基波频率的比值（$n=f_n/f_1$）称为谐波次数。谐波实际上是一种干扰量。

丙类倍频器与丙类谐振放大电路有类似的电路结构，如图 3-34 所示。差别仅在于倍频电路的集电极负载，它是调谐在输入信号频率的 $n$ 次谐波上、用以选取其集电极电流 $n$ 次谐波分量的谐振回路。这样，功放管集电极电流脉冲中的 $n$ 次谐波分量在谐振回路上就产生了所需要的 $n$ 倍频输出信号电压。倍频电路一般工作在欠压和临界状态，很少工作在过压状态。丙类倍频器一般只能实现 4 以下的倍频次数，若需要较高次数的倍频，可以用多级倍频器级联，或者用参量变频器，倍频次数可高达 40 以上。谐波示意图如图 3-35 所示。

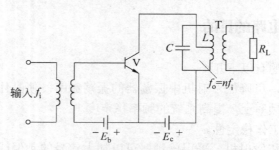

图 3-34　丙类倍频器电路原理图

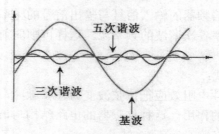

图 3-35　谐波示意图

### 3.7.3　集成功率放大电路实例分析

**1. 诺基亚 3210 手机功率放大电路**

如图 3-36 所示为诺基亚 3210 手机 GSM900MHz 手机发射末级功率放大电路，主要由功放组件 N500（型号为 PF01420B）、互感器 L500 等组成，其作用是放大将要发送的射频信号。

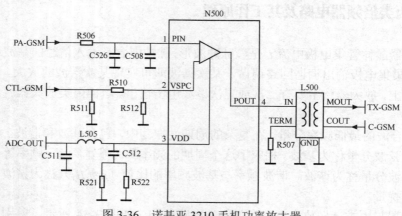

图 3-36　诺基亚 3210 手机功率放大器

由发射变频电路送出的 900MHz 高频信号 PA-GSM 经放大器 N500 的第 1 脚送入,放大处理后由第 4 脚送出至互感器 L500 的输入端,从而由 MOUT 端输出。其中 N500 的第 2 脚为放大器工作控制端,CTL-GSM 信号由 CPU 提供,L500 的 COUT 为互感器的工作选通端,C-GSM 信号由发射双频切换电路提供。

2. 西门子 3508 手机功率效大电路

如图 3-37 所示,本机的 GSM 和 DCS 系统共用一个功率放大组件 Z401,其型号为 PF08112B,它实际上也是由两个功率放大电路组成的,一个为 GSM 频段的,另一个为 DCS 频段的。该部分功放的电源由电池电压直接供给,从其第 4、5 脚输入。

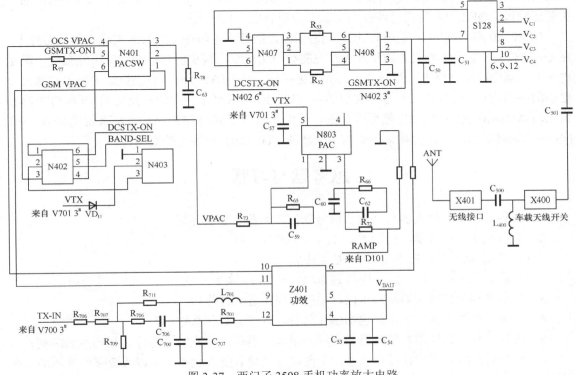

图 3-37　西门子 3508 手机功率放大电路

手机工作在 GSM 频段时,发射信号便从其第 9 脚输入,经功率放大器从其第 6 脚输出,一路直接送到天线开关 S128 的第 7 脚,从天线发射出去;另一路则取样送回到功率控制器 N803 的第 3 脚,而标准功率等级则由多模 D101 送出,输入到 N803 的第 3 脚,两者在 N803 内比较后,从 N803 的第 1 脚输出功率控制电压,先送给功率控制开关 N401 的第 3、6 脚,然后从 N401 的第 1 脚输出 GSM 于 VPAC,送给功放 Z401 的第 11 脚。

当工作在 DCS 频段时,发射信号从功放的第 12 脚输入,经放大后从第 6 脚输出,一路送至 N408 的第 3 脚,然后由 N407 的第 3 脚输出到天线切换开关的第 5 脚,经切换后从其第 3 脚输出至天线发射出去;另一路取样送回到功率控制器 N803 的第 3 脚,取样信号与 N803 的第 3 脚标准功率等级进行比较,从 N803 的第 1 脚输出功率控制电压送给功率控制开关 N401 的第 3、6 脚,然后从 N401 的第 4 脚输出 DCS VPAC,送给功放 Z401 的第 10 脚。

### 3. 高通 3G/4G LTE 集成 CMOS 功率放大器芯片

美国高通公司与中兴公司合作推出了全球首款集成 CMOS 功率放大器（PA）和天线开关的多模多频段芯片。高通公司 QFE2320 和 QFE2340 芯片的成功商用标志着移动射频前端技术的一个重大进展。集成天线开关的 QFE2320 多模多频功率放大器（MMMB PA）和集成收发器模式开关的 QFE2340 高频段（MMMB PA），以及首款用于3G/4G LTE 移动终端的包络追踪（ET）芯片 QFE1100，都是 Qualcomm RF360 前端解决方案的关键组件，并支持 OEM 厂商打造用于全球 LTE 移动网络的单一多模设计。

QFE2320 和 QFE2340 的组合能够覆盖所有主要的蜂窝模式，包括 LTE TDD/FDD、WCDMA/HSPA+、CDMA 1x、TD-SCDMA 和GSM/EDGE，以及从 700MHz 到 2700MHz 的相关射频频段。QFE1100 目前已经在全球很多商用智能手机中采用。

QFE2320 和 QFE2340 采用 CMOS 制造工艺，能够将各组件更紧密地集成在单一芯片上。在 QFE2320 中集成功率放大器和天线开关能够简化走线，减少前端中的射频组件数量，满足更小的印刷电路板（PCB）面积要求，所有这些都支持 OEM 厂商能够以更低的成本打造尺寸更小的终端设计，支持连接到全球主要 2G、3G 和 4G LTE 网络所需的广泛射频频段。QFE2340 高频段 MMMB PA 集成收发器模式开关，提供全球首款商用 LTE 晶片级纳米规模封装（WLNSP）MMMB PA，首次向移动行业引入创新的 LTE TDD 射频前端架构。

## 思考题与习题

1. 高频谐振功率放大器与高频小信号谐振放大器有哪些异同？
2. 某高频功率放大器，已知 $E_c$=24V，$P_o$=5W，问：
 （1）当 $\eta_c$=60%时，$P_c$ 和 $I_{c0}$ 的值是多少？
 （2）若 $P_o$ 保持不变，将 $\eta_c$ 提高到 80%，$P_c$ 和 $I_{c0}$ 减小多少？
3. 绘制高频功率放大器原理电路，说明电路中各元件作用。
4. 高频功率放大器实际电路包括哪几部分，各部分有什么作用？
5. 倍频器有什么作用？倍频器与高频功率放大器在实际应用中有什么相同点和区别？
6. 已知高频功放工作在过压状态，现欲将它调整到临界状态，可以改变哪些外界因素来实现，变化方向如何？在此过程中集电极输出功率如何变化？
7. 一高频功放以抽头并联回路作负载，振荡回路用可变电容调谐。工作频率 $f$=5MHz，调谐时电容 $C$=200pF，回路有载品质因数 $Q_L$=20，放大器要求的最佳负载阻抗 $R_{Lr}$=50Ω，试计算回路电感 $L$ 和接入系数 $P$。

# 任务一　高频功率放大器仿真分析

## 一、目的

（1）高频功率放大器的主要任务是放大高频信号，使其达到足够的功率，以满足天线辐射的需要或技术指标的要求。

（2）通过 Multisim 软件构建由甲类和丙类级联的高频功率放大器，对放大器的相关性能进行仿真测试。

### 二、仪器和设备

计算机：安装 Multisim 电路仿真软件。

### 三、原理

如图 3-38 所示，$E_c$ 和 $E_b$ 为集电极和基极的直流电源；输入信号经变压器 $T_1$ 耦合到晶体管基—射极，这个信号也叫激励信号；$L$、$C$ 组成并联谐振回路，作为集电极负载，这个回路也叫槽路，调谐于载波频率上，输出信号的波形和输入信号一样；$C_1$、$C_2$ 是高频旁路电容，能对直流供电电压 $E_c$ 和 $E_b$ 作交流滤波，也防止本级交流信号窜入电源而影响其他电路工作；为了实现丙类工作状态，$E_b$ 采用反向偏置，设置在功率管的截止区内；晶体管在交流输入信号的作用下产生 $i_b$，$i_b$ 控制较大的集电极电流 $i_c$，$i_c$ 流过谐振回路输出大功率，完成了将电源提供的直流功率转换成交流输出功率的任务。高频谐振功率放大器静态时晶体管截止，当有交流输入电压时，由于输入电压为大信号，晶体管工作于截止和导通两种状态。

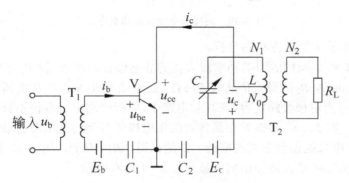

图 3-38  谐振功率放大器的基本电路

高频功率放大器的两个主要技术指标分别是输出功率和转换效率，另外还应使输出信号里的谐波分量尽可能的小，从而减小对其他频道产生不必要的干扰。

### 四、内容与步骤

实现高频功率放大器的增益在较宽通带内处于稳定的状态，仿真电路由甲类、丙类两级功率放大器级联构成。信号由甲类功率放大器放大，甲类功率放大器的输出信号作为丙类功率放大器的输入信号，经过丙类功率放大器放大后的信号具有较高的增益。

仿真电路工作频率 $f = \dfrac{1}{2\pi\sqrt{LC}} = \dfrac{1}{2\pi\sqrt{L_1 C_2}} = \dfrac{1}{2\pi\sqrt{1\mu H \times 600 pF}} \approx 6.5\text{MHz}$，高频功率放大器集电极电压为 12V。功率放大器选取 2N5551 的 NPN 型高压晶体管。如图 3-39 所示，左端的三极管 $Q_1$、电感 $L_1$ 及电容 $C_3$ 构成甲类功率放大器，对初始信号进行线性放大；右端的三极管 $Q_2$、电感 $L_2$、电容 $C_7$ 和 $C_6$、负载回路构成丙类功率放大器。

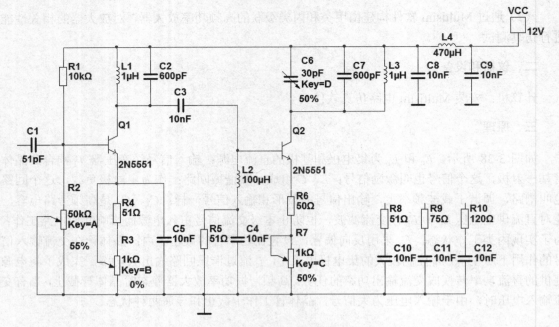

图 3-39　高频功率放大器仿真电路

（1）甲类功率放大器工作状态分析。

$R_1$、$R_2$、$R_3$ 和 $R_4$ 共同构成甲类功率放大器的静态偏置。在 $R_1$ 和 $R_2$ 阻值的选取上选择同一数量级，令 $R_1=10\text{k}\Omega$，$R_2$ 的最大值选取 50 kΩ，通过调节 $R_2$ 来改变放大器增益；令 $R_4=51\Omega$，$R_3$ 最大值为 1kΩ；$C_5$ 为射极旁路电容。在高频电路中，射极旁路电容取值不宜过大，令 $C_5=10\text{nF}$。

取 $f=6.5\text{MHz}$，即 $L_1$、$C_2$ 谐振时在晶体管的集电极处得到的电压增益最大。调节静态偏置电阻 $R_3$、$R_4$，在集电极处得到更大的增益。由测试得，$R_2=50\text{k}\Omega$，$R_3\approx0\Omega$，测得最大电压增益 $A\approx4$。测试此时甲类功率放大器输出信号波形，如图 3-40 所示。

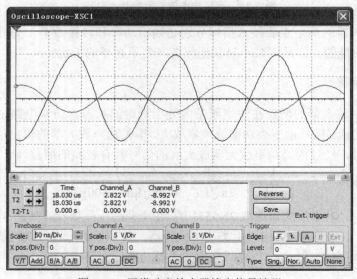

图 3-40　甲类功率放大器输出信号波形

甲类功率放大器仿真分析测试电路如图 3-41 所示。

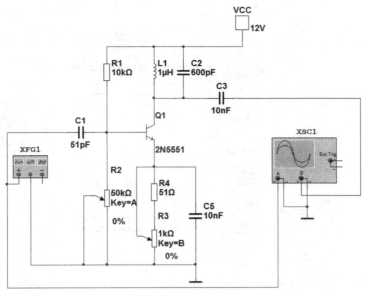

图 3-41 甲类功率放大器仿真分析测试电路

（2）丙类功率放大器调谐特性分析。

调节丙类功率放大器的电源电压为 12V，不连接负载。把基极同甲类功放断开，由放大器基极输入 3V/6.5MHz 的高频信号。$L_3$、$C_6$、$C_7$ 构成丙类功率放大器的调谐回路，为确保两级功率放大器谐振于同一频率，令 $L_3=1\mu H$，$C_7=600pF$。当 $C_6\leqslant30pF$ 时，微调 $C_6$ 可使丙类功率放大器工作于谐振状态，从而确保集电极输出电压达到最大值。

调节可变电容 $C_6$，分别测试电容值在 0%、50% 和 100% 时集电极处的波形。当 $C_6$ 取 0%、50% 和 100% 时，回路电压增益可以达到 14.738、7.280 和 10.132；当 $C_6$ 取 0% 时，功率放大器达到最佳工作状态。测试丙类功率放大器输出信号波形，如图 3-42 所示。

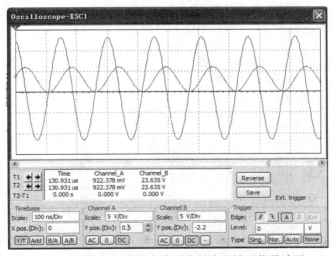

图 3-42 $C_6$ 取 0% 时的丙类功率放大器输出信号波形

丙类功率放大器仿真分析测试电路如图 3-43 所示。

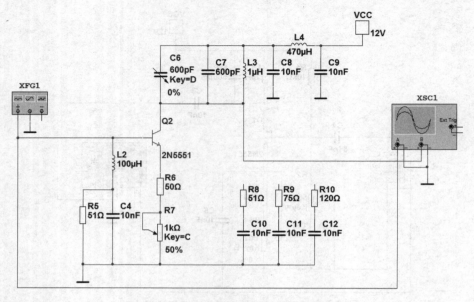

图 3-43　丙类功率放大器仿真分析测试电路

（3）甲丙类功率放大器负载特性测试。

负载特性是指在 $V_{CC}$ 等参量保持不变的条件下功率放大器的工作状态与负载电阻的关系。调整电路的相关参数，让电路处于正常工作状态，并保持此时输入电压为 3V，选取外接负载阻值分别为 $R_8 = 51\Omega$，$R_9 = 75\Omega$，$R_{10} = 120\Omega$。

当负载分别为 $R_8$、$R_9$ 和 $R_{10}$ 时，高频功率放大器的输出电压分别可以达到 12.209V、13.273V 和 13.793V。负载取 $R_{10}$ 的仿真测试图如图 3-44 所示。

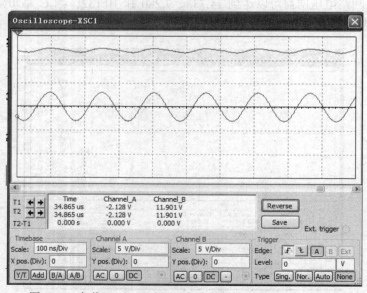

图 3-44　负载 $R_8 = 51\Omega$ 时甲丙类功率放大器负载特性波形图

负载 $R_8$=51Ω 时甲丙类功率放大器仿真分析测试电路如图 3-45 所示。

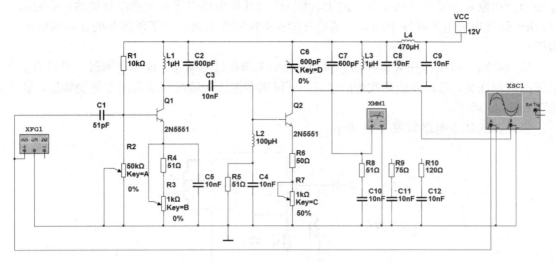

图 3-45 负载 $R_8$=51Ω，甲丙类功率放大器仿真分析测试电路

**五、结论**

当负载电阻增大时，高频功率放大器输出电压增大，电路的工作状态是由欠压区过渡到临界状态直至过压区，仿真结果与理论分析一致。

# 任务二 晶体管丙类倍频器仿真分析

**一、目的**

（1）晶体管一倍频高频功率放大器仿真分析。
（2）晶体管三倍频器仿真分析。

**二、仪器和设备**

计算机：安装 Multisim 电路仿真软件。

**三、原理**

丙类放大器晶体管集电极电流 $i_c$ 是一脉冲波形，脉冲中含有输入信号的基波和丰富的高次谐波分量。如果集电极调谐回路调谐于某次谐波即可实现某次谐波的放大。调谐在二次或三次谐波频率上，放大器就主要有二次或三次谐波电压输出。这样丙类放大器就成了二倍频器或三倍频器。

基波：复合波的最低频率分量。在复杂的周期性振荡中，包含基波和谐波。和该振荡最长周期相等的正弦波分量称为基波。相应于这个周期的频率称为基本频率。频率等于基本频率的整倍数的正弦波分量称为谐波。谐波频率与基波频率的比值（$n=f_n/f_1$）称为谐波次数。

丙类倍频器与丙类谐振放大电路有类似的电路结构。差别仅在于倍频电路的集电极负载,它是调谐在输入信号频率的 $n$ 次谐波上、用以选取其集电极电流 $n$ 次谐波分量的谐振回路。这样,功放管集电极电流脉冲中的 $n$ 次谐波分量在谐振回路上就产生了所需要的 $n$ 倍频输出信号电压。

倍频电路一般工作在欠压和临界状态,很少工作在过压状态。丙类倍频器一般只能实现 4 以下的倍频次数,若需要较高次数的倍频,可以用多级倍频器级联或者用参量变频器,倍频次数可高达 40 以上。

倍频器的基本电路如图 3-46 所示。

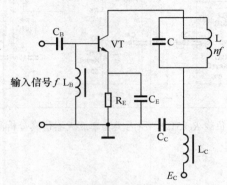

图 3-46　倍频器的基本电路

高频功率放大器的两个主要技术指标分别是输出功率和转换效率,另外还应使输出信号里的谐波分量尽可能的小,从而减小对其他频道产生不必要的干扰。

**四、内容与步骤**

(1) 晶体管一倍频高频功率放大器仿真。

连接晶体管一倍频高频功率放大器如图 3-47 所示,输入信号源为 10mV,5kHz。

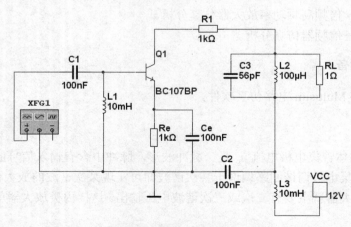

图 3-47　晶体管一倍频高频功率放大器仿真电路

测试晶体管一倍频高频功率放大器的输入、输出波形和幅频特性曲线,如图 3-48 和图 3-49 所示。

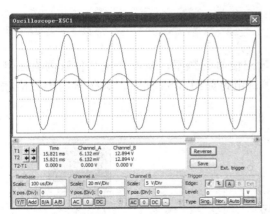

图 3-48    晶体管一倍频器输入、输出波形

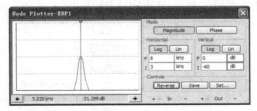

图 3-49    晶体管一倍频器的幅频特性

（2）晶体管丙类三倍频器仿真分析。

连接晶体管三倍器如图 3-50 所示，输入信号源为 1V，2.5kHz。

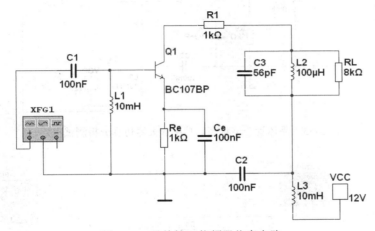

图 3-50    晶体管三倍频器仿真电路

测试晶体管三倍频器的输入、输出波形和幅频特性曲线，如图 3-51 和图 3-52 所示。

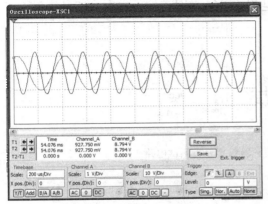

图 3-51    晶体管三倍频器输入、输出波形

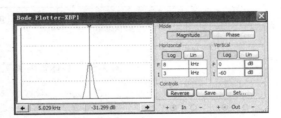

图 3-52    晶体管三倍频器的幅频特性

## 五、结论

通过改变倍频电路的集电极负载可以改变输出信号的频率，从而实现晶体管丙类三倍频电路。晶体管一倍频高频功率放大器仿真分析测试电路如图 3-53 所示，晶体管丙类三倍频器仿真分析测试电路如图 3-54 所示。

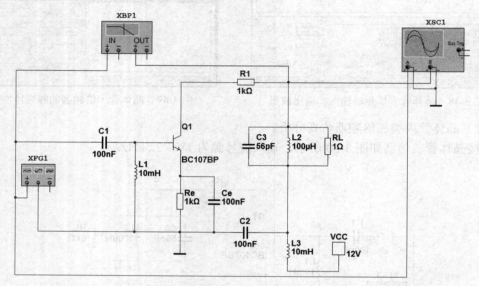

图 3-53　晶体管一倍频高频功率放大器仿真分析测试电路

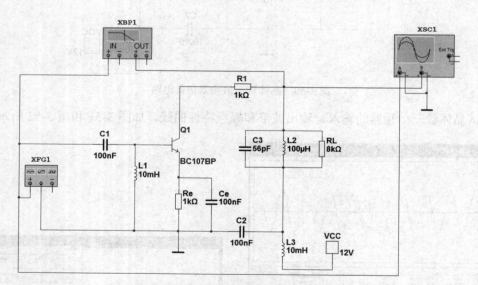

图 3-54　晶体管丙类三倍频器仿真分析测试电路

# 第 **4** 章　正弦波振荡器

正弦波振荡器是指在没有外加输入信号的情况下，依靠电路自激振荡而产生周期性正弦波输出电压信号的电子电路。

在电子技术领域广泛应用着各种各样的振荡器，在广播、电视、通信设备、各种信号源和各种测量仪器中，振荡器都是它们必不可少的核心组成部分之一。

振荡器与放大器一样，也是一种能量转换器，但不同的是振荡器无需外部激励就能自动地将直流电源供给的能量转换为指定频率和振幅的交流信号能量输出。振荡器一般由晶体管等有源器件和具有某种选频能力的无源网络组成。

振荡器的种类很多，根据工作原理可以分为反馈型振荡器和负阻型振荡器等；根据所产生的波形可以分为正弦波振荡器和非正弦波（矩形脉冲、三角波、锯齿波等）振荡器；正弦波振荡器根据选频网络所采用的器件可以分为 RC 振荡器、LC 振荡器和石英晶体振荡器等，其中 LC 振荡器又可分为变压器反馈式振荡器、三点式振荡器。正弦波振荡器的频率范围很广，可以从一 Hz 以下到几百 MHz 以上；输出的功率可以从几毫瓦到几十千瓦。RC 振荡器输出功率小，频率较低；LC 振荡器可输出较大功率，频率也较高；石英晶体振荡器输出频率更高。

在通信技术等领域正弦波振荡器应用非常广泛，如发射机中正弦波振荡器提供指定频率的载波信号，在接收机中作为混频所需的本地振荡信号或作为解调所需的恢复载波信号等。另外，在自动控制及电子测量等其他领域，正弦波振荡器也有广泛的应用。

**本章主要内容：**

- 输出为正弦波的高频振荡器所使用的选频网络为 LC 网络或晶体。
- RC 振荡器的频率稳定度不高，工作频率低，但电路简单，频率变化范围大，常用在低频段。
- LC 振荡器的稳定度高一些。
- 将 LC 振荡器中的 L 换为石英晶振就构成石英晶体振荡器，石英晶体振荡器频率稳定度最高，可用作时钟信号的高精度信号。

正弦波振荡器分类如图 4-1 所示。

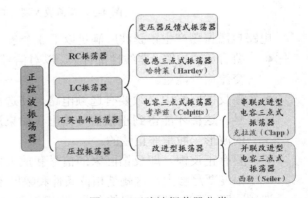

图 4-1　正弦波振荡器分类

# 4.1　反馈型正弦波振荡器的基本原理

## 4.1.1　反馈振荡器原理

自激振荡是指不外加激励信号而自行产生的恒稳和持续的振荡。如果在放大器的输入端不加输入信号，输出端仍有一定的幅值和频率的输出信号，这种现象就是自激振荡。

振荡器产生自激振荡需要满足一定的条件，振荡信号的波形、频率的变化是振荡器分析的主要内容。自激振荡器是由反馈放大器演变而来的，如图 4-2 所示给出了调谐放大器和变压器耦合正弦波自激振荡器的电路图。图 4-2（a）所示是调谐放大器，LC 回路调谐在所需的信号频率上，图 4-2（b）所示是 LC 自激振荡器的电路，与图 4-2（a）相比，只是多了一根反馈线，将输出信号正反馈至输入端。由图 4-2（b）可见，如果电路满足一定条件，不外加激励也会产生正弦信号，成为正弦波自激振荡器。

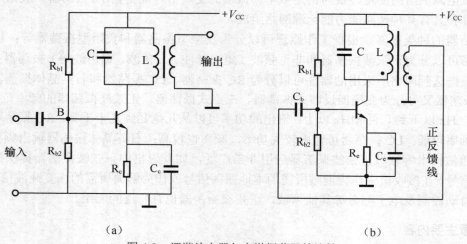

(a)　　　　　　　　　　　　　　　(b)

图 4-2　调谐放大器与自激振荡器的比较

电路自激振荡产生正弦波应满足以下 3 个条件：

- 要有放大电路（非线性部件），以对信号进行放大和非线性作用，将直流电能转换成交流信号能量。
- 在反馈网络中必须要有选频电路，使选出的反馈信号满足条件，而滤除不需要的信号，这样才能得到正弦信号输出。如果没有选频回路，虽然能产生振荡，但振荡出的波形一般是非正弦的。
- 要有正反馈，即反馈回来的信号和放大器所需的输入信号同相，且反馈回来的信号幅度要足够大，这就是相位条件和幅度条件。

选频回路既可以是放大器的负载，也可以是反馈网络的组成部分；既可以是 LC 调谐回路，也可以是 RC 选频网络或石英晶体谐振器。

### 4.1.2　自激振荡的起振条件

起振条件又称自激条件，它表示一个振荡电路在接通电源时输出信号从无到有建立起来应该满足的条件。

先要考虑的问题是振荡器接通电源后最初的输入电压是从哪来的？

● 来源于放大电路晶体管基极的 $V_B$，$V_B$ 电压在接通电源后由零升至定值，此阶跃信号中含有多种频率分量。

● 电路各部分存在许多形式的扰动，如管子的内部噪声、输入回路电阻的热噪声等，这些噪声与干扰所含有的频率成分十分丰富。

这些微小的扰动电压或电流经过振荡器放大管的放大加至负载回路或反馈网络，经过选频电路的选择再反馈至放大管的输入端，此信号经过放大、选频、反馈，再放大、再选频、再反馈，如此循环，在信号较小的起振阶段每次返回至输入端信号的幅度总是要比前一次的大。这样，经过若干个周期，振荡信号就越来越强，当此幅度强到一定值时，振荡管便由放大状态进入到非线性区域（截止状态或饱和状态），放大器的增益随之下降，最后当反馈电压正好等于原输入电压时，振荡器的幅度不再增大，而是稳定在一定值，达到平衡状态。设计时，由于有选频网络，只是某一频率的信号满足振荡条件，因而产生的是正弦信号或余弦信号，而其他频率的信号则被衰减至零。

反馈振荡器的组成如图 4-3 所示，包括主网络和反馈网络，主网络包含基本放大电路和选频电路，反馈网络即为反馈电路，通常是无源的线性网络。

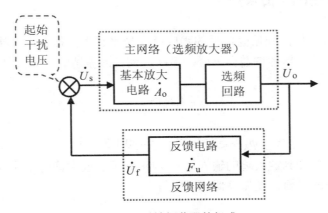

图 4-3　反馈振荡器的组成

电路起振过程：在无输入信号 $u_i=0$ 时，电路中的干扰电压，如电源接通时引起的瞬变过程、元件的热噪声、电路参数波动引起的电压、电流的变化等，使放大器产生瞬间输出 $u'_o$，经反馈网络反馈到输入端，得到瞬间输入 $u_s$，再经基本放大器放大，又在输出端产生新的输出信号 $u'_o$，如此反复，如图 4-4 所示。

在无反馈或负反馈情况下，输出 $u'_o$ 会逐渐减小，直到消失。

在正反馈情况下，$u'_o$ 会很快增大，最后输出稳定在 $u_o$，并靠反馈永久保持下去。

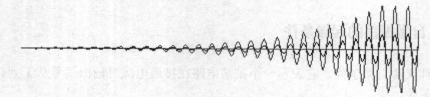

图 4-4　起振过程

$\because \dot{U}_{\mathrm{o}} = \dot{A}_{\mathrm{u}} \dot{U}_{\mathrm{s}}$ 且 $\dot{U}_{\mathrm{s}} = \dot{U}_{\mathrm{f}}$ 且 $\dot{U}_{\mathrm{f}} = \dot{F}_{\mathrm{u}} \dot{U}_{\mathrm{o}}$ （$A_{\mathrm{u}}$ 为放大倍数，$F_{\mathrm{u}}$ 为反馈系数）

$\therefore \dot{U}_{\mathrm{o}} = \dot{A}_{\mathrm{u}} \dot{U}_{\mathrm{s}} = \dot{A}_{\mathrm{u}} \dot{U}_{\mathrm{f}} = \dot{A}_{\mathrm{u}} \dot{F}_{\mathrm{u}} \dot{U}_{\mathrm{o}}$

要使电路产生自激振荡，必须使信号不断增强，则 $\dot{A}_{\mathrm{u}} \dot{F}_{\mathrm{u}} > 1$，即 $|A_{\mathrm{u}}| \angle \varphi_{\mathrm{A}} \cdot |F_{\mathrm{u}}| \angle \varphi_{\mathrm{F}} > 1$，由此得到自激振荡的起振条件。

（1）幅度条件：

$$|A_{\mathrm{u}} F_{\mathrm{u}}| > 1 \tag{4-1}$$

幅度条件表明反馈放大器要产生自激振荡必须要有足够大的反馈量，可以通过调整放大倍数 $A_{\mathrm{u}}$ 或反馈系数 $F_{\mathrm{u}}$ 达到。

（2）相位条件：

$$\varphi_{\mathrm{A}} + \varphi_{\mathrm{F}} = \pm 2n\pi \quad (n=0,1,2,\cdots) \tag{4-2}$$

相位条件表明振荡电路必须是正反馈。

### 4.1.3　自激振荡的平衡条件

振荡器满足起振条件，则振荡信号的强度就会越来越大，振荡管很快便由线性状态过渡到非线性状态，这时放大器的增益会下降，最终达到自激振荡的平衡条件。

（1）幅度条件：

$$|A_{\mathrm{u}} F_{\mathrm{u}}| = 1 \tag{4-3}$$

（2）相位条件：

$$\varphi_{\mathrm{A}} + \varphi_{\mathrm{F}} = \pm 2n\pi \quad (n=0,1,2,\cdots) \tag{4-4}$$

在平衡条件下，反馈到放大管的输入信号 $u_{\mathrm{f}}$ 正好等于放大管所需的输入电压 $u_{\mathrm{s}}$，从而保持反馈环路各点电压的平衡，使振荡器得以维持。

### 4.1.4　振荡器的频率稳定性

对正弦波振荡器来说，仅满足起振条件和平衡条件还不够，由于振荡器的工作环境是变化的，如果平衡条件受到破坏，振荡器是否还能输出特定频率和幅度的信号就成为振荡器能否使用的重要问题，这就是振荡器的稳定性问题。

振荡器的稳定条件包括两方面内容：振幅稳定条件和相位稳定条件（也称频率稳定条件）。

1. 振幅稳定条件

振荡器是由放大电路和反馈网络组成的。对放大电路来说，其振荡持性如图 4-5 中的曲线所示,在输入信号 $\dot{U}_s$ 不是太大的这段区域内,$\dot{U}_s$ 与 $\dot{U}_o$ 成线性关系;而在相当大的范围内,$\dot{U}_s$ 与 $\dot{U}_o$ 成非线性关系。反馈网络一般是线性网络,其输入电压 $\dot{U}_o$ 与输出电压 $\dot{U}_f$ 成线性关系,如图 4-5 中的直线所示。

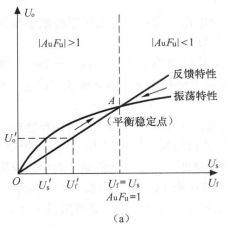
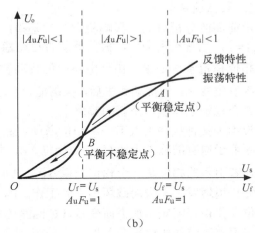

图 4-5 平衡点的稳定性情况

根据不同的振荡特性,反馈线与振荡曲线的交点可能是两个(包括原点),也可能是多个,如图 4-5(a)和(b)给出了两组曲线。图 4-5(a)所示是软激励情况,振荡管的静态工作点较高,设置在放大区,振荡一开始放大管的 $\beta$ 就较大,放大器的增益 $A_u$ 也大,振荡系统立即进入 $|A_uF_u|>1$ 状态,这时放大器的任一输出电压 $U_o'$ 所对应的 $U_f'$ 必大于 $U_s'$。振荡器很快达到平衡点 $A$,$A$ 点处满足 $U_f=U_s$,即 $|A_uF_u|=1$ 的平衡条件。振荡器工作在 $A$ 点后,如果由于某种因素使 $U_o$、$U_s$、$U_f$ 中的一个发生变化,而使状态离开 $A$ 点,则系统有能力自动返回平衡点 $A$,因为 $A$ 点左边是 $|A_uF_u|>1$ 的区域,满足 $U_f>U_s$ 的起振条件,振荡强度会进一步增强;$A$ 点右边是 $|A_uF_u|<1$ 的区域,满足 $U_f<U_s$ 的衰减振荡条件,振荡强度会自动减弱回到 $A$ 点。$A$ 点既是平衡点又是稳定点,称为平衡稳定点。

如图 4-5(b)所示是硬激励情况,振荡特性与反馈特性有 3 个交点,即 $O$、$B$、$A$ 三个点,其中 $O$ 点和 $A$ 点是平衡稳定点,$B$ 点是平衡点但不是稳定点。假如振荡系统工作在 $B$ 点,此处 $|A_uF_u|=1$,满足平衡条件,此时,如果有一扰动使系统离开 $B$ 点向左变化,由于 $B$ 点左边是 $|A_uF_u|<1$ 的区域,满足 $U_f<U_s$ 的衰减振荡条件,振荡会继续减弱下去,最后停在原点 $O$;如果有一扰动使系统离开 $B$ 点向右变化,由于 $B$ 点右边是 $|A_uF_u|>1$ 的区域,满足 $U_f>U_s$ 的起振条件,振荡会进一步加强,最后停在 $A$ 点上。$A$ 点是稳定点,因为它的左侧是 $|A_uF_u|>1$ 的区域,右侧是 $|A_uF_u|<1$ 的区域,如果有扰动使系统离开 $A$ 点向左或向右变化,系统有能力自动回到 $A$ 点。

综上所述,得到振荡器振幅稳定条件:在平衡点处反馈线的斜率应大于振荡特性曲线的斜率。在平衡稳定点处,这两个斜率相差越大,幅度稳定性就越好。

在实际电路中,常有两种方法实现振荡器的稳幅:一种称为内稳幅,是利用放大器的固有非线性的放大特性和自给偏压效应来实现稳幅;另一种称为外稳幅,是放大器工作在线性状态，而另外在振荡环路中插入非线性环节来实现稳幅。在实际电路的调整测试和维修中，硬激励是会经常碰到的，有些振荡器在接通电源后不一定会产生振荡，如果用螺丝刀或其他金属物件碰到振荡管的基极，使振荡管获得一较大的激励，振荡器就可能振荡，输出信号。这种类型的振荡器就属于硬激励情况。

2. 相位稳定条件

由前面的分析可知，振幅稳定条件是指：振荡系统中由于扰动暂时破坏了振幅平衡条件 $|A_u F_u| = 1$，当扰动离去后，振荡器能否自动稳定在原有的平衡点。

相位稳定条件是指：由于电路中的扰动暂时破坏了相位平衡条件 $\varphi_A + \varphi_F = \pm 2n\pi$，使振荡频率发生变化，当扰动离去后，振荡能否自动稳定在原有的频率上，即使扰动不撤离，振荡器是否会稳定工作在一个新的频率上。

设由于某种扰动引入了一个相位增量 $\Delta\varphi$，这就是说，在环绕正反馈一周后，反馈电压的相位超前于原有的输入电压 $U_s$ 一个相位 $\Delta\varphi$。相位超前就表明振荡速率加快，振荡频率增高；反之，若引入的相位是一个相位减量 $\Delta\varphi$，则振荡频率要降低。但是，这种频率的加快或降低不会无止境地发展下去而破坏正常的工作。因为振荡系统中有 LC 选频回路。LC 回路所产生的相位变化正好随频率加大而变负，LC 回路的相位变化可和引入的相位增量或减量相互作用，以维持振荡系统的相位平衡条件。

谐振回路相位变化对稳定点作用的原理图如图 4-6 所示。设振荡系统原来工作在 $f_{01}$ 点，由于某种原因，如温度、供电电压等的变化，给系统引入了一个相位增量 $\Delta\varphi$，使系统的振荡频率增高到 $f_{02}$，由于振荡频率的变化，使 LC 并联谐振回路产生一个相移$-\Delta\varphi_{LC}$。当满足 $\Delta\varphi - \Delta\varphi_{LC} = 0$ 时，振荡系统仍满足相位平衡条件，即 $\varphi_A + \varphi_F + \Delta\varphi - \Delta\varphi_{LC} = 2n\pi$，即振荡系统在 $f_{02}$ 的频率下，也就是在 $B$ 点满足新的相位平衡条件时，工作频率不再变动。当因扰动而引入的增量取消后，工作频率又自动返回 $f_{01}$ 的 $A$ 点。由以上分析可见，振荡回路因频率变化而引起的相位变化 $\Delta\varphi_{LC}$ 总是和振荡系统因扰动而引入的相位变化 $\Delta\varphi$ 的符号相反，起抵消作用，使振荡系统能自动平衡。

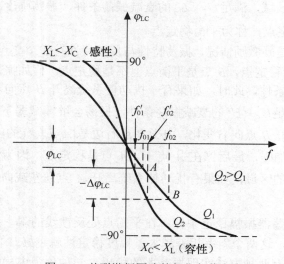

图 4-6　并联谐振回路的相位与稳定点

综上所述，得到振荡器相位稳定条件：相位特性曲线在工作频率附近的斜率应是负值。

无论何种因素的变化，只要引起振荡系统相位移的变化，就会引起频率的变化，这是振荡器频率不稳定的原因所在。为了提高振荡器的频率稳定度，除了减弱各种扰动因素外，如果加大调谐回路的品质因数 $Q$ 值，则回路的相频曲线变陡，变动同样的 $\Delta \varphi_{LC}$ 相位，所对应的频率变化会小得多，所以振荡器振荡回路的 $Q$ 值越高，其振荡的频率稳定度就越高。

由以上分析可知，正弦波振荡器电路的组成应包含以下几个部分：

- 放大电路：放大信号。
- 反馈网络：必须是正反馈，反馈信号就是放大电路的输入信号。
- 选频网络：保证输出为单一频率的正弦波，使电路只在某一特定频率下满足自激振荡条件。
- 稳幅环节：使电路能从 $|A_u F_u| > 1$ 过渡到 $|A_u F_u| = 1$，从而达到稳幅振荡。

## 4.2  RC 正弦波振荡器

RC 正弦波振荡电路如图 4-7 所示，其组成包含以下几个部分：

- 选频网络：由电阻和电容构成，选出单一频率的信号。
- 正反馈网络：用正反馈信号 $u_f$ 作为输入信号。
- 同相比例电路：放大电路放大信号。
- 稳幅环节：稳定输出。

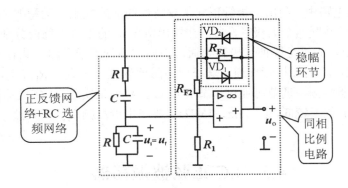

图 4-7  带稳幅环节的 RC 振荡电路

工作原理：同相比例运算电路作为放大电路放大信号，RC 串并联电路既是正反馈电路又是选频电路，如图 4-8 所示。输出电压 $u_o$ 经正反馈兼选频网络 RC 串并联电路分压后，在 RC 并联电路上得出反馈电压 $u_f$，加在同相比例运算放大器的同相输入端，作为它的输入电压 $u_i$。

$$\because \dot{U}_f = \dot{F}_u \dot{U}_o \text{ 且 } \dot{U}_f = \dot{U}_i$$

$$\therefore F_u = \frac{\dot{U}_i}{\dot{U}_o} = \frac{R // \dfrac{1}{j\omega C}}{R + \dfrac{1}{j\omega C} + R // \dfrac{1}{j\omega C}} = \frac{\dfrac{-jRX_C}{R - jX_C}}{R - jX_C + \dfrac{-jRX_C}{R - jX_C}} = \frac{1}{3 + j\left(\dfrac{R^2 - X_C^2}{RX_C}\right)} \tag{4-5}$$

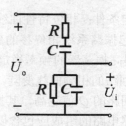

图 4-8  RC 串并联选频网络

要使 $\dot{U}_i$ 与 $\dot{U}_o$ 同相，则式（4-5）分母的虚数部分必须为 0，即 $R^2 - X_C^2 = 0$。

$$\therefore R = X_C = \frac{1}{2\pi fC}$$

$\therefore$ 振荡频率：
$$f = f_0 = \frac{1}{2\pi RC} \tag{4-6}$$

这时 $|F_u| = \frac{U_i}{U_o} = \frac{1}{3}$，达到最大值，网络具有选频特性。

同相比例运算放大电路的电压放大倍数 $|A_u| = \frac{U_o}{U_i} = 1 + \frac{R_F}{R_1}$。

当 $R_F = 2R_1$ 时，$|A_u| = 3$，此时 $|A_u F_u| = 1$。

起振时，应使 $|A_u F_u| > 1$，即 $|A_u| > 3$，随着振荡幅度的增大，$|A_u|$ 能自动减小，直到满足 $|A_u| = 3$ 即 $|A_u F_u| = 1$ 时，振荡幅度达到稳定，并且以后能够自动稳幅。

在图 4-7 所示的电路中，利用二极管正向伏安特性的非线性来自动稳幅。$R_F$ 分为 $R_{F1}$、$R_{F2}$ 两部分。在 $R_{F1}$ 上正反并联两个二极管，它们在输出电压 $u_o$ 的正负半周内分别导通。在起振之初，由于 $u_o$ 幅值很小，尚不足以使二极管导通，正向二极管近于开路，此时 $R_F > 2R_1$。而后，随着振荡幅度的增大，正向二极管导通，其正向电阻逐渐减小，直到 $R_F = 2R_1$，振荡稳定。

RC 正弦波振荡器的频率调节可通过调节 $R$ 或 $C$ 的数值来实现，由集成运算放大器构成的 RC 正弦波振荡电路的频率较低，约 1Hz～1MHz，要产生更高频率的正弦波，可采用 LC 正弦波振荡电路。

# 4.3  LC 正弦波振荡器

LC 正弦波振荡电路的选频电路由电感 $L$ 和电容 $C$ 构成，可以产生高频振荡，频率在几百千 Hz 以上。由于 LC 正弦波振荡电路的振荡频率较高，所以放大电路多采用分立元件电路。

## 4.3.1  变压器反馈式 LC 振荡器

变压器反馈式 LC 振荡器电路如图 4-9 所示，由晶体管放大电路、变压器正反馈电路和 LC 选频电路三部分组成，稳幅由晶体管的非线性来实现。LC 选频电路接在集电极电路中，它是一个并联交流电路，通过的交流电流为 $i_c$，两端的交流电压为 $u_{ce}$，也就是输出电压。

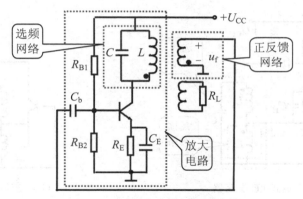

图 4-9　变压器反馈式 LC 振荡器

振荡频率，即 LC 并联电路的谐振频率：

$$f_0 \approx \frac{1}{2\pi\sqrt{LC}}$$

(4-7)

当接通振荡电路的电源时，在扰动信号中只有频率为 $f_0$ 的正弦分量才发生并联谐振。并联谐振时，LC 并联电路的阻抗最大，并且是电阻性的，相当于集电极负载电阻 $R_C$。因此，对于频率 $f_0$，电压放大倍数最高，当满足自激振荡的条件时就产生自激振荡，对于其他频率的分量不能发生并联谐振，这就达到了选频的目的。在输出端得到的只是频率为 $f_0$ 的正弦信号。当改变 LC 电路的参数 $L$ 或 $C$ 时，输出信号的振荡频率也就改变了。

变压器反馈式 LC 振荡器频率稳定度不如三点式 LC 振荡器高，三点式 LC 振荡器即 LC 振荡回路引出三个端点与振荡器的三个电极分别连接，三点式名称即由此而来。在 LC 振荡电路中，三点式应用最为广泛，其工作频率约在几 MHz 到几千 MHz 的范围。这种振荡器电路简单，易于制作。

三点式 LC 振荡器形式：

- 电感三点式，又称哈特莱（Hartley）振荡器。
- 电容三点式，又称考毕兹（Colpitts）振荡器。
- 串联型改进电容三点式，又称克拉泼（Clapp）振荡器。
- 并联型改进电容三点式，又称西勒（Seiler）振荡器。

目前各种射频接收机中，大多数本机振荡器选用西勒电路。在调频接收机的集成电路中，振荡器基本上都是三点式电路。

### 4.3.2　电感三点式 LC 振荡器

电感三点式 LC 振荡器及其交流等效电路如图 4-10 所示，由晶体管放大电路、电感三点式 LC 构成的选频电路和正反馈电路组成。通常改变电容 $C$ 来调节振荡频率，反馈电压取自电感 $L_2$。振荡频率一般在几十 MHz 以下。

振荡频率：$f_0 \approx \dfrac{1}{2\pi\sqrt{(L_1 + L_2 + 2M)C}}$（M 是 $L_1$ 与 $L_2$ 的互感）

(4-8)

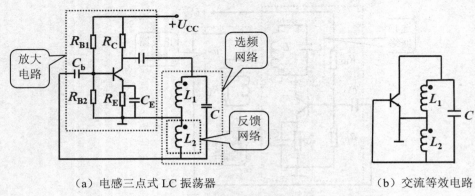

（a）电感三点式 LC 振荡器    （b）交流等效电路

图 4-10    电感三点式 LC 振荡器

1. 优点
- $L_1$、$L_2$ 之间有互感，反馈较强，容易起振。
- 振荡频率调节方便，只要调整电容 $C$ 的大小即可。
- $C$ 的改变基本上不影响电路的反馈系数。

2. 缺点
- 振荡波形不好，因为反馈电压是在电感上获得，而电感对高次谐波呈高阻抗，因此对高次谐波的反馈较强，使波形失真大。
- 振荡频率不能做得太高，这是因为当频率太高时，极间电容影响加大，可能使支路电抗性质改变，从而不能满足相位平衡条件。频率高时，电感量减小，由于 $Q$ 值太低，频率稳定度也不高。

3. 解决方法
电容三点式 LC 振荡器。

### 4.3.3    电容三点式 LC 振荡器

电容三点式 LC 振荡器及其交流等效电路如图 4-11 所示，由晶体管放大电路、电容三点式 LC 构成的选频电路和正反馈电路组成。通常再与线圈串联一个较小的可变电容来调节振荡频率，反馈电压取自电容 $C_2$。振荡频率可达 100MHz 以上。

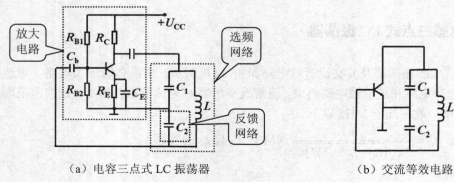

（a）电容三点式 LC 振荡器    （b）交流等效电路

图 4-11    电容三点式 LC 振荡器

振荡频率：

$$f_0 \approx \frac{1}{2\pi\sqrt{L\dfrac{C_1 C_2}{C_1 + C_2}}}$$  （4-9）

**1. 优点**

- 振荡波形好，原因是反馈支路是电容元件，对振荡信号的高次谐波呈低阻抗。由于振荡管非线性所产生的高次谐波分量被减弱，使振荡波形更加接近正弦波。
- 电路的频率稳定度较高，原因在于电路中的不稳定电容，如振荡管的输出、输入电容都和回路电容 $C_1$、$C_2$ 相并联，因此适当加大回路的电容量就可以减小不稳定因素对振荡频率的影响，从而提高了频率稳定度。
- 工作频率可以做得较高，有时可直接利用晶体管的输出、输入电容作为回路的振荡电容，但频率稳定度受到影响。工作频率可做到几十 MHz 到近千 MHz 的甚高频波段范围。

**2. 缺点**

频率调整比较麻烦，调 $C_1$ 或 $C_2$ 来改变振荡频率时反馈系数也将改变。影响反馈系数 $F$ 与振荡频率的因素都是 $C_1$ 和 $C_2$。

**3. 解决方法**

串联改进型电容三点式振荡器。

### 4.3.4　串联改进型电容三点式 LC 振荡器

串联改进型电容三点式 LC 振荡器及其交流等效电路如图 4-12 所示，它由晶体管放大电路、串联改进型电容三点式 LC 构成的选频电路和正反馈电路组成。振荡频率可达几百 MHz 以上。

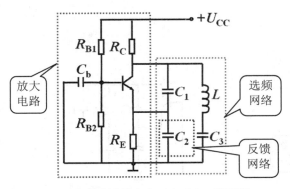
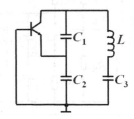

（a）串联改进型电容三点式 LC 振荡器　　　　（b）交流等效电路

图 4-12　串联改进型电容三点式振荡器

振荡频率：

$$f \approx \frac{1}{2\pi\sqrt{LC_\Sigma}} \quad (C_\Sigma \approx C_3)$$  （4-10）

串联总电容　$\dfrac{1}{C_\Sigma} = \dfrac{1}{C_1} + \dfrac{1}{C_2} + \dfrac{1}{C_3}$　（若 $C_1$、$C_2$ 很大，倒数就很小，可忽略不计）

在电容三点式振荡器中，为了提高振荡器的频率稳定度，可以增大回路电容 $C_1$、$C_2$ 的电容值，使不稳定的管子输出、输入电容及电路的分布电容 $C_{oe}$、$C_{ie}$、$C_0$ 等对振荡回路的影响减弱。但回路电容的加大受到振荡频率高低的限制。解决的方法是在 c-b 间的电感支路中串入一电容 $C_3$，这样就构成了串联改进型电容三点式振荡器。$C_3$ 的接入使回路的总电容减小，当 $C_3 \ll C_1$ 或 $C_2$ 时，振荡频率可由 $C_3$、$L$ 确定，$C_1$、$C_2$ 就只起反馈分压的作用了。但是应该注意，由于 $C_3$ 较小，振荡管的输出与振荡回路间的耦合要比电容三点式振荡器弱得多，使回路获得的能量较小，这样虽然有利于振荡频率的稳定，但却不利于起振，所以 $C_3$ 的值也不可取得太小。

1. 优点
- 频率稳定度高。
- 振荡频率调节容易。

2. 缺点
- $C_1$、$C_2$ 如果过大，则振荡幅度就太低。
- 当减小 $C$ 来提高 $f_0$ 时，振荡幅度显著下降；当 $C$ 减到一定程度时，可能停振。因此限制 $f_0$ 的提高。
- 波段范围不宽，频率覆盖系数小，一般约为 1.2～1.3，另外波段内输出信号的幅度不均匀，不易起振。

3. 解决方法
并联改进型电容三点式振荡器。

### 4.3.5 并联改进型电容三点式 LC 振荡器

并联改进型电容三点式 LC 振荡器及其交流等效电路如图 4-13 所示，它由晶体管放大电路、并联改进型电容三点式 LC 构成的选频电路和正反馈电路组成。振荡频率可达几百 MHz 到几千 MHz 以上。

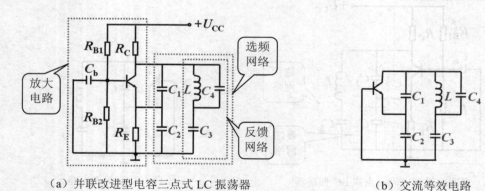

（a）并联改进型电容三点式 LC 振荡器　（b）交流等效电路

图 4-13　并联改进型电容三点式振荡器

振荡频率：
$$f \approx \frac{1}{2\pi\sqrt{LC_\Sigma}} \tag{4-11}$$

并联总电容　$C_\Sigma = C_4 + \dfrac{1}{\dfrac{1}{C_1}+\dfrac{1}{C_2}+\dfrac{1}{C_3}}$　（$C_1$、$C_2$、$C_3$ 相串后与 $C_4$ 相并）

除了采用两个容量较大的 $C_1$、$C_2$ 外，在电感 $L$ 两端并联一个电容器 $C_4$，$C_4$ 通常采用可调电容器以调节振荡频率。在实际工作中，电路中 $C_3$ 的选择要合理，$C_3$ 的电容值过小时，振荡管与回路间的耦合过弱，振幅平衡条件不易满足，电路难以起振；$C_3$ 的电容值过大时，频率稳定度会下降。所以应该在保证起振条件得到满足的前提下尽可能地减小 $C_3$。$C_4$ 如果用变容二极管取代，该电路很容易做成电压控制振荡器（VCO）或自动频率控制（AFC）振荡器。

1. 优点

● 频率稳定度高。
● 振荡频率调节容易。
● 在改变振荡频率的过程中，振荡信号的幅度比较平稳，原因是 $C_4$ 的改变对振荡管与回路的接入关系影响不大。
● 西勒电路的频率覆盖系数可达 1.6～1.8，比克拉泼电路要高。

西勒电路在分立元件系统或集成高频电路系统中均获得广泛应用，如在通信设备的振荡电路中绝大多数均采用这种电路。该电路为共集电极输出，反馈系数大于 1，放大倍数小于 1。几种三点式振荡器的比较如表 4-1 所示。

表 4-1　几种三点式振荡器的比较

| 名称 | 电感反馈（哈特莱） | 电容反馈（考毕兹） | 电容串联改进（克拉泼） | 电容并联改进（西勒） |
|---|---|---|---|---|
| 振荡频率 $f_0$ | $f \approx \dfrac{1}{2\pi\sqrt{LC}}$ <br> $L = L_1 + L_2 + 2M$ <br> M 为互感系数 | $f \approx \dfrac{1}{2\pi\sqrt{LC}}$ <br> $\dfrac{1}{C} = \dfrac{1}{C_1} + \dfrac{1}{C_2}$ | $f \approx \dfrac{1}{2\pi\sqrt{LC_\Sigma}}$ <br> $\dfrac{1}{C_\Sigma} = \dfrac{1}{C_1} + \dfrac{1}{C_2} + \dfrac{1}{C_3} \approx \dfrac{1}{C_3}$ | $f \approx \dfrac{1}{2\pi\sqrt{LC_\Sigma}}$ <br> $C_\Sigma = C_4 + \dfrac{1}{\dfrac{1}{C_1} + \dfrac{1}{C_2} + \dfrac{1}{C_3}}$ |
| 波形 | 差 | 好 | 好 | 好 |
| 反馈系数 | $\dfrac{L_2 + M}{L_1 + M}$ 或 $\dfrac{N_2}{N_1}$ | $\dfrac{C_1}{C_2}$ | $\dfrac{C_1}{C_2}$ | $\dfrac{C_1}{C_2}$ |
| 作可变 $f_0$ 振荡器 | 可以 | 不方便 | 方便，但幅度不稳定 | 方便，幅度稳定 |
| 频率稳定度 | 差 | 差 | 好 | 好 |
| 最高振荡频率 | 几十 MHz | 几百 MHz，但频率稳定度下降 | 几百 MHz，但幅度下降 | 几百 MHz 至几千 MHz |

# 4.4　单片集成 LC 振荡器

用分立元件构成的 LC 振荡器，其电路设计和调试都很复杂，当前越来越多的通信设备采用集成放大电路构成 LC 振荡器。集成放大电路振荡器需要外接 LC 选频电路。

## 4.4.1　差分对管振荡器

差分对管振荡器原理电路及其等效电路如图 4-14 所示。$VT_1$ 和 $VT_2$ 为差分对管，其中 $VT_2$

管的集电极外接 LC 谐振回路，调谐在谐振频率上，谐振回路上的输出电压直接加到 $VT_1$ 管的基极上，形成正反馈。同时 $VT_2$ 管的集电极又通过 LC 谐振回路接到 $VT_2$ 管的基极上，这样 $U_{BB}$ 就同时成为两管的基极偏置电压，保证了两管基极直流同电位，同时也使 $VT_2$ 管的集电极和基极直流同电位，使 $VT_2$ 管工作在临界饱和状态。因此，LC 回路两端的振荡电压振幅就不能太大，一般为 200 mV 左右。

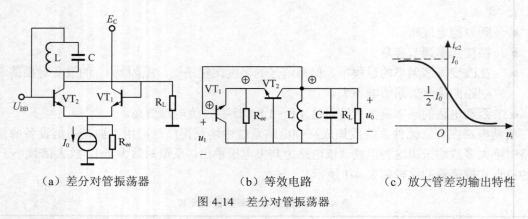

（a）差分对管振荡器　　　　（b）等效电路　　　　（c）放大管差动输出特性

图 4-14　差分对管振荡器

差分放大管的差动输出特性为双曲正切特性，如图 4-14（c）所示。起振时的振荡电压工作在差分放大特性的最大跨导处，很容易满足振荡振幅条件而起振。起振后，在正反馈条件下振荡振幅将不断增大，随着振荡振幅的增大，差分放大器的放大倍数将减小，这使振荡振幅的增长渐趋缓慢，直至进入晶体管截止区后振荡器进入平衡状态，此时由于晶体管工作在截止区，输出电阻较大，对 LC 回路的影响较小，这样就保证了回路有较高的有载品质因数，有利于提高频率稳定度。

电路的振荡频率接近于回路的固有谐振频率：$f \approx \dfrac{1}{2\pi\sqrt{LC}}$

差分对管振荡器的优点：由于靠进入截止区来限幅，保证了回路具有较高的 $Q$ 值，从而提高了振荡器的频率稳定性和幅度稳定性。此外，由于差模传输特性的奇对称性，输出波形的正负半周对称性好，不含偶次谐波，奇次谐波成分也比单管振荡器中要少。

集成电路振荡器的内部电路复杂，分析时主要掌握集成电路的管脚功能和应用电路，MC1648 是摩托罗拉公司生产的高性能电压可控振荡器，内部采用了典型的差分对管振荡电路，其芯片内部结构如图 4-15 所示。下面以 MC1648 为例来分析一款集成振荡器电路。

MC1648 集成振荡器由三部分组成：差分对管振荡器、偏置电路和隔离放大电路。差分对管振荡器由 $VT_7$、$VT_8$ 组成，$VT_9$ 组成恒流源电路；偏置电路由 $VT_{10} \sim VT_{14}$ 管组成；放大电路由两部分组成：第一级是由 $VT_4$、$VT_5$ 管组成的共射－共基级联放大器，第二级是由 $VT_2$、$VT_3$ 管组成的单端输入、单端输出的差分放大器。跟随器 $VT_1$ 为隔离输出级，故负载与振荡回路之间有很好的隔离性能。

差分对管振荡器的 LC 振荡电路接在 $VT_8$ 的 c-b 间，即 10、12 脚，振荡输出接到 $VT_5$ 的基极，经过两级放大电路放大后的信号由 $VT_1$ 输出，即 3 脚为最后的电路输出。内部集成的负载电阻 $R_{10}$ 为 1.5 kΩ。$VT_{10} \sim VT_{14}$ 为偏置电路。$VT_{11}$、$VT_{10}$ 分别为两级放大器提供偏置。$VT_{12}$、$VT_{14}$ 为差分对管振荡电路提供偏置。$VT_{12}$ 与 $VT_{13}$ 组成互补稳定电路，稳定 $VT_8$ 的基极电位。若由于某种干扰使 $VT_8$ 的基极电位升高，则 $VT_{13}$ 的 b 极电位升高，$VT_{13}$ 的 c 极电位降低，从而使 $VT_{12}$ 的 e 极电位降低，这一负反馈使 $VT_8$ 的基极电位保持稳定。另外，振荡信号经 $VT_6$ 反馈和 $VD_1$ 电平偏移，加到 $VT_9$ 管的基极构成负反馈，因而能稳定振幅。

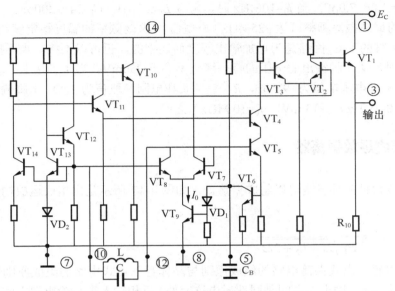

图 4-15　集成振荡器 MC1648 内部结构

　　MC1648 是 ECL（发射极耦合逻辑）电路，其典型应用是做锁相环配套的压控振荡器。正常运用时 1 和 14 脚接+5V 电源，7 和 8 脚接地；或者 1 和 14 脚接地，7 和 8 脚接-5.2V 电源。5 脚接不同电压，可改变 $VT_9$ 的基极电位，从而改变主振电流，即改变振荡电压幅度，使输出波形不同。5 脚通过电容接地，可以得到正弦波输出。5 脚加正电压，振荡加强，通过 $VT_2$、$VT_3$ 差分管限幅，可以得到方波输出。

　　由 MC1648 构成的实际应用的高频振荡电路如图 4-16 所示。

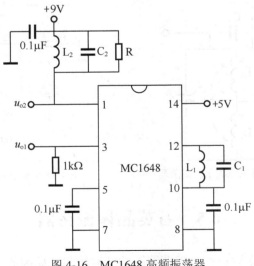

图 4-16　MC1648 高频振荡器

振荡频率：$f_0 = \dfrac{1}{2\pi\sqrt{L_1 C_1}}$

式中，$C_1 \approx 6\text{pF}$，是 MC1648 第 10、12 脚间的输入电容。例如当 $f_0 = 100\text{MHz}$ 时，可取 $L_1 \approx 0.22\mu\text{H}$，$C_1 = 1.0 \sim 7.0\text{pF}$；当 $f_0 = 10\text{MHz}$ 时，可取 $L_1 \approx 2.7\mu\text{H}$，$C_1 = 24 \sim 200\text{pF}$。

MC1648 的最高振荡频率可达 225MHz（典型值），振荡频率的温度稳定度约为 $3 \times 10^{-4}/\text{℃}$。

电路中，1 脚的 $L_2 C_2$ 回路是为增加输出幅度而连接的，也可以不接。当不接入 $L_2 C_2$ 回路而 1 脚接 +5V 时，从 3 脚输出的电压的峰—峰值不小于 750mV。当 1 脚接 $L_2 C_2$ 回路（应调谐于振荡频率），1 脚电源电压为 +9V 时，$R$（包括负载电阻）取值为 $1\text{k}\Omega$，1 脚输出功率最大可达 5 mW（$f_0 = 100\ \text{MHz}$）$\sim$ 13 mW（$f_0 = 10\ \text{MHz}$）之间。

### 4.4.2 集成运放振荡器

用集成运放代替晶体管也可以组成振荡器，如图 4-17 所示是由集成运放构成的电感三点式 LC 振荡器。

振荡频率：$f \approx \dfrac{1}{2\pi\sqrt{L_1 + L_2 + 2M}}$

集成运放电感三点式振荡电路的组成原则与晶体管三点式电路的组成原则相似，即同相输入端与反相输入端、输出端之间是同性质电抗元件，反相输入端与输出端之间是异性质电抗元件。运放振荡器电路简单，调整容易，但工作频率受运放上限频率的限制。

如图 4-18 所示，用集成宽带放大电路 F733 和 LC 网络可以组成频率在 120MHz 以内的高频正弦波振荡器。由图可见，只需在第 2 脚与回路之间接入晶体即可组成晶体振荡器。用集成宽带放大电路组成正弦波振荡器时，LC 选频回路应正确接入反馈支路，其电路组成原则与运放振荡器的组成原则相似。

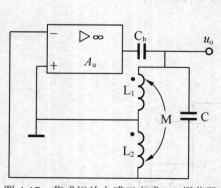

图 4-17　集成运放电感三点式 LC 振荡器

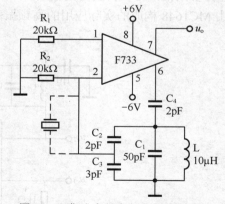

图 4-18　集成宽带高频正弦波振荡器

## 4.5　石英晶体振荡器

振荡器的频率稳定度主要取决于振荡回路的标准性和品质因数。LC 振荡器由于受到 LC

回路的标准性和品质因数的限制，频率稳定度只能达到 $10^{-4}$ 的数量级，并且 $Q$ 值还不是很高，一般在几十到 100 的范围内，很少有 200 以上的数量级。但是在许多应用场合要求振荡器能提供比 $10^{-4}$ 量级高得多的频率稳定度，这样的性能指标难以满足某些通信设备的要求，如在广播发射机、单边带发射机、频率标准振荡器中，分别要求振荡频率稳定度高达 $10^{-5}$、$10^{-6}$、$10^{-8}$、$10^{-9}$ 量级。为了获得频率稳定度足够高的振荡信号，需要采用石英晶体振荡器。

石英晶体振荡器是采用石英晶体谐振器来控制振荡频率的一种振荡器，与 LC 回路相比，石英晶体谐振器具有很高的标准性和极高的品质因数，使石英晶体振荡器可以获得极高的频率稳定度。由于所采用的石英晶体谐振器、电路形式、稳频措施的不同，石英晶体振荡器可获得高达 $10^{-5}$～$10^{-11}$ 量级的频率稳定度。

### 4.5.1 石英晶体特性

**1. 石英晶体的等效电路**

石英晶体的物理和化学性能都十分稳定，因此它的等效谐振回路有很高的标准性。石英晶体的振动模式存在着多谐性。也就是说，除了基频振动外，还会产生奇次谐波的泛音振动，泛音振动的频率接近于基频的整数倍，但不是严格整数倍。对于一个石英谐振器，既可以利用其基频振动，也可以利用其泛音振动。前者称为基频晶体，后者称为泛音晶体。泛音晶体大部分应用 3 次和 5 次的泛音振动，很少用 7 次以上的泛音振动。因为泛音次数较高时，振荡器因高次泛音的振幅小而不易起振，抑制低次泛音振动也较困难。

**2. 石英晶体具有极高的 $Q$ 值**

石英晶体具有正、反压电效应，而且在谐振频率附近晶体的等效参数 $L_q$ 很大，$C_q$ 很小，$r_q$ 也不高。因此，石英谐振器的 $Q$ 值很大，可达百万数量级。这一特点是石英晶体振荡器频率稳定度高的一个重要原因。

**3. 石英晶体的两个谐振频率**

石英晶体的电抗特性如图 4-19 所示，存在串联谐振频率 $f_s$ 和并联谐振频率 $f_p$，而且这两个频率非常接近，其间的感性区域十分狭窄，电抗特性曲线异常陡峭，由于 $Q$ 值极高，相位特性十分陡直，对频率变化具有极灵敏的补偿能力。

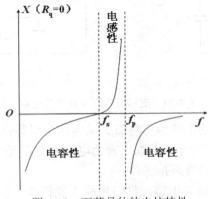

图 4-19 石英晶体的电抗特性

下面给出 $f_p$ 与 $f_s$ 之间的关系。

串联谐振频率：$f_s = \dfrac{1}{2\pi\sqrt{L_q C_q}}$

并联谐振频率：$f_p = \dfrac{1}{2\pi\sqrt{L_q \dfrac{C_0 C_q}{C_0 + C_q}}} = f_s \sqrt{1 + \dfrac{C_q}{C_0}}$

$$C_q \ll C_0$$

实际的晶体振荡电路中石英晶体的应用有以下两种情况：

- 作为振荡回路的电感元件，此时振荡器工作在感性区，振荡频率 $f$ 的范围为：$f_s < f < f_p$，石英晶体等效为电感，这类振荡器称为并联谐振型石英晶体振荡器。
- 作为短路元件，此时振荡频率 $f$ 等于或接近于 $f_s$，将它串接在振荡器的反馈支路上，用以控制反馈系数，称为串联谐振型石英晶体振荡器。

常用的是并联型石英晶体振荡器。

### 4.5.2　并联型晶体振荡器

石英晶体作为电感元件应用的振荡电路就是并联型晶体振荡电路。并联型石英晶体振荡器的工作原理及振荡电路形式和 LC 振荡器相同，只要将三点式 LC 振荡回路中的电感元件用石英晶体取代就构成了晶体振荡电路，其他分析和三点式 LC 振荡器一样。

实际应用中并联型晶体振荡电路可将石英晶体接在振荡管的 c-b 间（或场效应管的 d-g 间），又称皮尔斯电路，如图 4-20 所示。若画出皮尔斯电路中的石英晶体等效电路，则这种电路可看成是电容三点式振荡器，即考毕兹振荡器。

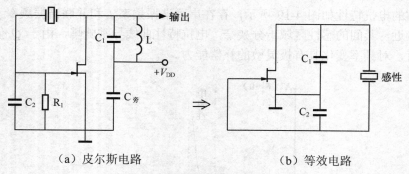

（a）皮尔斯电路　　　　　　　　（b）等效电路

图 4-20　皮尔斯电路及其等效电路

实际应用中并联型晶体振荡电路也可将石英晶体接在振荡管的 b-e 间（或场效应管的 g-s 间），又称密勒电路，如图 4-21 所示。若画出密勒电路中的石英晶体等效电路，则这种电路可看成是电感三点式振荡器，即哈特莱振荡器。

电路中，石英晶体只有等效为电感元件时电路才能振荡。振荡管可以是晶体三极管，也可以是场效应管。

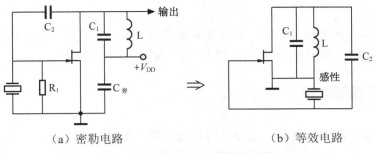

（a）密勒电路　　　　　　　　　　（b）等效电路

图 4-21　密勒电路及其等效电路

### 4.5.3　串联型晶体振荡器

石英晶体作为短路元件应用的振荡电路就是串联型晶体振荡电路，如图 4-22 所示的振荡器中，石英晶体的作用类似于一个短路的耦合电容；如图 4-23 所示的振荡器中，石英晶体的作用类似于一个旁路电容。

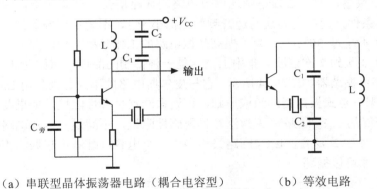

（a）串联型晶体振荡器电路（耦合电容型）　　　　（b）等效电路

图 4-22　串联型晶体振荡器电路（耦合电容型）

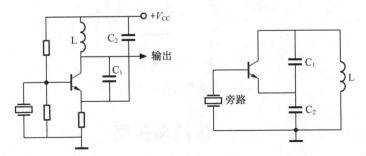

（a）串联型晶体振荡器电路（旁路电容型）　　　　（b）等效电路

图 4-23　串联型晶体振荡器电路（旁路电容型）

总之，石英晶体基本工作在串联谐振频率上，其等效阻抗是很低的。

石英晶体振荡器的振荡频率和频率稳定度都是由石英谐振器的串联谐振频率所决定的，而不取决于振荡回路。但是，振荡回路元件也不能随便选用，它的固有频率应该与石英谐振器的串联谐振频率相一致。

石英晶体的缺点是缺少可调性。要改变频率必须更换一块新的晶体，当然也可以用频率合成的办法，用一块或两块晶体得到多种频率稳定度极高的信号。

### 4.5.4 泛音晶振电路

石英晶体振荡器的频率越高，则晶片的厚度越薄，机械强度越差。频率太高时，晶片的厚度太薄，加工困难，且易振碎。在石英晶振的完整等效电路中，不仅包含了基频串联谐振支路，还包括了其他奇次谐波的串联谐振支路，这就是石英晶振的多谐性。如果要求以更高的频率工作时，可以令晶体工作于它的泛音频率上，构成泛音晶体振荡器。所谓泛音，是指石英晶片振动的机械谐波。它与电谐波的主要区别是：电谐波与基波是整数倍关系，且谐波与基波同时并存；晶体泛音则与基频不成整数倍关系，只是在基频奇数倍附近，且两者不能同时存在。

在工作频率较高的晶体振荡器中，多采用泛音晶体振荡电路。在泛音晶振电路中，为了保证振荡器能准确地振荡在所需要的奇次泛音上，要求电路必须能有效地抑制掉基频和低次泛音频率上的寄生振荡，而且必须正确地调节电路的环路增益，使其在工作的泛音频率上略大于 1，满足起振条件，而在更高次的泛音频率上都小于 1，不满足起振条件。

一般晶体频率不超过 30MHz。为了提高晶振电路的工作频率可使电路振荡频率工作在晶体的谐波（一般在 3 次到 7 次谐波）频率上，这是一种特制的晶体，叫做泛音晶体。

并联型泛音晶体振荡器如图 4-24 所示。它与皮尔斯电路的不同之处是用 $L_1C_1$ 谐振回路代替了电容 $C_1$，根据三点式振荡器的组成原则，该谐振回路呈容性阻抗。如果要求晶体工作在 5 次泛音，则调谐好的 $L_1C_1$ 回路对 3 次泛音呈现感性阻抗，不满足三点式电路的相位条件，电路不能起振；而对 5 次泛音，$L_1C_1$ 回路又相当于一个电容，既满足起振的相位条件，又满足振幅条件，电路才可以振荡。

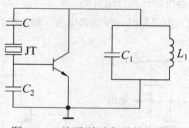

图 4-24 并联型泛音晶体振荡器

## 4.6 压控振荡器

压控振荡器（Voltage Controlled Oscillator，VCO）是以某一电压来控制振荡频率或相位大小的一种振荡器。这种振荡器可以通过调整外加电压使振荡器的输出频率随之改变。

在电子设备中，压控振荡器的应用极为广泛，几乎所有移动通信设备中的本机振荡电路、各种自动频率控制（AFC）系统中的振荡电路、锁相环路（PLL）中所用的振荡电路、电视调谐器、频谱分析仪等方面都采用压控振荡。

### 4.6.1　变容二极管压控振荡器

#### 1. 变容二极管压控原理

压控振荡器最常用的压控元件是变容二极管，输出的波形有正弦波和方波。变容二极管电路符号如图 4-25 所示。

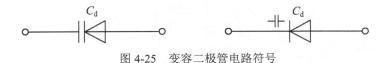

图 4-25　变容二极管电路符号

变容二极管是利用 PN 结的结电容随反向电压变化这一特性制成的一种压控电抗元件。变容二极管的结电容－电压变化曲线如图 4-26 所示。

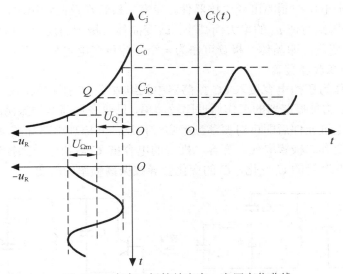

图 4-26　变容二极管结电容－电压变化曲线

变容二极管的结电容：

$$C_{\mathrm{j}} = \frac{C_0}{\left(1 + \dfrac{u_{\mathrm{R}}}{U_{\mathrm{D}}}\right)^{\gamma}} \tag{4-12}$$

$\gamma$：变容指数，其值随半导体掺杂浓度和 PN 结的结构不同而变化。

$C_0$：外加电压 $u_{\mathrm{R}} = 0$ 时的结电容值。

$U_{\mathrm{D}}$：PN 结的内建电位差。

$u_{\mathrm{R}}$：变容二极管所加反向偏压的绝对值。

变容二极管必须工作在反向偏压状态，所以工作时需要加负的静态直流偏压 $-U_{\mathrm{Q}}$。若交流控制电压 $u_{\Omega}$ 为正弦信号，则变容二极管上的有效电压的绝对值为：

$$u_{\mathrm{R}} = U_{\mathrm{Q}} + u_{\Omega} = U_{\mathrm{Q}} + U_{\Omega\mathrm{m}}\cos\Omega t \tag{4-13}$$

带入式（4-12）得：

$$C_j = \frac{C_0}{\left(1 + \dfrac{U_Q + U_{\Omega m}\cos\Omega t}{U_D}\right)^\gamma} = \frac{C_{jQ}}{(1 + m\cos\Omega t)^\gamma} \qquad (4\text{-}14)$$

式中 $C_{jQ}$ 为静态结电容，有：

$$C_{jQ} = \frac{C_0}{\left(1 + \dfrac{U_Q}{U_D}\right)^\gamma} \qquad (4\text{-}15)$$

$m$ 为结电容调制系数，有：

$$m = \frac{u_{\Omega m}}{U_D + U_Q} < 1 \qquad (4\text{-}16)$$

变容二极管是利用半导体 PN 结的结电容受控于外加反向控制电压的特性而制成的一种晶体二极管，它属于电压控制的可变电抗器件。变容二极管在反向运用时，二极管的 PN 结电容值 $C_j$ 将随反向偏压绝对值 $u_R$ 的增大而减小。改变晶体二极管的反向偏压值可使晶体二极管的结电容 $C_j$ 按规律变化，即晶体二极管可作为一个压控可变电容来使用。

2. 变容二极管压控振荡器

将变容二极管作为压控电容接入 LC 振荡器中就组成了 LC 压控振荡器，一般可采用各种形式的三点式电路。这种振荡器的工作原理比较简单，只要在振荡器的振荡回路上并接或串接某一受电压控制的电抗元件后即可对振荡频率实行控制，其原理电路如图 4-27 所示。图中，受控电抗元件常用变容二极管取代，变容二极管的电容量 $C_j$ 取决于外加控制电压的大小，控制电压的变化会使变容管的 $C_j$ 变化，$C_j$ 的变化会导致振荡频率的改变。

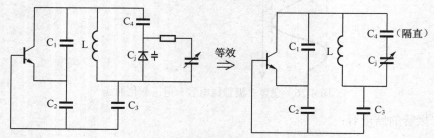

图 4-27　压控振荡器原理电路

### 4.6.2　晶体压控振荡器

为了提高压控振荡器中心频率稳定度，可采用晶体压控振荡器。在晶体压控振荡器中，晶振或者等效为一个短路元件，起选频作用；或者等效为一个高 $Q$ 值的电感元件，作为振荡回路元件之一。通常仍采用变容二极管作压控元件。

晶体压控振荡器的缺点是频率控制范围很窄，仅在晶振的串联谐振频率 $f_s$ 与并联谐振频率 $f_p$ 之间。为了增大频率控制范围，可在晶体支路中增加一个电感 $L$。$L$ 越大，频率控制范围越大，但频率稳定度相应下降。因为增加的电感 $L$ 与晶体串联或并联后相当于使晶振本身的串

联谐振频率 $f_s$ 左移或使并联谐振频率 $f_p$ 右移，所以可控频率范围增大，但电抗曲线斜率下降。这种方法称为串联电感扩展法。如图 4-28 所示是应用串联电感扩展法实现的晶体压控振荡器实用电路。该电路的中心频率约为 20MHz，频偏约为 10kHz。

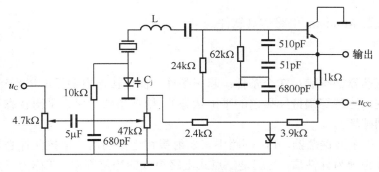

图 4-28 串联电感扩展法晶体压控振荡器

## 思考题与习题

1．什么是振荡器的起振条件、平衡条件和稳定条件？

2．若石英晶片的参数为：$L_q=4H$，$C_q=9\times10^{-2}pF$，$C_0=3pF$，$r_q=100\Omega$，求：

（1）串联谐振频率 $f_s$。

（2）并联谐振频率 $f_p$ 与 $f_s$ 相差多少，并求它们的相对频差。

3．克拉泼电路和西勒电路如何改进了电容三点式振荡器的性能？

4．振荡交流等效电路如图 4-29 所示，工作频率为 10MHz。

（1）计算 $C_1$、$C_2$ 的取值范围。

（2）画出实际电路。

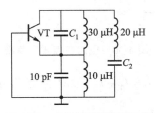

图 4-29 振荡交流等效电路

5．泛音晶体振荡器的电路构成有哪些特点？

# 任务一　电感三点式振荡器仿真分析

## 一、目的

（1）观察电感三点式 LC 振荡器的产生和稳定过程，并检验谐振时环路增益 $AF=1$。

（2）观察并测试电感三点式振荡器的谐振频率。

（3）研究影响振荡频率的主要因素。

（4）研究 LC 选频回路中电容或电感比值对维持振荡器所需的放大器电压增益的影响。

## 二、仪器和设备

计算机：安装 Multisim 电路仿真软件。

## 三、原理

一个反馈振荡器必须满足 3 个条件：起振条件（保证接通电源后能逐步建立起振荡）、平衡条件（保证进入维持等幅持续振荡的平衡状态）、稳定条件（保证平衡状态不因外界不稳定因素影响而受到破坏）。

三点式 LC 正弦波振荡器，LC 回路中与发射极相连接的两个电抗元件必须为同性质，另外一个电抗元件必须为异性质。这就是三点式电路组成的相位判据，或称为三点式电路的组成法则。与发射极相连接的两个电抗元件同为电感时的三点式电路称为电感三点式振荡器，也称为哈特莱电路。

电感三点式振荡器原理：电感三点式振荡器又称哈特莱（Hartley）振荡器，其原理电路如图 4-30 所示。其中 $L_1$、$L_2$ 是回路电感，$C$ 是回路电容，$C_e$ 是耦合电容，$C_1$ 是旁路电容，通常电路中还会加高频扼流圈。

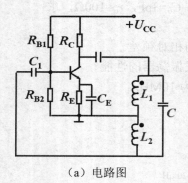

| （a）电路图 | （b）交流等效电路 |
| --- | --- |

图 4-30　电感三点式振荡器

振荡频率 $f_0 \approx \dfrac{1}{2\pi\sqrt{LC}}$，其中 $L = L_1 + L_2 + 2M$，$M$ 为互感系数，$M = \sqrt{L_1 L_2}$。

本电路反馈系数 $F = \dfrac{L_2 + M}{L_1 + L_2 + 2M}$。

当线圈绕在封闭瓷环上时，线圈两部分的耦合系数接近于 1，反馈系数近似等于两线圈的匝数比，即 $F \approx \dfrac{L_2}{L_1}$。当回路谐振时 $AF = 1$，所以有 $A = \dfrac{1}{F} = \dfrac{L_1}{L_2}$。

电感三点式振荡器的优点：便于用改变电容的方法来调整振荡频率，而不会影响反馈系数，缺点是反馈电压取自 $L_2$，而电感线圈对高次谐波呈现高阻抗，所以反馈电压中高次谐波分量较多，输出波形较差。

电感三点式振荡器和电容三点式振荡器共同的缺点是：晶体管输入输出电容分别和两个

回路电抗元件并联，影响回路的等效电抗元件参数，从而影响振荡频率。由于晶体管输入输出电容值随环境温度、电源电压等因素而变化，所以三点式电路的频率稳定度不高，一般在 $10^{-3}$ 量级。

### 四、内容与步骤

（1）在 Multisim 平台上建立如图 4-31 所示的仿真电路。

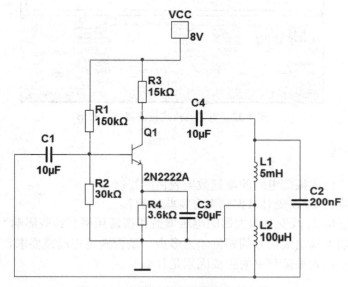

图 4-31　电感三点式振荡器仿真电路

（2）单击仿真开关运行动态分析，通过示波器观察正弦波的产生和稳定过程。测量输入端 $U_i$ 和输出端 $U_o$ 稳定时的峰值电压和相位差，计算放大器的增益，并与理论值进行比较。

（3）通过频谱仪观察振荡回路的频谱并测量谐振频率 $f_0$，与理论值进行比较。

（4）将 LC 回路中的 $C_2$ 改为 100nF，重复步骤（2）和（3）。

（5）将 LC 回路中的 $L_1$ 改为 2mH，重复步骤（2）和（3）。

电感三点式振荡器测试数据如表 4-2 所示。

表 4-2　电感三点式振荡器测试数据

| $(L_1，L_2，C_2)$ | $U_o$ | $U_i$ | 增益 $A$ | | 相位差 | 谐振频率 $f_0$ | |
|---|---|---|---|---|---|---|---|
| | | | 测量值 | 理论值 | | 测量值（kHz） | 理论值（kHz） |
| （5mH，100μH，200nF） | | | | | | | |
| （5mH，100μH，100nF） | | | | | | | |
| （2mH，100μH，200nF） | | | | | | | |

仿真测试的输出波形曲线如图 4-32 所示。

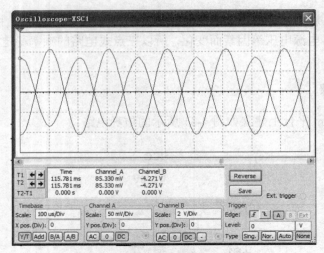

图 4-32　电感三点式振荡器仿真波形

## 五、思考和分析

1. 根据电感三点式振荡电路的测量数据表格回答：
 （1）分析电容值 $C_2$ 改变对谐振频率有哪些影响？
 （2）分析电感值 $L_1$ 改变对放大器的电压增益和振荡频率有哪些影响？
 （3）放大器输入输出端信号的相位差为多少，是否满足正反馈要求？
2. 影响电感三点式振荡频率的主要因素是什么？

## 六、结论

电感三点式振荡电路仿真分析测试电路如图 4-33 所示。

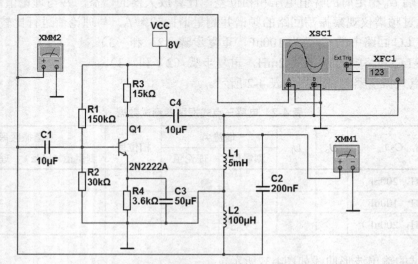

图 4-33　电感三点式振荡器仿真分析测试电路

# 任务二 电容三点式振荡器仿真分析

## 一、目的

（1）观察电容三点式 LC 振荡器的产生和稳定过程并检验谐振时环路增益 $AF=1$。
（2）观察并测试电容三点式振荡器的谐振频率。
（3）研究影响振荡频率的主要因素。
（4）研究LC选频回路中电容或电感比值对维持振荡器所需的放大器电压增益的影响。

## 二、仪器和设备

计算机：安装 Multisim 电路仿真软件。

## 三、原理

一个反馈振荡器必须满足 3 个条件：起振条件（保证接通电源后能逐步建立起振荡）、平衡条件（保证进入维持等幅持续振荡的平衡状态）、稳定条件（保证平衡状态不因外界不稳定因素影响而受到破坏）。

三点式 LC 正弦波振荡器，LC 回路中与发射极相连接的两个电抗元件必须为同性质，另外一个电抗元件必须为异性质。这就是三点式电路组成的相位判据，或称为三点式电路的组成法则。与发射极相连接的两个电抗元件同为电容时的三点式电路称为电容三点式振荡器，也称为考毕兹电路。

电容三点式振荡器原理：电容三点式振荡器又称为考毕兹（Colpitts）振荡器，其原理电路如图 4-34 所示。图中 $C_1$、$C_2$ 是回路电容，$L$ 是回路电感，$C_b$、$C_e$ 和 $C_c$ 分别是高频旁路电容和耦合电容。一般来说，旁路电容和耦合电容的电容值至少要比回路电容值大一个数量级以上。有些电路里还接有高频扼流圈，作用是为直流提供通路而又不影响谐振回路工作特性。对于高频振荡信号，旁路电容和耦合电容可近似为短路，高频扼流圈可近似为开路。

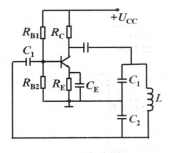
（a）电路图

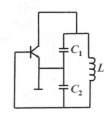
（b）交流等效电路

图 4-34 电容三点式振荡器

回路谐振时，LC 回路呈纯阻抗，反馈系数 $F$ 的表达式为：$F = \dfrac{C_1}{C_2}$。

不考虑各极间电容的影响，这时谐振回路的总电容量 $C_\Sigma$ 为 $C_1$、$C_2$ 的串联，即：

$$C_\Sigma = \cfrac{1}{\cfrac{1}{C_1} + \cfrac{1}{C_2}} = C$$

振荡频率近似认为：$f_0 \approx \cfrac{1}{2\pi\sqrt{LC}} = \cfrac{1}{2\pi\sqrt{\cfrac{C_1 C_2}{C_1 + C_2}L}}$

为了维持振荡，放大器的环路增益应该等于 1，即 $AF = 1$。

因为在谐振频率上振荡器的反馈系数 $F = \cfrac{C_1}{C_2}$，所以维持振荡的电压增益应该是 $A = \cfrac{1}{F} = \cfrac{C_2}{C_1}$。

电容三点式振荡器的优点：反馈电压取自 $C_2$，而电容对晶体管非线性特性产生的高次谐波呈现低阻抗，所以反馈电压中高次谐波分量很小，因而输出波形好，接近于正弦波；缺点：反馈系数因与回路电容有关，如果用改变回路电容的方法来调整振荡频率，必将改变反馈系数，从而影响起振。

电感三点式振荡器和电容三点式振荡器共同的缺点是：晶体管输入输出电容分别和两个回路电抗元件并联，影响回路的等效电抗元件参数，从而影响振荡频率。由于晶体管输入输出电容值随环境温度、电源电压等因素而变化，所以三点式电路的频率稳定度不高，一般在 $10^{-3}$ 量级。

**四、内容与步骤**

（1）在 Multisim 平台上建立如图 4-35 所示的仿真电路。

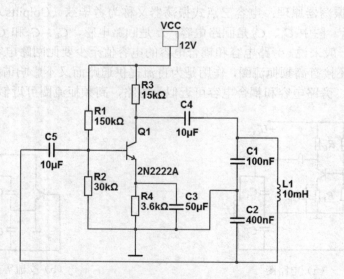

图 4-35　电容三点式振荡器仿真电路

（2）单击仿真开关运行动态分析，双击示波器观察正弦波的产生和稳定过程。测量输入端 $U_i$ 和输出端 $U_o$ 稳定时的峰值电压和相位差，计算放大器的增益，并与理论值进行比较。

（3）通过双击打开频谱仪，观察振荡回路的频谱并测量谐振频率 $f_0$，与理论值进行比较。

（4）将 LC 回路中的 $L_1$ 改为 5mH，重复步骤（2）和（3）。

（5）将 LC 回路中的 $C_2$ 改为 1000nF，重复步骤（2）和（3）。

电容三点式振荡器测试数据如表 4-3 所示。

表 4-3　电容三点式振荡器测试数据

| （$C_1$，$C_2$，$L_1$） | $U_o$ | $U_i$ | 增益 A | | 相位差 | 谐振频率 $f_0$ | |
| --- | --- | --- | --- | --- | --- | --- | --- |
| | | | 测量值 | 理论值 | | 测量值（kHz） | 理论值（kHz） |
| （100nF，400nF，10mH） | | | | | | | |
| （100nF，400nF，5mH） | | | | | | | |
| （100nF，1000n F，10mH） | | | | | | | |

仿真测试的输出波形曲线如图 4-36 所示。

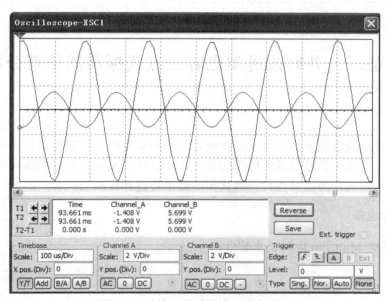

图 4-36　电容三点式振荡器仿真波形

### 五、思考和分析

1．根据电容三点式振荡电路的测量数据表格回答：

（1）分析电感值 $L_1$ 改变对谐振频率有哪些影响？

（2）分析电容值 $C_2$ 改变对放大器的电压增益和振荡频率有哪些影响？

（3）放大器输入输出端信号的相位差为多少，是否满足正反馈要求？

2．影响电容三点式振荡频率的主要因素是什么？

### 六、结论

电容三点式振荡电路仿真分析测试电路如图 4-37 所示。

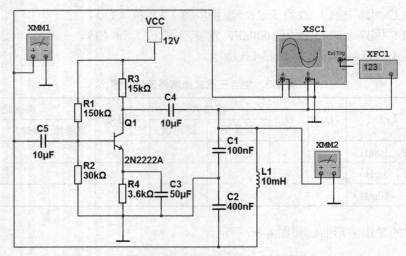

图 4-37　电容三点式振荡器仿真分析测试电路

# 任务三　并联改进型电容三点式振荡器仿真分析

## 一、目的

（1）掌握并联改进型电容三点式正弦波振荡器的基本组成、起振条件和平衡条件。
（2）掌握三点式正弦波振荡器电路的基本工作原理、反馈系数和振荡频率。
（3）了解反馈式振荡器及各种三点式振荡器的特性和优缺点。

## 二、仪器和设备

计算机：安装 Multisim 电路仿真软件。

## 三、原理

并联改进型电容三点式 LC 振荡器也叫西勒电路，其电路形式及其交流等效电路如图 4-38 所示，它由晶体管放大电路、并联改进型电容三点式 LC 构成的选频电路和正反馈电路组成。振荡频率可达几百 MHz 到几千 MHz 以上。

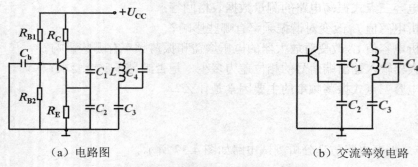

（a）电路图　　　　　　　　　　　　（b）交流等效电路

图 4-38　并联改进型电容三点式振荡器

振荡频率：$f \approx \dfrac{1}{2\pi\sqrt{LC_\Sigma}}$  　　　振荡器的反馈系数：$F = \dfrac{C_1}{C_2}$

并联总电容：$C_\Sigma = C_4 + \dfrac{1}{\dfrac{1}{C_1} + \dfrac{1}{C_2} + \dfrac{1}{C_3}}$  　　（$C_1$、$C_2$、$C_3$相串后与$C_4$相并）

除了采用两个容量较大的$C_1$、$C_2$外，在电感$L$两端并联一个电容器$C_4$，$C_4$通常采用可调电容器以调节振荡频率。在实际工作中，电路中$C_3$的选择要合理，$C_3$的电容值过小时，振荡管与回路间的耦合过弱，振幅平衡条件不易满足，电路难以起振；$C_3$的电容值过大时，频率稳定度会下降。所以应该在保证起振条件得到满足的前提下尽可能地减小$C_3$。$C_4$如果用变容二极管取代，该电路很容易做成电压控制振荡器（VCO）或自动频率控制（AFC）振荡器。

西勒电路的优点：

- 频率稳定度高。
- 振荡频率调节容易。
- 在改变振荡频率的过程中振荡信号的幅度比较平稳，原因是$C_4$的改变对振荡管与回路的接入关系影响不大。
- 西勒电路的频率覆盖系数可达 1.6～1.8，比克拉泼电路要高。

西勒电路在分立元件系统或集成高频电路系统中均获得广泛的应用，如在通信设备的振荡电路中绝大多数均采用这种电路。该电路为共集电极输出，反馈系数大于1，放大倍数小于1。

**四、内容与步骤**

（1）在 Multisim 平台上建立如图 4-39 所示的仿真电路。

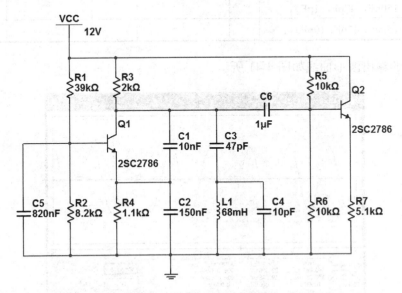

图 4-39　并联改进型电容三点式振荡器仿真电路

（2）单击仿真开关运行动态分析，双击示波器观察正弦波的产生和稳定过程。并联改进型电容三点式振荡电路的起振过程如图 4-40 所示。

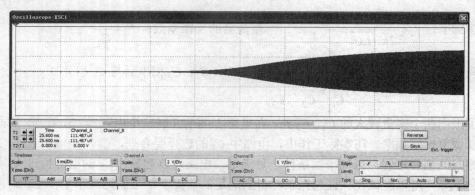

图 4-40　并联改进型电容三点式振荡器的起振过程

测量输入端 $U_i$ 和输出端 $U_o$ 稳定时的峰值电压和相位差，计算放大器的增益，并与理论值进行比较。

（3）通过双击打开频谱仪，观察振荡回路的频谱并测量谐振频率 $f_0$，与理论值进行比较。

（4）将 LC 回路中的 $C_4$ 改为 1pF，重复步骤（2）和（3）。

（5）将 LC 回路中的 $L_1$ 改为 100mH，重复步骤（2）和（3）。

并联改进型电容三点式振荡器测试数据如表 4-4 所示。

表 4-4　并联改进型电容三点式振荡器测试数据

| ($L_1$，$C_1$，$C_2$，$C_3$，$C_4$) | $U_o$ | $U_i$ | 增益 A | | 相位差 | 谐振频率 $f_0$ | |
|---|---|---|---|---|---|---|---|
| | | | 测量值 | 理论值 | | 测量值（kHz） | 理论值（kHz） |
| （68mH，10nF，150nF，47pF，10pF） | | | | | | | |
| （68mH，10nF，150nF，47pF，1pF） | | | | | | | |
| （100mH，10nF，150nF，47pF，10pF） | | | | | | | |

仿真测试的输出波形曲线如图 4-41 所示。

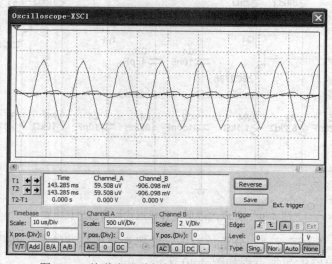

图 4-41　并联改进型电容三点式振荡器仿真波形

## 五、思考和分析

1．根据并联改进型电容三点式振荡电路的测量数据回答：

（1）分析电路振荡频率主要与哪些元件参数有关？

（2）分析电容值 $C_4$ 改变对放大器的电压增益和振荡频率有哪些影响？

2．测试振荡器各元件的作用，即短路（或开路）该元件观察振荡器的工作情况。

3．进行 LC 振荡器波段工作研究，即测试振荡器在多宽的频率范围内能平稳工作。

4．研究 LC 振荡器的静态工作点、反馈系数以及负载对振荡器的影响。

5．测试 LC 振荡器的频率稳定度，即研究温度、电源电压和负载变化对振荡器频率稳定度的影响。

## 六、结论

并联改进型电容三点式振荡电路仿真分析测试电路如图 4-42 所示。

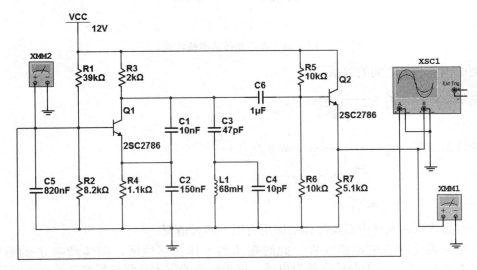

图 4-42　并联改进型电容三点式振荡器仿真分析测试电路

# 任务四　石英晶体振荡器仿真分析

## 一、目的

（1）掌握石英晶体振荡器的基本工作原理。

（2）研究外界条件电源电压、负载变化对振荡器频率稳定度的影响。

（3）比较 LC 振荡器与石英晶体振荡器的频率稳定度。

## 二、仪器和设备

计算机：安装 Multisim 电路仿真软件。

### 三、原理

石英晶体的电抗特性如图 4-43 所示，存在串联谐振频率 $f_s$ 和并联谐振频率 $f_p$，而且这两个频率非常接近，其间的感性区域十分狭窄，电抗特性曲线异常陡峭，由于 $Q$ 值极高，相位特性十分陡直，对频率变化具有极灵敏的补偿能力。

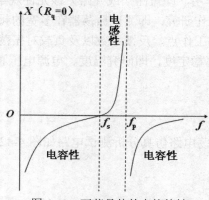

图 4-43　石英晶体的电抗特性

下面给出 $f_p$ 与 $f_s$ 之间的关系。

串联谐振频率：$f_s = \dfrac{1}{2\pi\sqrt{L_q C_q}}$

并联谐振频率：$f_p = \dfrac{1}{2\pi\sqrt{L_q \dfrac{C_0 C_q}{C_0 + C_q}}} = f_s\sqrt{1 + \dfrac{C_q}{C_0}}$

$$C_q \ll C_0$$

实际的晶体振荡电路中石英晶体的应用有以下两种情况：

- 作为振荡回路的电感元件，此时振荡器工作在感性区，振荡频率 $f$ 的范围为：$f_s < f < f_p$，石英晶体等效为电感，这类振荡器称为并联谐振型石英晶体振荡器。

- 作为短路元件，此时振荡频率 $f$ 等于或接近于 $f_s$，将它串接在振荡器的反馈支路上，用以控制反馈系数，称为串联谐振型石英晶体振荡器。

常用的是并联型石英晶体振荡器。并联型石英晶体振荡器的工作原理及振荡电路形式和 LC 振荡器相同，只要将三点式 LC 振荡回路中的电感元件用石英晶体取代就构成了晶体振荡电路，其他分析和三点式 LC 振荡器一样。

实际应用中并联型晶体振荡电路可将石英晶体接在振荡管的 c-b 间，又称皮尔斯电路，如图 4-44 所示。若画出皮尔斯电路中的石英晶体等效电路，则这种电路可看成是电容三点式振荡器，即考毕兹振荡器。

石英晶体振荡器的振荡频率和频率稳定度都是由石英谐振器的串联谐振频率所决定的，而不取决于振荡回路。但是，振荡回路元件也不能随便选用，它的固有频率应该与石英谐振器的串联谐振频率相一致。

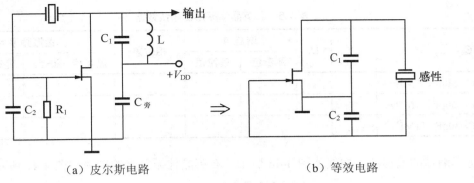

（a）皮尔斯电路　　　　　　　　　　（b）等效电路

图 4-44　皮尔斯电路

　　石英晶体的缺点是缺少可调性。要改变频率必须更换一块新的晶体，当然也可以用频率合成的办法，用一块或两块晶体得到多种频率稳定度极高的信号。

### 四、内容与步骤

　　（1）在 Multisim 平台上建立如图 4-45 所示的仿真电路。

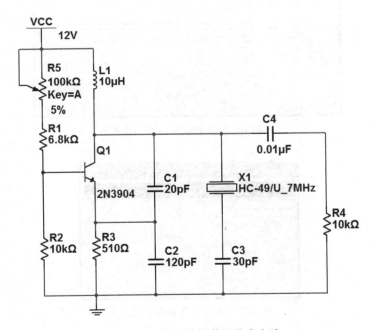

图 4-45　石英晶体振荡器仿真电路

　　（2）单击仿真开关运行动态分析，双击示波器观察正弦波的产生和稳定过程。测量输入端 $U_i$ 和输出端 $U_o$ 稳定时的峰值电压和相位差，计算放大器的增益，并与理论值进行比较。

　　（3）通过双击打开频谱仪，观察振荡回路的频谱并测量谐振频率 $f_0$，与理论值进行比较。

　　（4）将振荡回路中的 $C_3$ 改为 50pF，重复步骤（2）和（3）。

　　（5）将振荡回路中的 $X_1$ 改为 11MHz，重复步骤（2）和（3）。

　　石英晶体振荡器测试数据如表 4-5 所示。

表4-5　石英晶体振荡器测试数据

| $(C_1, C_3, X_1)$ | $U_o$ | $U_i$ | 增益 $A$ | | 相位差 | 谐振频率 $f_0$ | |
| --- | --- | --- | --- | --- | --- | --- | --- |
| | | | 测量值 | 理论值 | | 测量值（kHz） | 理论值（kHz） |
| （20pF，30pF，7MHz） | | | | | | | |
| （20pF，50pF，7MHz） | | | | | | | |
| （20pF，30pF，11MHz） | | | | | | | |

仿真测试的输出波形曲线如图 4-46 所示，石英晶体振荡器的频率如图 4-47 所示。

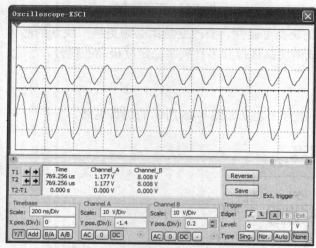

图 4-46　石英晶体振荡器仿真波形

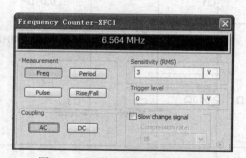

图 4-47　石英晶体振荡器的频率

## 五、思考和分析

1. 分析振荡器各元件的作用及对谐振频率有哪些影响？
2. 改变 $C_5$ 电容值，观察振荡器的情况。

## 六、结论

石英晶体振荡器仿真分析测试电路如图 4-48 所示。

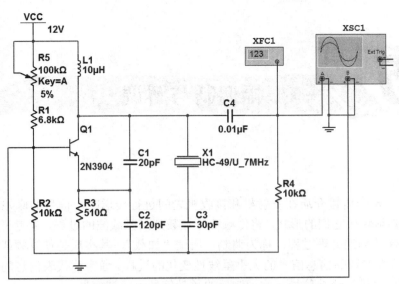

图 4-48　石英晶体振荡器仿真分析测试电路

# 第5章 振幅调制与解调

信号通过一定的传输介质在发射机和接收机之间进行传送时,信号的原始形式一般不适合传输,因此必须转换它们的形式。将低频信号加载到高频载波的过程,或者说把信息加载到信息载体上以便传输的处理过程,称为调制。所谓"加载",其实质是使高频载波信号(信息载体)的某个特性参数随信息信号的大小呈线性变化的过程。通常称代表信息的信号为调制信号,称信息载体信号为载波信号,称调制后的频带信号为已调信号。

不同的调制方式有不同的性能特点,这里讨论的内容仅限于模拟信号对正弦波的调制,其他调制方式将由后续课程介绍。

任何一个正弦波都有三要素:幅度、频率、相位。所谓调制就是使这三个参数中的某一个,或幅度、或频率、或相位随调制信号的大小而线性变化的过程。它们分别称为振幅调制、频率调制、相位调制,简称调幅、调频、调相。

解调是调制的反过程,即从接收到的已调信号中恢复原调制信息的过程。与振幅调制、频率调制、相位调制相对应的有振幅解调、频率解调、相位解调,简称检波、鉴频、鉴相。

频率变换电路分为频谱线性搬移电路和频谱非线性变换电路。频谱线性搬移电路的特点是将输入信号的频谱在频率轴上进行不失真的搬移,振幅调制电路、振幅解调电路及混频电路属于频谱的线性变换电路。它们是通信、广播、电视、雷达和导航等系统及各种电子设备中不可缺少的重要部件,其性能的好坏直接影响各电子系统的质量。角度调制与解调电路属于频谱非线性变换电路,它们的作用是将输入信号频谱进行特定的非线性变换。

调制器和解调器必须由非线性元器件构成,它们可以是二极管或工作在非线性区域的三极管。近年来集成电路在模拟通信中得到了广泛应用,调制器、解调器都可以用模拟乘法器来实现。

振幅调制是由调制信号去控制高频载波的振幅,使之按调制信号的规律变化,严格地讲,是使高频振荡的振幅与调制信号成线性关系,其他参数(频率和相位)不变。

**本章主要内容:**

- 调幅方式:AM 普通调幅、DSB 双边带调幅、SSB 单边带调幅、VSB 残留边带调幅。
- 调幅电路:低电平调幅电路(二极管平衡调幅电路、二极管环形调幅电路、模拟乘法器调幅电路)和高电平调幅电路(基极调幅电路、集电极调幅电路)。
- 检波电路:非同步检波(小信号平方律检波、大信号峰值包络检波、平均值检波)和同步检波。

# 5.1　调幅原理

## 5.1.1　调幅波的波形

调幅波的波形如图 5-1 所示，$u_\Omega(t)$ 是需要传送的低频信号，即调制信号，为一个单一频率的正弦波；$u_c(t)$ 是载波信号，载波信号是一个高频等幅波；$u_{AM}(t)$ 是已调信号，已调信号波形的疏密程度与未调载波的疏密程度是一样的，即已调信号的频率与载波信号的频率一致，其振幅的包络形状与调制信号的变化规律一致。

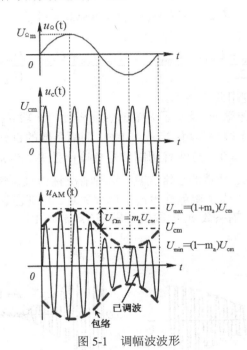

图 5-1　调幅波波形

## 5.1.2　调幅波的表达式

调制信号：
$$u_\Omega(t) = U_{\Omega m} \cos \Omega t = U_{\Omega m} \cos 2\pi F t \tag{5-1}$$

载波信号：
$$u_c(t) = U_{cm} \cos \omega_c t = U_{cm} \cos 2\pi f_c t \tag{5-2}$$

通常 $f_c \gg F$，没经过调制的载波是等幅正弦波，振幅调制后，载波电压的振幅随 $u_\Omega(t)$ 改变，已调波的振幅 $U_{AM}(t)$ 中的变化部分 $\Delta U_c(t)$ 与 $u_\Omega(t)$ 成正比，即：
$$U_{AM}(t) = U_{cm} + \Delta U_c(t) = U_{cm} + k_a u_\Omega(t) \tag{5-3}$$

式中，$k_a$ 为由调制电路决定的比例系数。

由此可得已调信号即调幅波的表达式为：

$$u_{\mathrm{AM}}(t) = U_{\mathrm{AM}}(t)\cos\omega_c t = (U_{\mathrm{cm}} + k_a U_{\Omega m}\cos\Omega t)\cos\omega_c t$$

$$= U_{\mathrm{cm}}\left(1 + \frac{k_a U_{\Omega m}}{U_{\mathrm{cm}}}\cos\Omega t\right)\cos\omega_c t \qquad (5\text{-}4)$$

$$= U_{\mathrm{cm}}(1 + m_a\cos\Omega t)\cos\omega_c t$$

式中，$m_a = \dfrac{k_a U_{\Omega m}}{U_{\mathrm{cm}}}$ 称为调幅系数（或调幅度），表示载波振幅受调制信号控制的程度。

从已调波振幅表达式 $u_{\mathrm{AM}}(t)$ 可以得出下面的结论。

调幅波的最大振幅为：

$$U_{\max} = (1 + m_a)U_{\mathrm{cm}} \quad (\cos\Omega t = 1) \qquad (5\text{-}5)$$

调幅波的最小振幅为：

$$U_{\min} = (1 - m_a)U_{\mathrm{cm}} \quad (\cos\Omega t = -1) \qquad (5\text{-}6)$$

由调幅波形可得：

$$m_a = \frac{U_{\max} - U_{\min}}{2U_{\mathrm{cm}}} = \frac{U_{\max} - U_{\mathrm{cm}}}{U_{\mathrm{cm}}} = \frac{U_{\mathrm{cm}} - U_{\min}}{U_{\mathrm{cm}}} = \frac{U_{\max} - U_{\min}}{U_{\max} + U_{\min}} \qquad (5\text{-}7)$$

在实际测量中，调幅度用此式估算。

如图 5-2 所示，调幅系数 $m_a$ 反映了调幅的强弱程度，一般 $m_a$ 的值越大调幅度越深。当 $m_a = 0$ 时，表示未调幅，即无调幅作用；当 $m_a = 1$ 时，调幅系数的百分比达到 100%，$U_m = U_{\mathrm{cm}}$，此时包络振幅的最小值 $U_{\min} = 0$，意味着调制信号负峰值丢失；当 $m_a > 1$ 时，已调波的包络形状与调制信号不一样，产生了严重的包络失真，这种情况称为过调幅，实际应用中必须尽力避免。因此，在振幅调制过程中为了避免产生过量调幅失真，保证已调波的包络真实地反映出调制信号的变化规律，要求调幅系数 $m_a$ 的取值范围是 $0 < m_a \leqslant 1$。

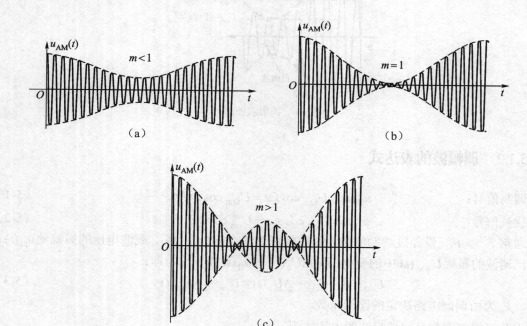

图 5-2  调幅系数对调幅波的影响

### 5.1.3　调幅波的频谱与带宽

利用三角函数变换关系 $\cos\alpha\cdot\cos\beta=\dfrac{1}{2}\left[\cos(\alpha+\beta)+\cos(\alpha-\beta)\right]$ 将 $u_{AM}(t)$ 展开为：

$$
\begin{aligned}
u_{\mathrm{AM}}(t) &= U_{cm}(1+m_a\cos\Omega t)\cos\omega_c t \\
&= U_{cm}\cos\omega_c t + U_{cm}m_a\cos\Omega t\cos\omega_c t \\
&= U_{cm}\cos\omega_c t + \frac{1}{2}m_a U_{cm}\cos(\omega_c-\Omega)t + \frac{1}{2}m_a U_{cm}\cos(\omega_c+\Omega)t
\end{aligned}
\tag{5-8}
$$

可见，调幅波 $u_{AM}(t)$ 并不是一个简单的正弦波，而是由角频率为 $\omega_C$、$\omega_C+\Omega$ 和 $\omega_C-\Omega$ 三个不同频谱分量的正弦信号组成，如图 5-3 所示。$\omega_C+\Omega$ 称为上边频，$\omega_C-\Omega$ 称为下边频。上下边频分量相对于载波是对称的，每个边频分量的振幅是调幅波包络振幅的一半。载波分量并不包含调制信息，调制信息只包含在上下边频分量内，边频的振幅反映了调制信号幅度的大小。单频调幅波的频谱实质上是把低频调制信号的频谱线性搬移到载波的上下边频，调幅过程实质上就是一个频谱的线性搬移过程。

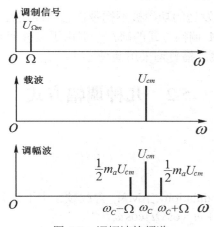

图 5-3　调幅波的频谱

普通调幅波的频带宽度：

$$
B = \frac{\omega_c+\Omega}{2\pi} - \frac{\omega_c-\Omega}{2\pi} = 2F
\tag{5-9}
$$

### 5.1.4　调幅波的能量关系

如果将调幅波电压 $u_{AM}(t)=U_{cm}\cos\omega_c t+\dfrac{1}{2}m_a U_{cm}\cos(\omega_c-\Omega)t+\dfrac{1}{2}m_a U_{cm}\cos(\omega_c+\Omega)t$ 加于负载电阻为 $R_L$ 上，则负载电阻吸收的功率为各项正弦分量单独作用时功率之和。调幅波各频率分量在 $R_L$ 上消耗的功率包括以下 3 个部分：

（1）载波功率：

$$P_C = \frac{U_{cm}^2}{2R_L} \quad (5\text{-}10)$$

（2）上边频功率：

$$P_{sb1} = \frac{1}{2R_L}\left(\frac{m_a U_{cm}}{2}\right)^2 = \frac{m_a^2}{4}P_c \quad (5\text{-}11)$$

（3）下边频功率：

$$p_{sb2} = \frac{1}{2R_L}\left(\frac{m_a U_{cm}}{2}\right)^2 = \frac{m_a^2}{4}P_c \quad (5\text{-}12)$$

因此调幅波在调制信号的一个周期内给出的平均总功率为：

$$P_{AM} = P_c + P_{sb} = \left(1 + \frac{m_a^2}{2}\right)P_c \quad (5\text{-}13)$$

由于载波分量与调制信号无关，调制信号只存在于边频中，所以整个已调波的功率中真正有用的是边频功率。边频功率随 $m_a$ 的增大而增加，当 $m_a = 1$ 时，边频功率最大，$P_{AM} = \frac{3}{2}P_c$，这时上下边频功率之和只有载波功率 $P_c$ 的一半，只占整个平均总功率 $P_{AM}$ 的三分之一。也就是说，用这种调制方式，发送端发送的功率被不携带信息的载波占去了很大的比例，发射效率很低，很不经济，这是普通 AM 调幅方式的缺点。但由于这种调制设备简单，特别是解调的接收机更简单、廉价，因此无线广播普遍采用此种方式。

# 5.2　几种调幅方式

## 5.2.1　AM **普通调幅**

普通调幅（Amplitude Modulation，AM）：含载频、上下边频（纯调幅）。

$$\begin{aligned} u_{AM}(t) &= U_{cm}(1 + m_a\cos\Omega t)\cos\omega_c t \\ &= U_{cm}\cos\omega_c t + U_{cm}m_a\cos\Omega t\cos\omega_c t \\ &= U_{cm}\cos\omega_c t + \frac{1}{2}m_a U_{cm}\cos(\omega_c - \Omega)t + \frac{1}{2}m_a U_{cm}\cos(\omega_c + \Omega)t \end{aligned}$$

AM 普通调幅的相关内容参照 5.1 节，本节以 AM 普通调幅为例对调幅原理已做详细论述。

## 5.2.2　DSB **双边带调幅**

双边带调幅（Double Sideband Modulation，DSB）不含载频（调幅、调相）。

调幅波所传递的信息包含在两个边频带内，不含信息的载波占用了调幅波功率的绝大部分。如果在传输前将调幅波中的载波分量抑制掉，不发射载波，只发射含有信息的上下两个边带，可以大大节省发射功率。这种调制方式称为抑制载波的双边带调幅。

调制信号：$u_\Omega(t) = U_{\Omega m}\cos\Omega t$

载波信号：$u_c(t) = U_{cm}\cos\omega_c t$

DSB 双边带调幅信号（如图 5-4 所示）：

$$u_{DSB}(t) = ku_\Omega(t) \cdot u_c(t) = kU_{\Omega m}U_{cm}\cos\Omega t\cos\omega_c t$$

$$= \frac{1}{2}kU_{\Omega m}U_{cm}\cos(\omega_c + \Omega)t + \frac{1}{2}kU_{\Omega m}U_{cm}\cos(\omega_c - \Omega)t \qquad (5\text{-}14)$$

$$= \frac{1}{2}U_{Dm}\left[\cos(\omega_c + \Omega)t + \cos(\omega_c - \Omega)t\right]$$

DSB 双边带调幅波的频带宽度：

$$B_{DSB} = \frac{\omega_c + \Omega}{2\pi} - \frac{\omega_c - \Omega}{2\pi} = 2F \qquad (5\text{-}15)$$

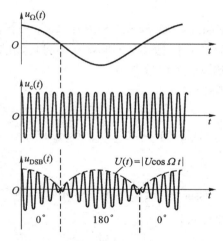

图 5-4 DSB 双边带调幅信号波形

DSB 双边带调幅信号的特点如下：

（1）DSB 信号的振幅按调制信号的规律变化，与 AM 调制不同的是，DSB 信号的包络不再反映调制信号的形状，而是与调制信号成正比，DSB 信号振幅不是在 $U_{cm}$ 的基础上，而是在零值的基础上变化，可正可负，当调制信号为 0 时，DSB 波的幅度也为 0。

（2）DSB 信号的高频载波相位在调制电压零交点处（调制电压正负交替时）要突变 180°。在调制信号正半周内，已调波与原载波同相，相位差为 0；在调制信号负半周内，已调波与原载频反相，相位差为 180°，由此表明，DSB 信号的相位反映了调制信号的极性。因此严格地讲，DSB 信号已非单纯的振幅调制信号，而是既调幅又调相的信号。

（3）单频调制的 DSB 信号只有两个频率分量，它的频谱相当于从 AM 波频谱图中将载频分量去掉后的频谱，如图 5-5 所示。DSB 调制从频域中看同样实现了一种频谱结构的线性搬移过程。

由于 DSB 信号不含载波，它的全部功率为边带占有，所以发送的全部功率都载有信息，功率利用率高于 AM 调制，比普通调幅经济，但频带利用率上并没有改进。在现代电子通信系统的设计中，为了进一步节省发射功率、减小频带宽度、提高频带利用率，可采用单边带调幅方式。

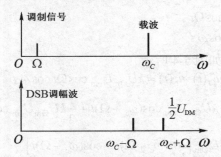

图 5-5 DSB 双边带调幅信号频谱

### 5.2.3 SSB 单边带调幅

单边带调幅（Single Sideband Modulation，SSB）：只含一个边带（调幅、调频）。

双边带调幅由于两个边带所含信息完全相同，从信息传输的角度看，发送一个边带的信号即可，这种方式称为抑制载波的单边带调幅。

下面给出 SSB 双边带调幅信号。

上边带信号：

$$u_{SSBH}(t) = \frac{1}{2}kU_{\Omega m}U_{cm}\cos(\omega_c + \Omega)t \tag{5-16}$$

下边带信号：

$$u_{SSBL}(t) = \frac{1}{2}kU_{\Omega m}U_{cm}\cos(\omega_c - \Omega)t \tag{5-17}$$

SSB 双边带调幅波的频带宽度：

$$B_{SSB} = \frac{\Omega}{2\pi} = F \tag{5-18}$$

SSB 双边带调幅波波形如图 5-6 所示，SSB 信号的振幅与调制信号振幅 $U_{\Omega m}$ 成正比，它的频率随调制信号的频率不同而不同，SSB 信号也非单纯的振幅调制信号，而是既调幅又调频的信号。从波形上看，单边带调幅信号的包络已不能体现调制信号的变化规律。由此可知，单边带信号的解调比较复杂。

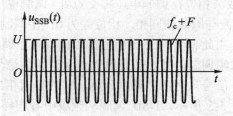

图 5-6 SSB 单边带调幅信号波形

单边带调幅信号频谱图如图 5-7 所示，单边带信号的频带宽度仅为双边带调幅信号频带宽度的一半，从而提高了频带利用率。由于只发射一个边带，大大节省了发射功率。热噪声功率也是 AM 的一半。与普通调幅相比，在总功率相同的情况下，可使接收端的信噪比明显提高，从而使通信距离大大增加。从频谱结构看，单边带调幅信号所含频谱结构仍与调制信号的频谱类似，也具有频谱线性搬移特性。

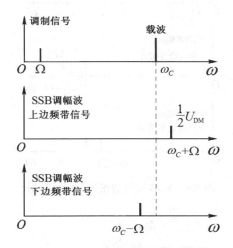

图 5-7　SSB 单边带调幅信号频谱

调制信号 $u_\Omega$ 和 $u_c$ 经乘法器可获得抑制载波的 DSB 信号，再通过带通滤波器滤除 DSB 信号中的一个边带（上边带或下边带）便可获得 SSB 信号。当边带滤波器的通带位于载频以上时提取上边带，当边带滤波器的通带位于载频以下时提取下边带。

### 5.2.4　VSB 残留边带调幅

残留单边带调幅（Vestigial Sideband Modulation，VSB）：含载频，不完全抑制一个边带。

在广播电视发射系统中，图像信号的调制普遍采用了残留边带调制技术。和普通 AM 传输相比，SSB 传输具有节省功率、节约带宽、噪声低等优点。所以从有效传输信息角度看，单边带调幅是各种调幅方式中最理想的一种。但单边带调幅也有缺点：①发送设备、接收设备复杂，与普通 AM 传输相比，不能使用包络检波；②单边带接收机需要一个载波恢复电路和一个同步解调电路，这些都会使单边带系统的接收机复杂且昂贵；③调谐困难，和普通 AM 接收机相比，单边带接收机需要有更复杂、更精确的调谐。

残留边带调幅就是为了克服这些困难而提出的。在残留边带调制过程中，载波和一个完整边带被发送，但另一个边带不是完全抑制，而是逐渐切割，使其残留一小部分。可以说残留边带调制的效果类似于单边带调制，它既保留了单边带调制的优点，又避免了制作滤波器困难的缺点。残留边带调幅加入了载波信号，使接收机可以采用包络检波器解调，这对简化接收机电路结构至关重要。

VSB 残留边带调幅波的频带宽度：$B_{\text{VSB}}$ 略大于 $F$。

DSB、SSB、VSB 三种信号都有一个调制信号和载波的乘积项，所以振幅调制电路的实现是以乘法器为核心的频谱线性搬移电路。

VSB 残留边带调幅信号频谱如图 5-8 所示，DSB、SSB、VSB 调幅信号频谱比较如图 5-9 所示。

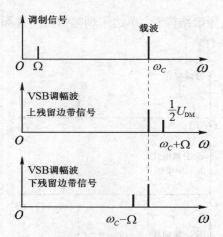

图 5-8　VSB 残留边带调幅信号频谱

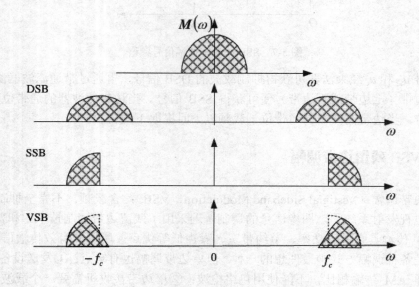

图 5-9　DSB、SSB、VSB 调幅信号频谱比较

# 5.3　振幅调制电路

　　振幅调制电路的功能是将输入的调制信号和载波信号通过电路变换成高频调幅信号输出。根据功率电平的高低，振幅调制电路分为：低电平调幅电路和高电平调幅电路。

　　低电平调幅：先调制后功放。一般在发射机的前级产生小功率的已调波，再经过线性功率放大器放大，达到所需的发射功率电平。优点是起调制作用的非线性器件工作在中小信号状态，因此较易获得高度线性的调幅波，调幅器功率小，电路简单。主要用于 DSB、SSB 和 FM 信号调制。

　　高电平调幅：功放和调制同时进行。在发射机的最后一级直接产生达到输出功率要求的已调波。是在功率电平较高的情况下进行调制，它主要用在调幅发射机的末端。优点是不需要采用效率低的线性放大器，有利于提高整机效率。但它必须兼顾输出功率、效率和调制线性的要求。主要用于普通调幅波 AM 信号调制。

### 5.3.1　低电平调幅电路

低电平调幅可采用二极管构成的平衡调幅器和环形调幅器来实现，也可使用模拟乘法器构成的调幅电路来实现。

1. 二极管平衡调幅电路

二极管平衡调幅器由两个性能一致、参数完全相同的二极管和两个带中心抽头的变压器组成，如图 5-10 所示。二极管工作于开关状态。

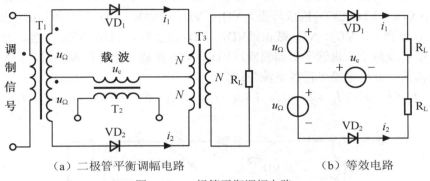

（a）二极管平衡调幅电路　　　　　　（b）等效电路

图 5-10　二极管平衡调幅电路

所谓开关状态是指二极管在两个不同频率信号电压的作用下进行频率变换时，其中一个信号电压振幅足够大，另一个信号电压振幅较小，二极管的导通或截止将完全受大振幅信号电压的控制，近似认为二极管处于一种理想的开关状态。

引入开关函数 $k(t)$，开关函数实际上就是幅度为 1 频率为 $\omega_c$ 的单向方波脉冲，用傅里叶级数展开后得到：

$$k(t) = \frac{1}{2} + \frac{2}{\pi}\left[\cos\omega_c t - \frac{1}{3}\cos 3\omega_c t + \frac{1}{5}\cos 5\omega_c t + \cdots\right] \qquad (5\text{-}19)$$

二极管平衡调幅电路中由于 $U_{cm} \gg U_{\Omega m}$，二极管的导通、截止主要由 $u_c(t)$ 控制。忽略输出电压 $u_o(t)$ 的作用，可得二极管 $VD_1$、$VD_2$ 上的电压 $u_{D1}$、$u_{D2}$ 分别为：

$$u_{D1} = u_c + u_{\Omega} \qquad u_{D2} = u_c - u_{\Omega}$$

由于加到两个二极管上的控制电压均为 $u_c$，因此两个二极管同时导通与截止，导通电阻 $R_D$ 也相同。流过二极管的电流 $i_1$、$i_2$ 分别为：

$$i_1 = \frac{u_{D1}}{R_L + R_D}k(t), \quad i_2 = \frac{u_{D2}}{R_L + R_D}k(t)$$

输出总电流：

$$i = i_1 - i_2 = \frac{u_{D1}}{R_L + R_D}k(t) - \frac{u_{D2}}{R_L + R_D}k(t) = \frac{u_c + u_{\Omega}}{R_L + R_D}k(t) - \frac{u_c - u_{\Omega}}{R_L + R_D}k(t) = \frac{2u_{\Omega}}{R_L + R_D}k(t) \qquad (5\text{-}20)$$

在次级产生输出电压 $u_o$ 为：

$$u_o = iR_L = \frac{2u_\Omega}{R_L + R_D}k(t) \cdot R_L \qquad (5\text{-}21)$$

当 $u_\Omega(t) = U_{\Omega m}\cos\Omega t$ 时，将式（5-19）带入式（5-21）得输出电压为：

$$u_o(t) = \frac{U_{\Omega m}R_L}{R_L + R_D}\left[\cos\Omega t + \frac{2}{\pi}\cos(\omega_c \pm \Omega)t - \frac{2}{3\pi}\cos(3\omega_c \pm \Omega)t + \cdots\right] \qquad (5\text{-}22)$$

输出电压 $u_o$ 抑制了载波分量，含有 $u_\Omega$ 和 $u_c$ 的乘积项即含有 $\omega_c + \Omega$ 和 $\omega_c - \Omega$ 等频率分量。可见二极管平衡调幅电路能实现 DSB 调幅信号的调制。

2. **二极管环形调幅电路**

二极管环形调幅电路如图 5-11 所示，与二极管平衡调幅电路的差别是多接了两只二极管 $VD_3$ 和 $VD_4$，它们的极性分别与 $VD_1$ 和 $VD_2$ 的极性相反，电路中四只二极管按正偏方向首尾相接：$VD_1 \rightarrow VD_4 \rightarrow VD_2 \rightarrow VD_3$ 构成环形。$VD_1$、$VD_2$ 与 $VD_3$、$VD_4$ 两端所加的电压极性相反，当 $VD_1$、$VD_2$ 导通时，$VD_3$、$VD_4$ 截止，$VD_1$、$VD_2$ 截止时，$VD_3$、$VD_4$ 导通，因此环形调幅器实际上可以看成两个二极管平衡调幅器，$VD_1$、$VD_2$ 组成一个平衡调幅器，$VD_3$、$VD_4$ 组成一个平衡调幅器，分析电路可得各电流为：

$$i_5 = i_1 - i_4, \quad i_6 = i_2 - i_3, \quad i = i_5 - i_6 = i_1 - i_4 - (i_2 - i_3) = i_1 - i_2 - (i_4 - i_3) \qquad (5\text{-}23)$$

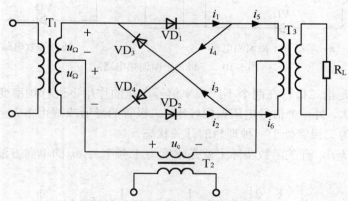

图 5-11 二极管环形调幅电路

根据式（5-20）已求得 $i_1 - i_2 = \dfrac{2u_\Omega}{R_L + R_D}k(t)$，又由于 $VD_3$、$VD_4$ 的导通与截止时间正好与 $VD_1$、$VD_2$ 相差 $180°$，所以 $VD_3$、$VD_4$ 的开关函数不是 $k(\omega_0 t)$，而是 $k(\omega_0 t - \pi)$，因此：

$$i_4 - i_3 = \frac{2u_\Omega}{R_L + R_D}k(\omega_c t - \pi) \qquad (5\text{-}24)$$

环形调幅器的输出电压为：

$$
\begin{aligned}
u_o(t) &= iR = \left[i_1 - i_2 - (i_4 - i_3)\right]R_L \\
&= \frac{2u_\Omega R_L}{R_L + R_D}k(\omega_c t) - \frac{2u_\Omega R_L}{R_L + R_D}k(\omega_c t - \pi) \\
&= \frac{R_L U_{\Omega m}\cos\Omega t}{R_L + R_D}\left[\frac{4}{\pi}\cos\omega_c t - \frac{4}{3\pi}\cos 3\omega_c t + \cdots\right]
\end{aligned}
\qquad (5\text{-}25)
$$

由此可见，二极管环形调幅电路的频谱中无 $\Omega$ 的频率分量，这是两次平衡相抵消的结果，每个平衡电路自身抵消 $\omega_c$ 及其各次谐波分量，两个平衡电路抵消 $\Omega$ 分量。若 $\omega_c$ 较高，则 $3\omega_c\pm\Omega$、$5\omega_c\pm\Omega$ 等组合频率分量很容易被滤除，且二极管环形调幅电路的输出电压是二极管平衡调幅电路的 2 倍。因此环形电路的性能更接近于理想相乘器，这正是频谱线性搬移电路要解决的核心问题。

3. 模拟乘法器调幅电路

通用集成模拟乘法器能较理想地实现两个信号的相乘运算，因此实际应用中常使用集成模拟乘法器来实现各种调幅电路，而且电路简单，性能优越且稳定，调整方便，利于设备的小型化。

用集成模拟乘法器来实现调幅，只要将低频调制信号电压和一直流电压叠加后，再与高频载波电压相乘，便能获得 AM 信号；低频调制信号电压直接与高频载波电压相乘，便能获得 DSB 信号；而利用带通滤波器从 DSB 信号中取出其中一个边带信号而滤除另一个边带信号，即可获得 SSB 信号。模拟乘法器的电路符号如图 5-12 所示。

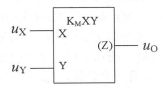

图 5-12　模拟乘法器的电路符号

模拟乘法器是对两个互不相关的模拟信号实现相乘功能的非线性函数电路或器件，有两个输入端 X、Y 和一个输出端 Z。输入输出关系为：

$$u_o = K_M u_x u_y \quad (K_M \text{ 为比例系数}) \tag{5-26}$$

**例 5-1**　设作用于乘法器的两个输入信号分别为 $u_x(t) = U_{xm}\cos\omega_x t$，$u_y(t) = U_{ym}\cos\omega_y t$，则乘法器的输出电压为多少？

**解：**

$$u_o = u_x(t) = K_M U_{xm} U_{ym} \cos\omega_x t \cos\omega_y t$$

$$= \frac{1}{2} K_M U_{xm} U_{ym} \cos(\omega_x + \omega_y)t + \frac{1}{2} K_M U_{xm} U_{ym} \cos(\omega_x - \omega_y)t$$

由此可见，乘法器的输出信号中有新的频率分量 $\omega_x + \omega_y$ 和 $\omega_x - \omega_y$，说明乘法器具有频率变换作用。

模拟乘法器调幅电路可由一个模拟乘法器和一个加法器组合而成，乘法器完成频谱搬移的作用，加法器提供输出电压 $u_{AM}(t)$ 中的载频分量。

若 $u_\Omega(t) = U_{\Omega m}\cos\Omega t$ 为单频信号，$u_c(t) = U_{cm}\cos\omega_c t$，则输出电压为：

$$u_0(t) = -[u_c(t) + u_Z(t)] = -[u_c(t) + K_M u_\Omega(t) u_c(t)]$$

$$= -u_c(t)[1 + K_M u_\Omega(t)] = -U_{cm}(1 + K_M U_{\Omega m}\cos\Omega t)\cos\omega_c t \tag{5-27}$$

$$= -U_{cm}(1 + m_a\cos\Omega t)\cos\omega_c t$$

式中，$m_a = K_M U_{\Omega m}$，为保证不失真，要求 $|m_a| < 1$。

模拟乘法器调幅电路如图 5-13 所示。

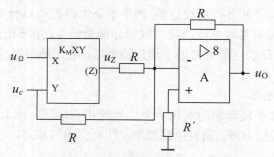

图 5-13　模拟乘法器调幅电路

目前广泛使用的国产模拟乘法器芯片有 BG314、XCC 等，进口芯片有 MC1596、AD534、BB4213、BB4214。由 MC1596 构成的模拟乘法器双边带调幅电路如图 5-14 所示，X 通道两输入端，即第 8 脚和第 7 脚直流电位相同；Y 通道两输入端，即第 1 脚和第 4 脚之间接有调零电路，可通过调节电位器 $R_P$ 使第 1 脚电位比第 4 脚高 $U_0$，相当于在第 1、4 脚之间加了一个直流电压 $U_0$，以产生普通调幅波及调幅系数 $m_a$。实际应用中，高频载波电压 $u_c$ 加到 X 输入端口，调制信号电压 $u_\Omega$ 及直流电压 $U_0$ 加到 Y 输入端口（调制信号一般从非线性失真较小的 Y 通道输入端口输入），此时可从第 9 脚（或第 6 脚）单端输出 AM 信号。为了滤除高次谐波，通常需要在乘法器输出端接带通滤波器作为负载，其通带中心频率为 $\omega_c$（载波频率），带宽应大于或等于调制信号最高频率的两倍，以便取出以 $\omega_c$ 为中心的频带信号，滤除高次谐波。

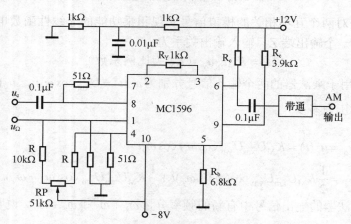

图 5-14　MC1596 构成的模拟乘法器双边带调幅电路

如果调节电位器 $R_P$，使第 1 脚电位和第 4 脚电位相同（即直流电压 $U_0=0$），高频载波电压 $u_c$ 加到 X 通道的输入端口，调制信号电压 $u_\Omega$ 加到 Y 通道的输入端口，此时可从第 9 脚（或第 6 脚）单端输出 DSB 信号。

### 5.3.2　高电平调幅电路

高电平调幅电路主要用来产生普通调幅波，优点是整机效率高，适用于大型通信或广播设备的普通调幅发射机。这种调制通常在丙类谐振功率放大器中进行，它可以由发射机的最后一级即输出级直接产生满足发射功率要求的已调波。为了获得大的输出功率和高效率，高电平调幅电路几乎都是用调制信号去控制谐振功率放大电路的输出功率来实现调幅的。

根据调制信号所加的电极不同，有基极调幅、集电极调幅和集电极—基极（或发射极）组合调幅。其基本工作原理是利用某一电极的直流电压去控制集电极高频电流的振幅。

### 1. 基极调幅电路

基极调幅是利用三极管的非线性来实现调幅的，电路如图 5-15 所示。它实质上是一个变偏压的谐振功率放大器。高频载波信号 $u_c(t)$ 通过高频变压器 $T_1$ 和 $L_1$、$C_1$ 构成的 L 型网络加到晶体管的基极电路，低频调制信号 $u_\Omega(t)$ 通过低频变压器 $T_2$ 加到晶体管的基极电路。$C_2$ 为高频旁路电容，用来为载波信号提供通路，但对低频信号容抗很大；$C_3$ 为低频耦合电容，用来为低频信号提供通路。令 $u_\Omega(t) = U_{\Omega m} \cos \Omega t$，$u_c(t) = U_{cm} \cos \omega_c t$，由图可见，晶体管 BE 之间的电压为：

$$u_{BE} = V_{BB} + U_{\Omega m} \cos \Omega t + U_{cm} \cos \omega_c t \qquad (5\text{-}28)$$

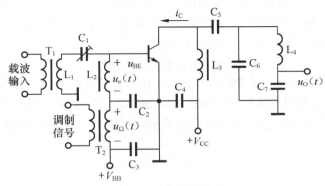

图 5-15　基极调幅电路

基极调幅波形如图 5-16 所示。基极调幅与谐振功放的区别在于，其基极偏压随调制信号 $u_\Omega$ 的变化而变化，使放大器的集电极脉冲电流的最大值 $I_{CM}$ 和通角 $\theta$ 也按调制信号的大小而变化，$u_{BE}$ 的变化可有效地控制集电极电流均值分量和基波分量（$\omega_c$ 分量）的大小。这个性质称为谐振功率放大器的基极调制特性。

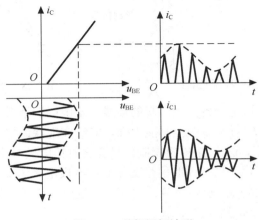

图 5-16　基极调幅波形

在分析基极调幅时，可把基极电压 $u_{BE}(t)=V_{BB}+u_{\Omega}(t)+u_c(t)$ 看成两部分，其中 $V_{BB}+u_{\Omega}(t)$ 为偏置电压；$u_c(t)$ 作为激励信号。在调制信号的正半周时，由于偏置电压加大，集电极电流的最大值 $I_{Cmax}$ 和通角 $\theta$ 均加大，因此基波电流振幅 $I_{c1m}=I_{Cmax}a_1(\theta)$ 就要增大。当调制信号为负半周时，由于偏置电压减小，$I_{Cmax}$ 和 $\theta$ 均减小，因此基波电流振幅 $I_{c1m}$ 就要减小。即 $u_{BE}$ 随 $u_{\Omega}$ 变化，则 $I_{c1m}$ 将随调制信号 $u_{\Omega}$ 变化，实现调幅。在滤除直流和各次谐波后，得到调幅信号输出。

为了减小调制失真，被调放大器在调制信号变化范围内应始终工作在欠压状态。由于基极电路中电流很小，消耗的功率小，故所需的调制信号功率也就小，相应地，调制信号的放大电路也就比较简单，这是基极调幅的优点。但是由于基极调幅电路工作在欠压区，浪费了直流电源的能量，故其集电极效率低，这是基极调幅的缺点。一般基极调幅只在功率不大、对失真要求较低的发射机中采用。

2. 集电极调幅

集电极调幅电路实质上是变集电极电源的谐振功率放大器。集电极调幅电路如图 5-17 所示，它也是利用三极管的非线性来实现调幅的。载波信号从基极输入，与基极调幅电路不同，这里调制信号电压 $u_{\Omega}$ 通过变压器 $T_2$ 加在集电极电路上，与集电极直流电源电压 $V_{CC}$ 相串联。$C_B$、$R_B$ 构成自给负偏压电路。这时集电极电压为：

$$E_C=V_{CC}+U_{\Omega m}\cos\Omega t \qquad (5-29)$$

当集电极电源电压变化时，其放大器的工作状态也要发生变化。使集电极电源电压随调制信号变化而变化，从而得到集电极电流的基波分量 $I_{c1m}$ 随 $u_{\Omega}$ 的规律变化。我们把集电极电流基波分量 $I_{c1m}$ 和平均分量 $I_{C0}$ 随 $E_c$ 变化的关系曲线称为集电极调幅时的静态调制特性曲线，如图 5-18 所示。

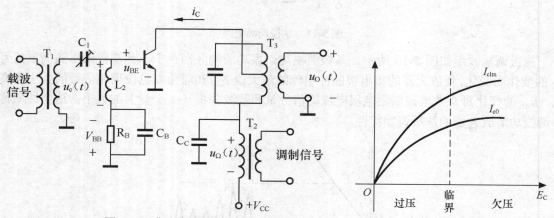

图 5-17　集电极调幅电路　　　　　　　图 5-18　集电极调幅的静态调制特性

从图 5-18 可以看出，这是一条向上凸起的曲线。集电极调幅时，调幅放大器应工作在过压状态。因为在过压状态 $E_c$ 对 $I_{c1m}$ 的控制能力强，能够实现深调幅。在欠压区不能实现深调制，$E_c$ 对 $I_{c1m}$ 的控制能力弱，这样当 $E_c$ 随调制信号变化时集电极电流 $I_{c1m}$ 和 $I_{C0}$ 随 $E_c$ 变化，即 $I_{c1m}$ 和 $I_{C0}$ 随调制信号 $u_{\Omega}$ 变化。当随调制信号变化的集电极电流 $I_{c1m}$ 流过谐振回路时，则在谐振回路两端产生的高频电压 $U_{c1m}$ 也随调制信号变化，这就产生了调幅波输出，实现了集电极调幅。其集电极调幅的波形如图 5-19 所示。

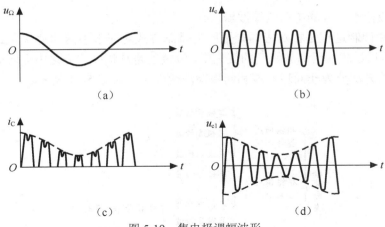

图 5-19　集电极调幅波形

在集电极调幅的过程中，随着调制信号的减弱，集电极电源电压 $E_c$ 也随之降低，当 $E_c$ 较低时，调谐放大器进入强过压状态，这时集电极脉冲电流 $I_{cmax}$ 不但下降而且凹陷加深，如图 5-19（c）所示，从而使得调制特性的线性变差。

为了改善集电极调幅特性的线性，应使调幅放大器既不要进入强过压区，也不要进入欠压区，而是始终工作在微过压状态。这样，既可改善调制特性，又可保持较高的调制效率。

如图 5-20 所示是工作于 28MHz 的调幅发射机的实际电路。图中主振级为考毕兹晶体振荡器，具有很高的稳定性；末级为工作于丙类状态的功率放大器，采用集电极调幅；功放管 $VT_2$ 采用 2N4427，输出功率约为 1.25W；输出级采用了 π 型输出匹配网络，集电极调幅信号是由话筒输入并经过 LM386 运算放大器放大后提供的，音频调制功率约为 1W。

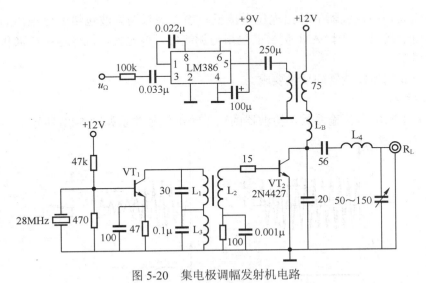

图 5-20　集电极调幅发射机电路

# 5.4　检波电路

解调是调制的逆过程，是从高频已调波中恢复出原低频调制信号的过程。调幅波的解调又称检波，完成检波任务的电路叫检波器。

解调过程和调制过程是相对应的，不同的调制方式对应于不同的解调方式。对于振幅调制信号，由于信息记载在已调波幅度的变化中，解调就是从幅度的变化中提取出调制信息的过程。振幅解调的方法分为非同步检波和同步检波两大类，如图 5-21 所示。

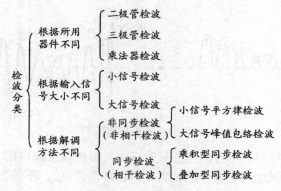

图 5-21　检波分类

非同步检波也称为非相干检波或包络检波，同步检波也称为相干检波。

非同步检波电路包括：小信号平方律检波电路、大信号峰值包络检波电路。

同步检波电路包括：乘积型同步检波电路、叠加型同步检波电路。

### 5.4.1　非同步检波基础

非同步检波是指检波器的输出电压直接反映输入高频调幅波包络变化规律的一种检波方式，不需要相干载波。由于 AM 信号的包络与调制信号成正比，因此包络检波仅适用于 AM 普通调幅的解调。

下面介绍非同步检波器的质量要求。

1. 检波效率

检波效率也叫电压传输系数，检波器的输入输出信号关系如图 5-22 所示。

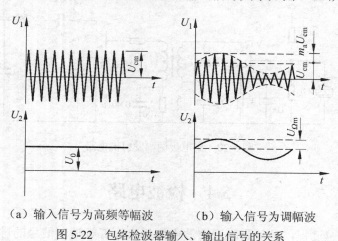

（a）输入信号为高频等幅波　　　（b）输入信号为调幅波

图 5-22　包络检波器输入、输出信号的关系

图 5-22（a）输入为高频等幅波，则输出为直流电压，这是检波器工作的特殊情况，在测量仪器中应用较多。

图 5-22（b）输入为 AM 调幅波，则输出为其包络，即原调制信号。

检波效率是用来描述检波器把等幅高频波转换为直流电压的能力。若输入等幅电压幅值为 $U_{cm}$，检波器输出直流电压为 $U_o$，则检波效率定义为：

$$\eta_d = \frac{U_o}{U_{cm}} \tag{5-30}$$

对于调幅波，检波效率定义为输出低频电压幅值与输入高频调幅波包络幅值之比，即：

$$\eta_d = \frac{U_{\Omega m}}{m_a U_{cm}} \tag{5-31}$$

检波器的检波效率越高，说明在同样的输入信号下可以得到较大的低频信号输出。一般二极管检波器的检波效率总小于 1，设计电路时尽可能使它接近 1。

应该注意的是，检波器换能效率是指输出功率与输入功率之比，不要与检波效率弄混，一般情况下，换能效率要比检波效率小。

2．检波失真

检波失真是指输出电压和输入调幅波包络形状的相似程度。

3．输入阻抗 $R_{in}$

从检波器输入端看进去的等效阻抗称为输入阻抗，此阻抗常常是前级中频放大器的负载阻抗。因此 $R_{in}$ 越大对前级的影响越小。

### 5.4.2　非同步小信号平方律检波

1．电路构成与原理

小信号检波是指输入已调波的幅度在几十毫伏的数量级或更小，小信号检波与大信号检波的原理不同。

由于小信号检波的输出电压与输入高频信号电压振幅的平方成正比，所以小信号检波又称小信号平方律检波。小信号平方律检波电路如图 5-23 所示，图中 VD 是检波二极管，$R_2$ 是检波器的负载电阻，$C_2$ 是高频旁路电容，$C_1$ 是音频信号检出电容，$R_1$ 是偏置电阻，它使二极管的静态工作点 $Q$ 处在二极管特性的弯曲部分，如图 5-24 所示。

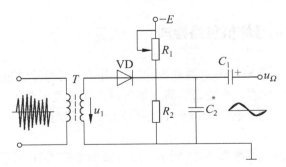

图 5-23　小信号平方律检波电路

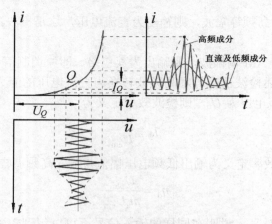

图 5-24　小信号平方律检波电路的波形

调幅波通过变压器 $T$ 加到检波电路。由于 $C_2$ 对高频旁路，忽略输出电压的反作用（输出电压主要是直流电压、音频电压），故可近似认为调幅波电压全加到二极管上，二极管的输入信号如图 5-24 所示，由于输入特性曲线的非线性，调幅波的正负半周所引起的电流变化不同，正半周时电流上升得多而负半周时电流下降得少，这就使对称的电压调幅波变成了不对称的电流。如果取载波电流周期平均值并绘出曲线，就可明显看出电流中除高频外还含有直流和低频成分。其中高频成分被 $C_2$ 旁路，故在 $R_2$ 上高频电压甚小，主要是低频和直流电压。低频就是检出的调制信号，它通过 $C_1$ 隔直输出。

2．主要性能指标

（1）小信号平方律检波：

$$U_\Omega \propto U_{cm}^2$$

（2）检波效率：

$$\eta_d \propto R_2 U_{cm}$$

（3）输入阻抗：

$$R_{in} \approx r_d \text{（} r_d \text{为二极管导通电阻）}$$

（4）检波失真（非线性失真系数）：

$$K_f = \frac{\sqrt{V_{2\Omega}^2 + V_{3\Omega}^2 + \cdots}}{V_\Omega} \approx \frac{V_{2\Omega}}{V_\Omega} = \frac{1}{4} m_A$$

### 5.4.3　非同步大信号峰值包络检波

大信号检波电路与小信号检波电路基本相同。由于大信号检波输入信号电压幅值一般在500mV 以上，通常在 1V 左右，检波器的静态偏置就变得无关紧要了。因为信号振幅较大，二极管工作于导通和截止两种状态，所以可采用折线分析法进行分析。

1．电路构成

大信号峰值包络检波电路如图 5-25 所示，信号波形如图 5-26 所示。大信号检波和二极管整流的过程相同，电路由检波二极管 VD 及 RC 组成的低通滤波器（滤波器频率 $f = \dfrac{1}{2\pi RC}$）

串接而成的。变压器 $T$ 将经中频放大器放大的调幅波送到检波器的输入端，而虚线所示的 $C_c$ 为隔直电容，$R_L$ 为下级电路的输入电阻。忽略二极管的导通压降，认为二极管两端的电压 $u_V$ 大于 0 时二极管导通，小于 0 时二极管截止。

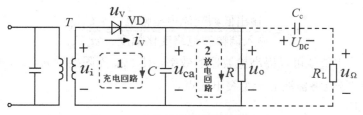

图 5-25　大信号峰值包络检波电路

RC 电路有两个作用：①检波器负载，在其两端输出已经解调出的调制信号；②起低通滤波器作用，滤除高频信号。因此必须满足 $\dfrac{1}{\omega_c C} \ll R$ 且 $\dfrac{1}{\Omega_{max} C} \gg R$ 即 $F \ll f \ll f_c$（$F$ 为调制信号频率，$f_c$ 为载波频率）。

由此可知，选择电容 $C$ 的容值时应满足高频阻抗很小，可视为短路，而对调制信号呈现的阻抗很大，可视为开路。因此高频电压几乎全加到二极管 VD 上，而检波器的输出电压 $u_o$ 就是电容 $C$ 两端的电压 $u_{ca}$，二极管两端电压 $u_V = u_i - u_o = u_i - u_{ca}$。

2. 检波过程及原理

（1）在高频信号 $u_i$ 正半周时，二极管 VD 导通，并对电容 $C$ 充电，充电回路 1 工作。由于二极管通电阻 $r_d$ 很小（$r_d \ll R$），充电电流 $i_V$ 很大，充电时间常数 $\tau = r_d C$ 很小，使电容器 $C$ 上的电压 $u_{ca}$ 在很短时间内就接近高频电压 $u_i$ 的最大值。

（2）当 VD 两端电压 $u_V = u_i - u_{ca} = 0$ 的瞬间，如图 5-26 中的 $A$ 点，二极管截止，此后如图 5-26 中 $u_i$ 的波形所示，$u_i$ 值逐渐减小，而 $u_{ca}$ 的值变化不大，因此 $u_V = u_i - u_{ca} < 0$，电容 $C$ 就会通过负载 $R$ 放电，充电回路 1 断开，放电回路 2 工作。由于放电时间常数 $\tau = RC$ 远大于高频电压的周期，故放电很慢。$u_{ca}$ 下降不多时，$u_i$ 的下一个正半周已经到来。

（3）当 $u_{ca}$ 下降到图 5-26 中的 $B$ 点后，VD 两端的电压 $u_V = u_i - u_{ca} = 0$，此后如图 5-26 中 $u_i$ 的波形所示，$u_i$ 值逐渐增大，而 $u_{ca}$ 的值变化不大，$u_V = u_i - u_{ca} > 0$，VD 第二次导通，电容器第二次充电。$u_{ca}$ 又迅速上升，接近高频电压 $u_i$ 的第二个最大值，如图 5-26 中的 $C$ 点。

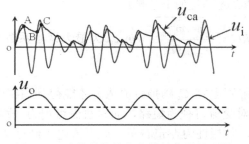

图 5-26　大信号峰值包络检波信号波形图

（4）这样不断地循环反复，就得到电容器上的电压波形 $u_{ca}$，因为 $u_{ca} = u_o$，所以输出电压 $u_o$ 的波形与输入高频电压 $u_i$ 的峰值包络波形很接近，峰值包络检波因此得名。

显然，输出电压 $u_o$ 的顶部带有一些小的锯齿波纹，只要 $RC$ 足够大，这些锯齿波纹可以滤除。$u_o$ 经隔直电容 $C_c$ 后取出交流分量，即可得到解调输出波形 $u_\Omega$。

3. 主要性能指标

（1）检波效率：

$$\eta_d = \frac{\text{输出低频交流电压幅度}}{\text{输入调幅波包络变化幅度}} = \frac{U_{\Omega m}}{m_a U_{cm}} \tag{5-32}$$

提高 $R$ 对 $r_d$ 的比值就可以提高检波器的效率，使 $U_{\Omega m}$ 无限接近 $m_a U_{cm}$，即 $\eta_d \approx 1$，检波效率近似为 1 是大信号包络检波的一个突出优点。

（2）输入电阻：

$$r_i = \frac{1}{2} R_L \tag{5-33}$$

（3）检波器的非线性失真。

理想情况下，大信号包络检波器的输出波形应与输入调幅波的包络形状完全相同，但实际上会有失真。检波器输出失真有对角切割失真、负峰切割失真和非线性失真。

1）对角切割失真。

大信号峰值包络检波器是利用二极管的单向导电性和负载 $RC$ 的充放电特性来完成检波的。只要充放电时间常数远远大于输入高频电压的周期，即充电很快，放电很慢，检波器的输出信号就可以再现调幅波的包络形状。但是，若 $RC$ 取得太大，就会使电容因放电过慢而使其两端的电压跟不上调幅波包络下降的速度，以致出现在调幅波包络波谷的某一段时间内 $u_o$ 与包络的变化规律不同，如图 5-27 所示，这种失真称为对角切割失真。由于这种失真是由电容 $C$ 的惰性太大引起的，所以又称惰性失真。

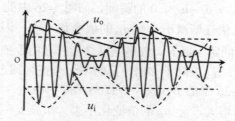

图 5-27 对角切割失真

为了避免惰性失真，$RC$ 应满足如下条件：

$$RC \leqslant \frac{\sqrt{1 - m_{amax}^2}}{m_{amax} \Omega_{max}} \quad (m_{amax} \text{为最大调幅系数}) \tag{5-34}$$

2）负峰切割失真。

检波器的输出要经过隔直电容 $C_c$ 隔掉直流成分才能得到调制信号，为了让低频信号顺利地通过，$C_c$ 的容量很大，对交流可视为短路，而对直流可视为开路，所以 $C_c$ 两端的电压为检波输出中的直流电压 $U_{DC}$，其极性为左正右负，此直流电压经过 $R$、$R_L$ 分压，在 $R$ 上所得电压为 $U_R = U_{DC} \dfrac{R}{R + R_L}$。该电压极性为上正、下负，相当于给二极管加入一个额外的反向偏压，这就可能使二极管两端电压在波谷的某段时间小于 0，导致二极管在这段时间内截止，这时 $R$

上的输出电压 $u_o$ 将不再随输入调幅波包络变化，产生失真，如图 5-28 所示，由于该失真出现在输出信号的负半周，其底部被切割，故称为底部切割失真，也称为负峰切割失真。

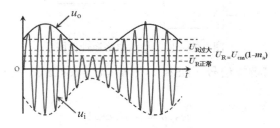

图 5-28 负峰切割失真

为避免出现负峰切割失真，必须使输入调幅波包络的最小值 $U_{min} = (1-m_a)U_{cm} \geqslant U_R$，带入 $U_R = U_{DC}\dfrac{R}{R+R_L}$，已调信号 $U_{cm}$ 就是电容 $C_c$ 两端电压 $U_{DC}$，解得：

$$m_a \leqslant \frac{R_L}{R+R_L} \tag{5-35}$$

3）非线性失真。

非线性失真是由于检波二极管伏安特性曲线弯曲所引起的失真。在大信号检波时，如果负载 $R_L$ 选得足够大，二极管内阻 $r_d$ 的非线性作用会减小，检波特性的非线性引起的失真可以忽略。

### 5.4.4 同步检波基础

要解调抑制载波的 DSB 双边带调幅信号和 SSB 单边带调幅信号，必须采用同步检波的方法，这是因为它们的信号中没有载波成分，其包络不能直接反映调制信号的变化规律，所以不能用二极管包络检波方式解调，而必须采用同步检波。

同步检波是集成高频电路中常用的一种解调电路，任何一种调幅波都可以用这种检波电路解调。目前电视接收机、调频立体声收音机等电路几乎都采用这种检波电路。检波电路需要接收端恢复载波支持。恢复载波性能的好坏直接关系到接收机解调性能的优劣。

### 5.4.5 同步乘积型检波电路

利用乘法器构成的同步检波电路称为乘积型同步检波电路，乘积型同步检波是直接把本地恢复的解调载波与接收信号相乘，然后通过低通滤波器将低频信号提取出来。在这种检波器中，要求本地的解调载波与发送端的调制载波同频同相，即同步，所以称为同步检波。如果其频率或相位有一定的偏差，将会使恢复出来的调制信号产生失真。

乘积型同步检波电路原理框图如图 5-29 所示，它有两个输入电压：一个是调幅信号（可以是 AM、DSB 和 SSB 信号）电压 $u_i$；另一个是本地载波电压 $u_r$，或称为恢复载波电压，即同步载波信号。

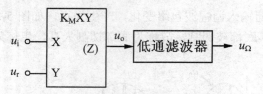

图 5-29　同步检波电路原理框图

（1）若输入为双边带调幅信号（DSB），则 $u_i = U_{im}\cos\Omega t\cos\omega_c t$，$u_r = U_{rm}\cos\omega_c t$。

根据三角公式：

$$\cos 2\alpha = 2\cos 2\alpha - 1$$

乘法器的输出：

$$
\begin{aligned}
u_o &= K_M u_i u_r \\
&= K_M U_{im} U_{rm} \cos\Omega t(\cos\omega_c t)^2 \\
&= K_M U_{im} U_{rm} \cos\Omega t\left(\frac{1+\cos 2\omega_c t}{2}\right) \\
&= \underbrace{\frac{1}{2}K_M U_{im} U_{rm} \cos\Omega t}_{\text{调制信号}} + \underbrace{\frac{1}{2}K_M U_{im} U_{rm} \cos\Omega t\cos 2\omega_c t}_{\text{高频分量}}
\end{aligned}
\tag{5-36}
$$

因此，$u_o$ 通过低通滤波器滤除高频分量后即可还原出原来的调制信号 $u_\Omega$。

（2）若输入为单边带调幅信号（SSB），则 $u_i = U_{im}\cos(\omega_c + \Omega)t$，$u_r = U_{rm}\cos\omega_c t$。

根据三角公式：

$$\cos\alpha \cdot \cos\beta = \frac{1}{2}\left[\cos(\alpha+\beta) + \cos(\alpha-\beta)\right]$$

乘法器的输出：

$$
\begin{aligned}
u_o &= K_M u_i u_r \\
&= K_M U_{im} U_{rm} \cos(\omega_c + \Omega)t\cos\omega_c t \\
&= \underbrace{\frac{1}{2}K_M U_{im} U_{rm} \cos\Omega t}_{\text{调制信号}} + \underbrace{\frac{1}{2}K_M U_{im} U_{rm} \cos(2\omega_c + \Omega)t}_{\text{高频分量}}
\end{aligned}
\tag{5-37}
$$

因此，$u_o$ 通过低通滤波器滤除高频分量后即可还原出原来的调制信号 $u_\Omega$。

由模拟乘法器构成的同步检波电路如图 5-30 所示。被解调的高频信号可以是任何一种调幅波形，由集成电路的第 1 脚输入，同步载波信号由第 8 脚输入，解调出的原调制信号由第 9 脚输出，经外接 π 型低通滤波器即可解调出所需的信号。本电路中普通调幅信号 AM 或双边带调幅信号 DSB 经耦合电容后由 MC1596 的 1、4 脚进入，同步载波信号 $u_r$ 由 7、8 脚进入，解调出的信号从 9 脚输出，经 π 型低通滤波器滤波后得到调制信号，如音频信号。

乘积型同步检波器的优点是工作线性好、增益较高、要求输入信号的幅值不大。

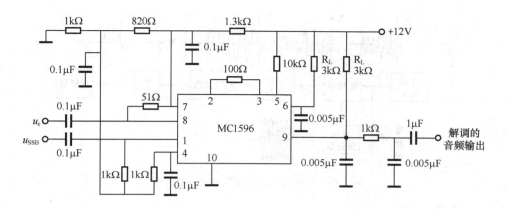

图 5-30　乘法器 MC1596 构成的同步检波电路

## 5.4.6　同步叠加型检波电路

叠加型同步检波是将需要解调的调幅信号与同步信号先进行叠加，即在 DSB 或 SSB 信号中插入本地同步载波信号，使之成为或近似为 AM 信号，再利用二极管包络检波电路进行解调，将调制信号恢复出来，如图 5-31 所示。

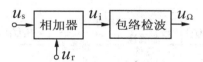

图 5-31　叠加型同步检波器

$u_s$ 为调幅波，$u_r$ 为同步载波信号，它应与 $u_s$ 的载波同步，只要 $u_r$ 幅值大小合适，则 $u_i$ 为不失真的标准调幅信号，用包络检波器即可解调出原调制信号。

# 5.5　混频

混频就是对信号进行频率变换，也叫变频，是电子设备中极为重要的一项技术。现代通信设备中的收发信机、电视接收机、雷达接收机、频率合成器等都离不开混频电路，混频级质量的好坏会对整个系统的性能产生重要影响。

## 5.5.1　混频原理

在通信技术中，经常需要将信号从某一频率变换成另一频率，一般用得较多的是把一个已调的高频信号变成另一个较低频率的同类已调信号。

在超外差接收机中，将天线接收到的高频调幅信号（载频频率 535～1605kHz）通过变频变换成 465kHz 的中频调幅信号，而保持其调幅规律不变，完成这种频率变换的电路就是变频器，如图 5-32 所示。

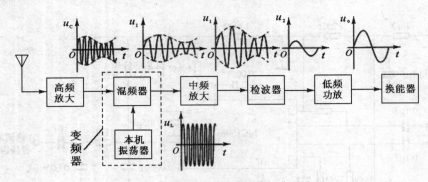

图 5-32　混频器在超外差接收机中的应用

**1. 进行变频的原因**

采用频率变换后，接收机的性能将得到提高：①有利于放大；②可以使电路结构简化；③有利于选频。

**2. 混频器的组成**

混频器的组成框图如图 5-33 所示，包括以下几部分：

- 非线性元件，如二极管、三极管、场效应管和模拟乘法器等。
- 产生 $u_L(t)$ 的振荡器，通常称为本地振荡，振荡频率为 $\omega_L$。
- 中频滤波器。

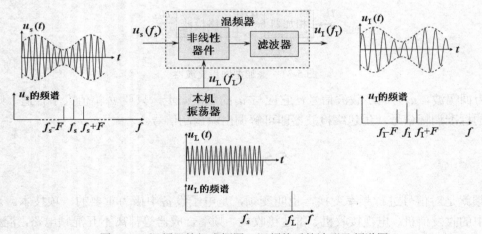

图 5-33　混频器的组成框图、混频前后的波形及频谱图

振荡信号可以由完成变频作用的非线性器件产生，叫变频器（或称自激式变频器）；也可以由单独设置的振荡器产生，叫混频器（或称他激式变频器）。

变频器电路简单，但统调困难，因此一般工作频率较高的接收机采用混频器。

在集成电路中，混频器几乎都是他激式的，本振电路独立设置，电路形式以差动对管为最多，也有个别采用自激式的，混频、本振合用同一个器件。集成电路中混频器的工作原理、电路组成等与分立元件电路基本相同。

**3. 变频原理**

变频的作用是将信号频率从高频搬移到中频，是信号频率搬移过程。经过变频后将原来输入的高频调幅信号在输出端变换为中频调幅信号,两者相比较只是把调幅信号的频率从高频位置移到了中频位置，而各频谱分量的相对大小和相互间距离保持一致，即频谱结构不变。

设信号载波频率为 $f_0$，本机振荡电路产生的信号频率为 $f_L$，混频器的输出信号 $f_I$ 称为中频（Intermediate Frequency，IF）。

混频要完成的频率变换为：

$$f_L + f_0 = f_I \text{（称为上变频，高中频方案）} \tag{5-38}$$

$$f_L - f_0 = f_I \text{（称为下变频，低中频方案）} \tag{5-39}$$

接收机里用到的是高频变中频，要降低频率，所以采用下变频即低中频方案。

变频原理的数学分析：幂级数。

如果在非线性元件上同时加上等幅的高频信号电压 $u_L(t)$ 和输入信号电压 $u_s(t)$，则会产生具有新频率的电流成分。由于变频管工作于输入特性曲线的弯曲段，其电流可采用幂级数来表示，即：

$$i = a_0 + a_1 \Delta u + a_2 (\Delta u)^2 + a_3 (\Delta u)^3 + \cdots$$

$$\Delta u = u_s(t) + u_L(t) = U_{sm} \cos \omega_s t + U_{Lm} \cos \omega_L t$$

对上式近似取前三项，则：

$$
\begin{aligned}
i &= a_0 + a_1 \left[ u_s(t) + u_L(t) \right] + a_2 \left[ u_s(t) + u_L(t) \right]^2 \\
&= a_0 + a_1 (U_{sm} \cos \omega_s t + U_{Lm} \cos \omega_L t) + \frac{a^2}{2}(U_{sm}^2 + U_{Lm}^2) \\
&\quad + \frac{a^2}{2}(U_{sm}^2 \cos 2\omega_s t + U_{Lm}^2 \cos 2\omega_L t) \\
&\quad + a_2 U_{sm} U_{Lm} \left[ \cos(\omega_s + \omega_L)t + \cos(\omega_s - \omega_L)t \right]
\end{aligned}
\tag{5-40}
$$

由以上分析知，由于电路元件的伏安特性包含有平方项，在 $u_s(t)$ 和 $u_L(t)$ 同时作用下，电流就产生了新的频率成分，它包含：

● 差频分量：$\omega_s - \omega_L$。
● 和频分量：$\omega_s + \omega_L$。
● 谐波分量：$2\omega_s$、$2\omega_L$。

其中差频分量 $\omega_s - \omega_L$ 就是我们要求的中频成分 $\omega_I$，通过中频滤波器即可将差频分量取出，而将其他频率成分滤除。这种变频器称为下变频器。若用选择性电路将和频分量选择出来，则这种变频器称为上变频器。

4. 混频器的性能指标

（1）变频增益：指混频器输出的中频电压幅值与输入高频信号电压幅值的比值，变频增益大，有利于提高接收机的灵敏度和信噪比。

$$A_{UC} = \frac{U_{Im}}{U_{sm}} \tag{5-41}$$

（2）噪声系数：指混频器高频输入端信噪比与中频输出端信噪比的比值，由于变频器位于接收机的前端，它产生的噪声对整机影响最大，故要求变频器本身的噪声系数越小越好。

$$F = \frac{P_{si} / P_{ni}}{P_{so} / P_{no}} \tag{5-42}$$

（3）选择性：混频器的输出应该只有中频信号，实际上由于是非线性电路，混频器输出端会混杂很多干扰信号。要使变频器输出只含有所需的中频信号，而对其他各种频率的干扰予以抑制，要求输出回路具有良好的选择性。可采用品质因数 $Q$ 高的选频网络或滤波器。

（4）非线性失真：由于变频器工作在非线性状态，在输出端可获得所需的中频信号，但也将出现许多不需要的其他频率分量，其中一部分将落在中频回路的通频带范围内，使中频信号与输入信号的包络不一样，产生包络失真。另外，在变频过程中还将产生组合频率干扰、交叉调制干扰等，这些干扰的存在会影响正常通信。所以在设计和调整电路时，应尽量减小失真及干扰。

（5）工作稳定性：要求本振信号频率稳定度高，则应采用稳频等措施。

### 5.5.2　混频电路

1. 模拟乘法混频器

模拟乘法混频器由模拟乘法器和带通滤波器组成。

设输入信号为普通调幅波，即 $u_{AM}(t) = U_C(1 + m_a \cos\Omega t)\cos\omega_C t$ ， $u_r(t) = U_r \cos\omega_r t$ 。

设乘法器的增益系数为 $k$ ，则其输出电压为：

$$
\begin{aligned}
u_o(t) &= k u_{AM}(t) u_r(t) = k U_C(1 + m_a \cos\Omega t)\cos\omega_C t \cdot U_r \cos\omega_r t \\
&= \frac{k}{2} U_C U_r (1 + m_a \cos\Omega t)\left[\cos(\omega_r - \omega_C)t + \cos(\omega_r + \omega_C)t\right]
\end{aligned}
\tag{5-43}
$$

若带通滤波器调谐于差频 $\omega_I = \omega_r - \omega_C$ ，且满足带宽 $BW \geqslant 2F$ ，则滤除和频分量后，输出差频电压可写为 $u_I(t) = U_I(1 + m_a \cos\Omega t)\cos\omega_I t$ 。

乘积型混频器（如图 5-34 所示）的优点是乘法器输出端无用的频率分量较少，可以大大减少由组合频率分量产生的各种干扰，对滤波器要求不很高。这种混频器还具有体积小、调整容易、稳定性和可靠性高等优点。

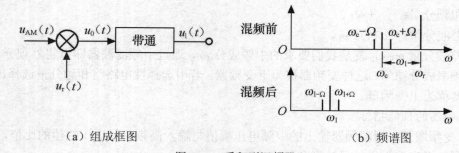

（a）组成框图　　　　　　　　　　　（b）频谱图

图 5-34　乘积型混频器

集成乘法器 MC1596 构成的混频电路如图 5-35 所示。本振电压 $u_r$ 由第 8 脚输入，它的振幅约为 100mV。信号电压 $u_c$ 由第 1 脚输入，最大电压约为 15mV。由第 6 脚输出的电压为 $u_r$ 和 $u_c$ 的乘积，经输出滤波器选频后即可得到中频信号 $u_o$ 。滤波器的中心频率为 9MHz，其 3dB 带宽为 450kHz。当输入端不接调谐回路时为宽频带应用，可输入 HF 或 VHF 信号。

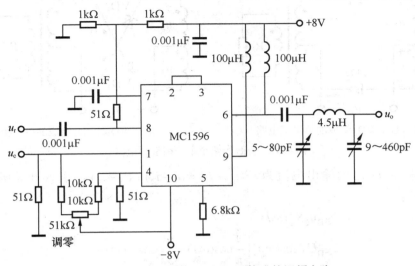

图 5-35　集成乘法器 MC1596 构成的混频电路

### 2. 二极管环形混频器

二极管双平衡混频电路如图 5-36 所示,为了减少组合频率分量,以便获得理想的相乘功能,二极管相乘器大都采用双平衡对称电路,并工作在开关状态。当电路两端分别输入高频信号 $u_2$ 和本振信号 $u_1$ 时,负载 $R_L$ 上将得到它们的差频与和频信号。利用滤波器可以取出所需要的混频输出信号。

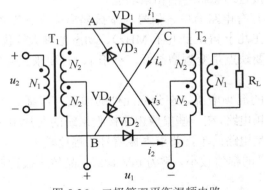

图 5-36　二极管双平衡混频电路

设两只变压器的匝数 $N_1=N_2$。$u_1=U_{1m}\cos(\omega_1 t)$ 为大信号,使二极管工作在开关状态,$u_2=U_{2m}\cos(\omega_2 t)$ 为小信号,它对二极管的导通与截止没有影响。

当本振电压 $u_1$ 为正半周时,$VD_1$、$VD_2$ 导通,$VD_3$、$VD_4$ 截止;$u_1$ 为负半周时,$VD_3$、$VD_4$ 导通,$VD_1$、$VD_2$ 截止。为了便于讨论,可将图 5-36 所示的电路拆成两个单平衡电路,如图 5-37 (a) 和 (b) 所示。由图 5-37 (a) 可得,流过 $T_2$ 初级的输出电流 $i_{正}=i_1-i_2$,由图 5-37 (b) 可得,因 $VD_3$、$VD_4$ 是在 $u_1$ 的负半周导通,开关动作比 $VD_1$、$VD_2$ 滞后 180°,$i_{负}=i_3-i_4$。

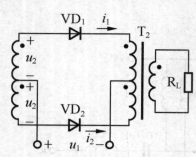
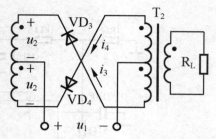

（a）$VD_1$、$VD_2$组成的单平衡电路　　　　　　（b）$VD_3$、$VD_4$组成的单平衡电路

图 5-37　分解的两个单平衡混频电路

可见，流过 $T_2$ 总的输出电流为 $i = i_{正} - i_{负} = (i_1 - i_2) + (i_3 - i_4)$，引入开关函数 $k(\omega_1 t)$ 和 $k(\omega_1 t - \pi)$ 可得：

$$
\begin{aligned}
i &= 2g_D u_2 S_2(\omega_1 t) \\
&= 2g_D U_2 \cos(\omega_2 t)\left[\frac{4}{\pi}\cos(\omega_1 t) - \frac{4}{3\pi}\cos(3\omega_1 t) + \cdots\right] \\
&= \frac{4}{\pi}g_D U_2\left[\cos(\omega_1 + \omega_2)t + \cos(\omega_1 - \omega_2)t\right] \\
&\quad - \frac{4}{3\pi}g_D U_2\left[\cos(3\omega_1 + \omega_2)t - \cos(3\omega_1 - \omega_2)t\right] + \cdots
\end{aligned}
\tag{5-44}
$$

可见，输出电流中只含有 $\omega_1$ 各奇次谐波与 $\omega_2$ 的组合频率分量，即只含有（$p\omega_1 \pm \omega_2$）（$p$ 为奇数）的组合频率分量。若 $\omega_1$ 较高，则 $3\omega_1 \pm \omega_2$ 及以上等组合频率分量很容易被滤除，所以二极管双平衡混频器具有接近理想特性的相乘功能。

二极管双平衡混频器具有电路简单、信号与本振隔离度高、噪声系数低、组合频率分量少、工作频带宽（可工作在几十 kHz 到几千 MHz）、动态范围大等优点，因此得到广泛应用。二极管双平衡混频器的主要缺点是变频增益低，小于 1，且要求元件的对称性要高。

**3. 三极管混频器**

晶体管混频器有较高的混频增益。在分立元件的通信、广播、电视等设备的接收机中，绝大多数都采用晶体管混频电路,在一些集成电路接收系统的芯片中也有采用晶体管作为混频的。晶体管混频器的特点是电路简单，要求本振信号的幅值较大，约在 50～200mV 之间，并有一定混频增益，要求信号的幅值较小，常为 mV 量级。晶体三极管混频器的主要优点是具有大于 1 的变频增益。

晶体管混频器中，本振电压加到混频管时应满足以下 3 点要求：

- 加本振电压时，不能影响信号电压。
- 本振回路与信号回路之间的耦合尽可能小，以免在调整过程中相互牵制。
- 由于混频作用是在三极管的 b-e 结间进行的，要求 b-e 间的电路对中频分量应提供良好的电流通路。

晶体三极管混频器的电路有多种形式。一般按照晶体管组态和本地振荡电压注入点的不同有 4 种基本形式，如图 5-38 所示。

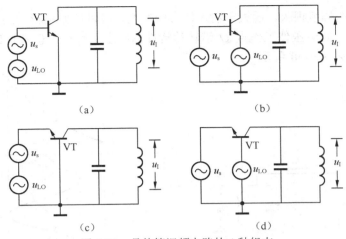

图 5-38　晶体管混频电路的 4 种组态

图 5-38（a）所示为共射混频电路，信号电压由基极输入，本振电压也由基极注入。

优点：对本振电压来说是共射极电路，输入阻抗较大，在混频时本地振荡电路比较容易起振，因此需要的本振注入功率较小。

缺点：由于信号电压和本振电压都是从同一个极加入的，因此信号电压对本振电压有影响，本振频率往往受到信号频率的牵引。当 $f_s$ 与 $f_{LO}$ 的相对频差不大时，牵引现象比较严重，出现本振频率 $f_{LO}$ 等于信号频率 $f_s$ 现象，从而得不到中频电压输出，破坏了电路的正常工作。通常不采用此种电路。

图 5-38（b）所示为共射混频电路，信号电压由基极输入，本振电压由发射极注入。

优点：输入信号电压和本振电压分别从基极输入和发射极注入，所以相互影响小，不易产生牵引现象。同时，对于本振电压来说是共基极电路，其输入阻抗较小，不容易产生过激励，因此振荡波形好、失真小。

缺点：要求有较大的本振注入功率。但通常所需要的本振注入功率也只有几十 mW 数量级，本振电路是完全能够提供的。因此，这种电路形式应用较多。

图 5-38（c）所示为共基混频电路，信号电压由发射极输入，本振电压也由发射极注入。

图 5-38（d）所示为共基混频电路，信号电压由发射极输入，本振电压则由基极注入。

图（a）和图（b）电路应用较多，特别是在广播及电视接收机中。图（c）和图（d）都是共基混频电路。和共发射极电路相比，当工作频率不高时，混频增益较低，输入阻抗也较低，需要注入的本振功率较大，因此在频率较低时一般都不采用。但在高频端（几十 MHz）工作时却优于共发射极电路，因为共基电路的 $f_\alpha$ 比共发射极的 $f_\beta$ 要高很多，所以混频增益较大。因此，在工作频率比较高的场合如调频接收机中常采用这种电路。

4 种电路的共同点是：不论本振电压注入方式如何，实际上信号电压 $u_s$ 与本振电压 $u_{LO}$ 是加在基极和发射极之间，并且利用集电极电流与输入电压之间的非线性关系来进行频率变换的。

以图 5-38（a）电路为例，本振电压 $u_{LO}$ 和信号电压 $u_s$ 都加在晶体管的基极与发射极之间，利用基极与发射极之间的非线性特性来实现变频，再经三极管部分对变频所得到的中频信号进行放大，在集电极的中频滤波回路取得中频电压，如图 5-39 所示。

由于信号电压 $u_s$ 很小，所以无论它工作在特性曲线的哪个区域都可以认为特性曲线是线性的。而本振信号的幅度很大，远大于输入信号的幅度，可以把振幅较大的本振电压 $u_{LO}$ 看成是变化的偏置电压，此电压使工作点 $Q$ 沿转移特性曲线上下移动，也就是说本振电压控制了晶体管的工作点，如图 5-40 所示。

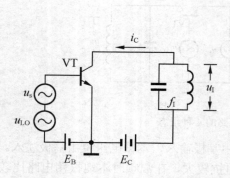

图 5-39  三极管混频器工作原理

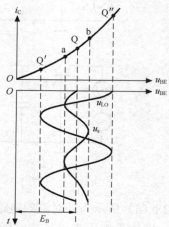

图 5-40  三极管的转移特性

输出的中频电流的振幅 $I_{Im}$ 与输入高频信号电压的振幅 $U_{sm}$ 成正比。也就是说，经混频后，只改变了信号的载波频率，而包络波形并没有改变。

通常把输出的中频电流振幅 $I_{Im}$ 与输入的高频信号电压振幅 $U_{sm}$ 之比称为混频跨导或变频跨导，用 $g_M$ 表示，它与普通放大器的跨导有相似的含义，表示输入高频信号电压对输出中频电流的控制能力。在数值上等于时变跨导基波分量的一半，因此，若要求混频跨导，只需要求出时变跨导的基波分量的振幅值 $g_{m1}$：

$$g_M = I_{Im}/U_{sm} = 1/2 g_{m1} \quad g_M = \frac{I_{Im}}{U_{sm}} = \frac{1}{2} g_{m1} \tag{5-45}$$

### 5.5.3  混频干扰和非线性失真

一半混频器中存在以下干扰：

- 信号 $u_s(f_s)$ 与本振信号 $u_L(f_L)$ 的自身组合频率干扰，也叫干扰哨音。
- 外来干扰信号 $u_n(f_n)$ 与本振信号 $u_L(f_L)$ 的组合干扰，也叫副波道干扰、寄生频道干扰。
- 外来干扰信号 $u_n(f_n)$ 互相之间形成的互调干扰。
- 外来干扰信号 $u_n(f_n)$ 与信号 $u_s(f_s)$ 形成的交叉调制干扰，也叫交调干扰。

1. 组合频率干扰

由于变频器使用的是非线性器件，而且工作在非线性状态，流经变频管的电流不仅含有直流分量、信号频率、本振频率成分，还含有信号、本振频率的各次谐波，以及它们的和、差频等组合频率分量，这些组合频率分量中的某些分量等于或接近于中频时就能进入中频放大器，经检波器输出，产生对有用信号的干扰，这种干扰就称为组合频率干扰。

设输入混频器的高频已调波信号为 $u_c(f_c)$，本振信号为 $u_L(f_L)$，则经过混频器后产生的组合频率分量为：

$$\left|\pm pf_{\text{L}} \pm qf_{\text{c}}\right| \quad (\text{其中 } p,q = 1,2,3\cdots) \tag{5-46}$$

如果中频带通滤波器的中心频率 $f_{\text{I}} = \left|f_{\text{L}} - f_{\text{c}}\right|$，那么除了 $\left|f_{\text{L}} - f_{\text{c}}\right|$ 的中频被选出以外，还有可能选出其他组合频率为 $qf_{\text{c}} - pf_{\text{L}} = f_{\text{I}}$ 或 $qf_{\text{c}} - pf_{\text{L}} = f_{\text{I}}$ 的干扰信号。

通常减弱组合频率干扰的方法有以下 3 种：

- 适当选择变频电路的工作点，尤其是 $u_{\text{L}}$ 不要过大。
- 输入信号电压幅值不能过大，否则谐波幅值也大，使干扰增强。
- 选择中频时应考虑组合频率的影响，使其远离在变频过程中可能产生的组合频率。

2. 寄生频道干扰

寄生频道干扰也称组合副波道干扰。如果混频器的输入除了被接收的电台信号外，还有其他频率 $f_{\text{n}}$ 的干扰信号，这些干扰和本振信号也可能形成组合频率干扰，这种干扰就称为寄生频道干扰。寄生频道干扰是一种外来干扰频率的干扰，这类干扰主要有中频干扰、镜频干扰和组合副波道干扰。

接收机在接收有用信号时，某些无关电台干扰信号也同时被接收到，表现为串台。这种情况下，串台干扰信号 $u_{\text{n}}(f_{\text{n}})$ 与本振信号 $u_{\text{L}}(f_{\text{L}})$ 的组合频率为：

$$\left|\pm pf_{\text{L}} \pm qf_{\text{n}}\right| \quad (\text{其中 } p,q = 1,2,3\cdots) \tag{5-47}$$

如果中频带通滤波器的中心频率 $f_{\text{I}} = \left|f_{\text{L}} - f_{\text{c}}\right|$，那么可能形成组合频率为 $pf_{\text{L}} - qf_{\text{n}} = f_{\text{I}}$ 或 $qf_{\text{n}} - pf_{\text{L}} = f_{\text{I}}$ 的副波道干扰，即可得：

$$f_{\text{n}} = \frac{1}{q}(pf_{\text{L}} \pm f_{\text{I}}) = \frac{1}{q}(pf_{\text{c}} + (p \pm 1)f_{\text{I}}) \tag{5-48}$$

（1）中频干扰。

当 $p=0$，$q=1$ 时，$f_{\text{n}}=f_{\text{I}}$，干扰信号频率等于或接近接收机的中频频率，如果混频器前级电路的选择性不够好，致使这种干扰信号 $u_{\text{n}}(f_{\text{n}})$ 漏入混频器的输入端，那么混频器对这种干扰信号不仅给予放大，而且使其顺利地通过后级电路，并在输出形成强干扰。

对中频干扰的抑制方法主要是提高变频器前级电路的选择性，增强对中频信号的抑制或设置中频陷波器。

（2）镜频干扰。

当 $p=q=1$ 时，$f_{\text{n}}=f_{\text{L}}+f_{\text{I}}$，干扰信号频率等于本振频率与中频频率之和，如果 $u_{\text{n}}(f_{\text{n}})$ 与 $u_{\text{L}}(f_{\text{L}})$ 共同作用在混频器输入端，会产生差频 $f_{\text{n}}-f_{\text{L}}=f_{\text{I}}$，则在接收机的输出端将会听到干扰电台的声音。由于 $f_{\text{n}}$ 和 $f_{\text{c}}$ 对称地位于 $f_{\text{L}}$ 两侧，呈镜像关系，所以将 $f_{\text{n}}$ 称为镜像频率，将这种干扰叫做镜频干扰。

（3）组合副波道干扰。

当 $p=q$ 时，式（5-48）可写为 $f_{\text{n}}=f_{\text{L}} \pm f_{\text{I}}/q$，当 $p=q=2,3,4$ 时，$f_{\text{n}}$ 分别为 $f_{\text{L}} \pm f_{\text{I}}/2$、$f_{\text{L}} \pm f_{\text{I}}/3$、$f_{\text{L}} \pm f_{\text{I}}/4$，其中最主要的一类干扰为 $p=q=2$ 的情况。这类干扰对称分布于 $f_{\text{L}}$ 两侧。

抑制这种干扰的主要方法是提高中频频率和提高前端电路的选择性。此外选择合适的混频电路以及合理地选择混频管的工作状态都有一定的作用。

3. 非线性失真

混频器中除了干扰哨声和寄生频道干扰以外，还会产生各种非线性失真，例如包络失真和大信号阻塞、交叉调制失真、互相调制失真等。

（1）包络失真和大信号阻塞。

当混频器的输入是较强调幅信号时，会由于寄生调幅而产生包络失真。在分析晶体管混频器的工作时，无论是用幂级数法、时变参量法还是用其他方法，都是假定高频信号幅度很小，所以只取数学展开式的前几项，而忽略了高次方项；在信号幅度较大时，较高幂次项就要起作用，而这些项的振幅往往和输入信号的幅度成平方或更高次方关系。其高次幂项会引起信号的包络失真。显然输入信号的幅度幅值越大，包络失真就越严重。

当输入信号的幅度值过大时，由于混频管进入饱和区和截止区，使得输出的中频信号几乎不随输入信号的幅值变化而变化，出现了类似限幅的情况，这样人们就无法获得调幅信号的包络信息，听不到声音，看不到图像，通常这种现象就称为大信号阻塞。

（2）交叉调制失真。

当混频器输入除了已调信号外还有干扰信号时，混频器除了对某些特定频率的干扰形成寄生频道干扰外，还会对任意频率干扰产生交叉调制失真。若干扰信号类似于幅度调制信号，则必定会产生许多交叉调制信号。也就是将干扰信号的包络交叉地转移到输出有用的中频信号上去。

交叉调制失真的现象表现在人们收听到所需电台的声音时，同时也收听到干扰信号的声音；当所需电台停止播送时，干扰也同时消失。

（3）互相调制失真。

当混频器输入端同时有两个干扰信号时，混频器的非线性还可产生互相调制失真，分析方法同上。

# 思考题与习题

1．已知某两个信号电压 $u_1$、$u_2$，它们各自的频率分量分别为：
$$u_1 = 2\cos 2000\pi t + 0.3\cos 1800\pi t + 0.3\cos 2200\pi t$$
$$u_2 = 0.3\cos 1800\pi t + 0.3\cos 2200\pi t$$
问 $u_1$、$u_2$ 是已调波吗？写出它们的数学表达式。

2．已知二极管大信号包络检波器电路如图 5-41 所示，$R=10\text{k}\Omega$，$m_a=0.3$，载频 $f_c=465\text{ kHz}$，调制信号最高频率 $F_{max}=340\text{Hz}$，问电容 $C$ 应如何选取？检波器的输入阻抗大约是多少？

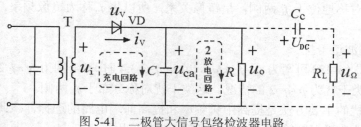

图 5-41　二极管大信号包络检波器电路

3．为什么进行变频，变频有哪些作用？

4．有一中波段调幅超外差收音机，试分析下列现象属于哪种干扰，又是如何形成的？

（1）当收听 $f_c$=570kHz 的电台播音时，听到频率为 1500kHz 的强电台播音。

（2）当收听 $f_c$=929kHz 的电台播音时，伴有频率为 1kHz 的哨叫声。

（3）当收听 $f_c$=1500kHz 的电台播音时，听到频率为 750kHz 的强电台播音。

5. 振幅检波器必须有哪几个组成部分？各部分的作用如何？下列各图能否检波？图中 $R$、$C$ 为正常值，二极管为折线特性。

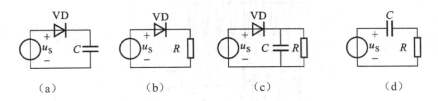

（a）　　　　　　（b）　　　　　　（c）　　　　　　（d）

# 任务一　AM 调幅及解调电路仿真分析

## 一、目的

（1）搭建 AM 基本调幅仿真电路，合理设置电路元件参数。

（2）测试 AM 电路调幅系数 $m_a$ 对信号波形的影响。

（3）测试二极管包络检波电路的波形参数。

（4）分析测试出现解调失真情况下的电路参数。

## 二、仪器和设备

计算机：安装 Multisim 电路仿真软件。

## 三、原理

**1. 调幅信号**

调幅信号波形如图 5-42 所示。

调制信号：$u_\Omega(t) = U_{\Omega m} \cos\Omega t = U_{\Omega m}\cos 2\pi Ft$

载波：$u_c(t) = U_{cm}\cos\omega_c t = U_{cm}\cos 2\pi f_c t$

调幅波：$u_{AM}(t) = U_{cm}(1 + m_a\cos\Omega t)\cos\omega_c t$

$$m_a = \frac{k_a U_{\Omega m}}{U_{cm}} \quad \text{（调幅系数）}$$

$$
\begin{aligned}
u_{AM}(t) &= U_{cm}(1 + m_a\cos\Omega t)\cos\omega_c t \\
&= U_{cm}\cos\omega_c t + U_{cm}m_a\cos\Omega t\cos\omega_c t \\
&= U_{cm}\cos\omega_c t + \frac{1}{2}m_a U_{cm}\cos(\omega_c - \Omega)t + \frac{1}{2}m_a U_{cm}\cos(\omega_c + \Omega)t
\end{aligned}
$$

AM 调幅波的频带宽度 $B = \dfrac{\omega_c + \Omega}{2\pi} - \dfrac{\omega_c - \Omega}{2\pi} = 2F$。

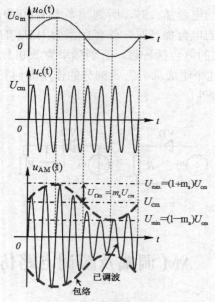

图 5-42  调幅信号波形

## 2. 调幅方式

普通调幅（AM）：含载频、上下边带（纯调幅）。

$$u_{AM}(t) = U_{cm}(1 + m_a \cos\Omega t)\cos\omega_c t$$
$$= U_{cm}\cos\omega_c t + U_{cm} m_a \cos\Omega t \cos\omega_c t$$
$$= U_{cm}\cos\omega_c t + \frac{1}{2}m_a U_{cm}\cos(\omega_c - \Omega)t + \frac{1}{2}m_a U_{cm}\cos(\omega_c + \Omega)t$$

## 3. 乘法器调幅电路

模拟乘法器调幅电路如图 5-43 所示。

$$u_o(t) = -[u_c(t) + u_Z(t)] = -[u_c(t) + K_M u_\Omega(t)u_c(t)]$$
$$= -u_c(t)[1 + K_M u_\Omega(t)] = -U_{cm}(1 + K_M U_{\Omega m}\cos\Omega t)\cos\omega_c t$$
$$= -U_{cm}(1 + m_a \cos\Omega t)\cos\omega_c t$$

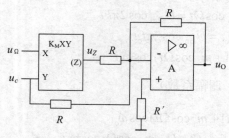

图 5-43  模拟乘法器调幅电路

## 四、内容与步骤

## 1. 搭建 AM 调幅电路

在 Multisim 窗口中创建如图 5-44 所示的由乘法器（$K_M = 1$）组成的 AM 普通调幅电路。

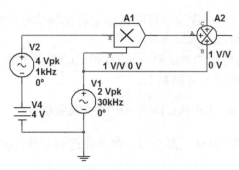

图 5-44 模拟乘法器 AM 调幅电路

在电路中，V4 为直流电压源 $E_c$=4V；V2 为低频调制信号 $u_\Omega(t)$，频率 1kHz，电压幅度 2V，分别加到乘法器 A1 的 X 输入端口；V1 为高频载波信号 $u_c(t)$，频率 30kHz，电压幅度 2V，加到乘法器的 Y 输入端口。

将示波器的 A 通道加到乘法器的 X 输入端口，B 通道加到模拟加法器的输出端口。

仿真电路中的调制信号：$u_\Omega(t) = E_C + U_{\Omega m} \cos\Omega t$

载波：$u_c(t) = U_{cm} \cos\omega_c t$

已调信号：

$$u_{AM}(t) = K_M \left( E_C + U_{\Omega m} \cos\Omega t \right) U_{cm} \cos\omega_c t$$

$$= K_M U_{cm} E_C \left( 1 + \frac{U_{\Omega m}}{E_C} \cos\Omega t \right) \cos\omega_c t$$

$$= K_M U_{cm} E_C (1 + m_a \cos\Omega t) \cos\omega_c t$$

调幅系数：$m_a = \dfrac{U_{\Omega m}}{E_C}$

**2. 测试调幅系数对信号的影响**

（1）当低频调制信号 $u_\Omega(t)$ 的 $U_{\Omega m}$=2V 时，调幅系数 $m_a = \dfrac{U_{\Omega m}}{E_C} = 0.5$，运行仿真电路，测试 AM 调制信号、载波和已调信号的波形，如图 5-45 和图 5-46 所示。

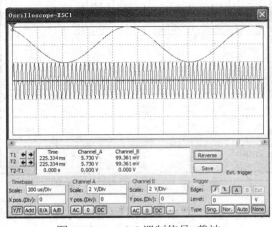

图 5-45 $m_a$=0.5 调制信号+载波

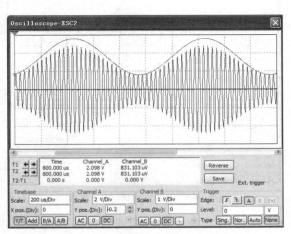

图 5-46 $m_a$=0.5 调制信号+已调波

从输出波形可以看出，高频载波信号的振幅随着调制信号的振幅规律变化，即已调信号的振幅在 $E_c$ 上下按输入调制信号规律变化。

结论：调幅电路组成模型中的乘法器对 $u_\Omega(t)$ 和 $u_c(t)$ 实现相乘运算的结果，反映在波形上是将 $u_\Omega(t)$ 不失真地转移到载波信号振幅上。

（2）将低频调制信号 $u_\Omega(t)$ 的 $U_{\Omega m}$ 改为 4V 时，调幅系数 $m_a = \dfrac{U_{\Omega m}}{E_C} = 1$，这时电路输出的曲线的包络恰好为调幅曲线，测试调制信号、载波和已调信号的波形，如图 5-47 和图 5-48 所示。

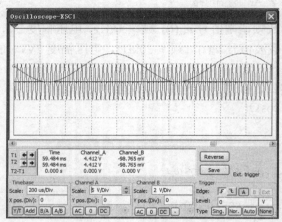

图 5-47　$m_a$=1 调制信号+载波　　　　　　图 5-48　$m_a$=1 调制信号+已调波

（3）将低频调制信号 $u_\Omega(t)$ 的 $U_{\Omega m}$ 改为 12V 时，调幅系数 $m_a = \dfrac{U_{\Omega m}}{E_C} = 3$，$m_a$>1，这时电路输出的曲线为过量调幅曲线，测试调制信号、载波和已调信号的波形，如图 5-49 和图 5-50 所示。

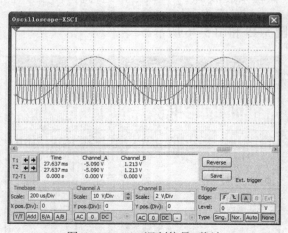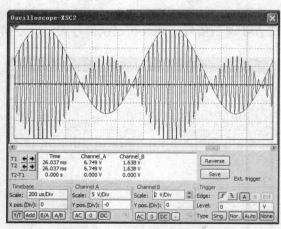

图 5-49　$m_a$>1 调制信号+载波　　　　　　图 5-50　$m_a$>1 调制信号+已调波

从图中可以看出已调波的包络形状与调制信号不一样，产生了严重的包络失真，这种情况称为过调失真，在实际应用中应尽量避免。

因此，在振幅调制仿真过程中可以得出如下结论：为了保证已调波的包络真实地反映出调制信号的变化规律，避免产生过调失真，要求调制系数 $m_a$ 必须满足 $0< m_a <1$，这与理论上推导得出的结果是一致的。

**3. 搭建 AM 调幅电路的解调电路**

振幅调制信号的解调电路称为检波电路，作用是从已调信号中不失真地检出原调制信号。对于普通调幅信号来说，它的载波分量未被抑制掉，可以直接利用非线性器件实现相乘作用，得到所需的解调电压，而不必另加同步信号，通常将这种检波器称为包络检波器。

对于包络的解调，可以采用二极管包络检波电路，如图 5-51 所示。选用电路参数时要注意选择合适的电容 $C$ 和电阻 $R$，否则会出现失真。

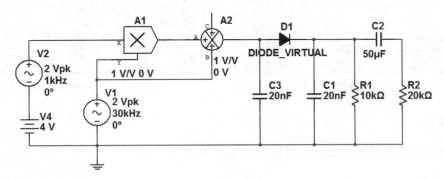

图 5-51 二极管包络检波电路

**4. AM 解调信号测试**

（1）当 $C_1$=20nF，$R_1$=10kΩ时，检波电路输出波形不失真，测试输出信号波形，如图 5-52 所示。

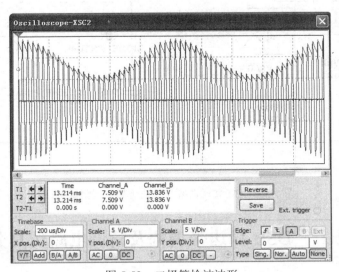

图 5-52 二极管检波波形

（2）当 $C_1$=100nF，$R_1$=50kΩ时，检波电路出现对角切割失真，测试输出信号波形，如图 5-53 所示。

（3）当$C_1$=20nF，$R_1$=50kΩ，$R_2$=1kΩ时，检波电路出现负峰切割失真，测试输出信号波形，如图5-54所示。

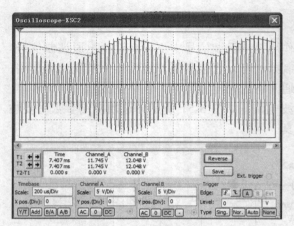
图5-53 对角切割失真波形

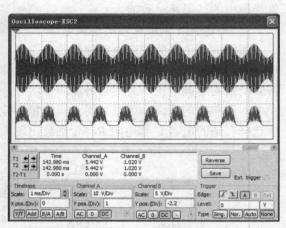
图5-54 负峰切割失真波形

### 五、结论

AM 普通调幅与检波仿真分析测试电路如图 5-55 所示。

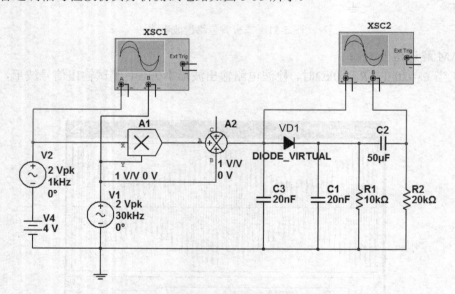

图 5-55 AM 普通调幅与检波仿真分析测试电路

# 任务二 DSB 双边带调幅及解调电路仿真分析

### 一、目的

（1）搭建 DSB 双边带调幅仿真电路，合理设置电路元件参数。

（2）测试 DSB 仿真电路的信号波形和主要参数。

（3）搭建 DSB 信号解调仿真电路，测试解调信号参数。

## 二、仪器和设备

计算机：安装 Multisim 电路仿真软件。

## 三、原理

双边带调幅（DSB）：不含载频（调幅、调相）。

$$u_{DSB}(t) = ku_\Omega(t) \cdot u_c(t) = kU_{\Omega m}U_{cm}\cos\Omega t\cos\omega_c t$$

$$= \frac{1}{2}kU_{\Omega m}U_{cm}\cos(\omega_c + \Omega)t + \frac{1}{2}kU_{\Omega m}U_{cm}\cos(\omega_c - \Omega)t$$

$$= \frac{1}{2}U_{Dm}\left[\cos(\omega_c + \Omega)t + \cos(\omega_c - \Omega)t\right]$$

## 四、内容与步骤

### 1. 搭建 DSB 双边带调幅电路

在 Multisim 窗口中创建如图 5-56 所示的 DSB 双边带调幅电路。

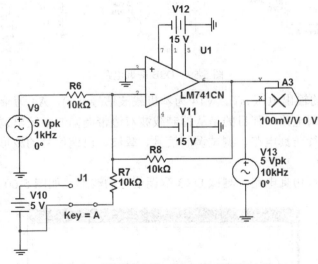

图 5-56　模拟乘法器 DSB 双边带调幅电路

在电路中，V9 为低频调制信号 $u_\Omega(t)$，V13 为高频载波信号 $u_c(t)$，A3 为乘法器（$K_M$=0.1），组成抑制载波的双边带调幅电路。

### 2. 测试 DSB 调幅信号波形

连接示波器，运行仿真电路，测试 DSB 调制信号、载波、已调信号的波形，如图 5-57 和图 5-58 所示。

### 3. 搭建 DSB 调幅电路的解调电路

在 Multisim 窗口中创建如图 5-59 所示的 DSB 解调电路。

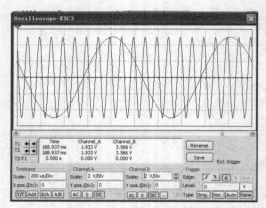

图 5-57　DSB 调制信号+载波

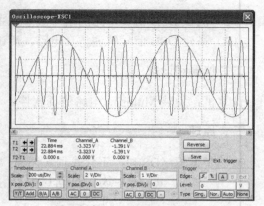

图 5-58　DSB 调制信号+已调信号

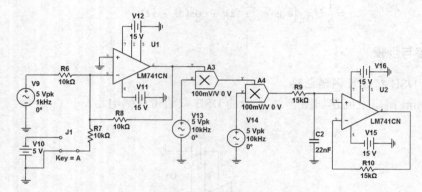

图 5-59　DSB 解调电路

　　模拟乘法器 A3 的输出电压 $u(t)$，V14 为本机载波信号 $u_c(t)$，A4 为乘法器（$K_M=0.1$），组成抑制载波双边带解调电路，其目的是从抑制载波双边带调幅波中检出调制信号 $u_\Omega(t)$。

　　连接示波器，运行仿真电路，测试调制信号、载波、已调信号的波形。

　　4．解调信号测试

　　连接示波器，运行仿真电路，测试 DSB 解调信号的波形，如图 5-60 所示。

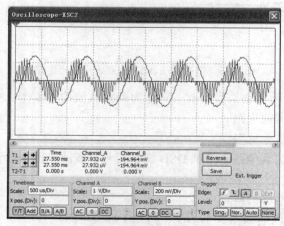

图 5-60　DSB 解调信号

## 五、结论

DSB 双边带调幅与解调仿真分析测试电路如图 5-61 所示。

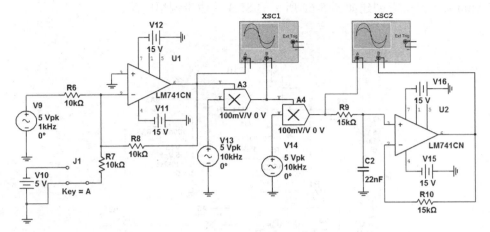

图 5-61   DSB 双边带调幅与解调仿真分析测试电路

# 任务三   SSB 单边带调幅及解调电路仿真分析

## 一、目的

（1）搭建 SSB 单边带调幅仿真电路，合理设置电路元件参数。
（2）测试 SSB 仿真电路的信号波形和主要参数。
（3）搭建 SSB 信号解调仿真电路，测试解调信号参数。

## 二、仪器和设备

计算机：安装 Multisim 电路仿真软件。

## 三、原理

单边带调幅（SSB）：只含一个边带（调幅、调频）。

上边带信号：$u_{\text{SSBH}}(t) = \dfrac{1}{2}kU_{\Omega m}U_{\text{cm}}\cos(\omega_{\text{c}}+\Omega)t$

下边带信号：$u_{\text{SSBL}}(t) = \dfrac{1}{2}kU_{\Omega m}U_{\text{cm}}\cos(\omega_{\text{c}}-\Omega)t$

## 四、内容与步骤

1. 搭建 SSB 单边带调幅电路

产生 SSB 信号的方法是移相法，移相法是利用移项网络对载波和调制信号进行适当的相移，以便在相加过程中将其中的一个边带抵消而获得 SSB 信号，如图 5-62 所示为 SSB 调制信号的原理框图，图中两个调制器相同，但输入信号不同。调制器 B 的输入信号是移项 90°的载频和调制信号，调制信号的输入没有相移。两个分量相加时为下边带信号，两个分量相减时为上边带信号。

在 Multisim 窗口中创建如图 5-62 所示的 SSB 单边带调幅电路。

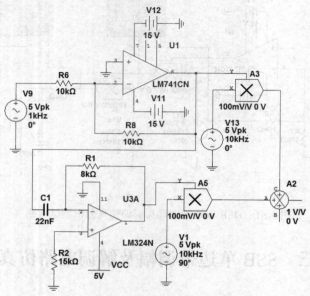

图 5-62　SSB 单边带调幅电路

在电路中，V9 为低频调制信号 $u_{\Omega}(t)$，V13 为高频载波信号 $u_c(t)$，A3 为乘法器（$K_M$=0.1），组成抑制载波的双边带调幅电路，$f(t)=\cos(\omega_c t)$；由模拟积分器和 A5 乘法器（$K_M$=0.2）组成相移 90°移相网络，$\hat{f}(t)=-\sin(\omega_c t)$。两者通过模拟加法器相加后模拟出单边带调幅（SSB）信号。

2.　测试 SSB 调幅信号波形

连接示波器，运行仿真电路，测试 SSB 调制信号、载波、已调信号的波形，如图 5-63 和图 5-64 所示。

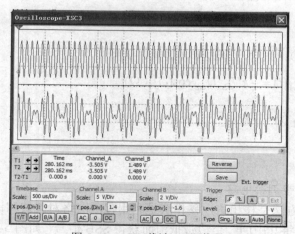

图 5-63　DSB 载波+已调信号

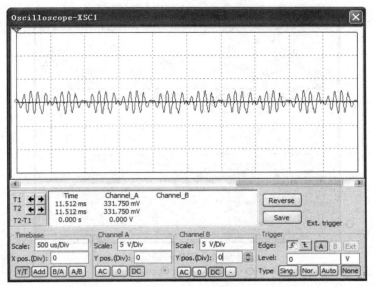

图 5-64　SSB 已调信号

### 3. 搭建 SSB 调幅电路的解调电路

在 Multisim 窗口中创建如图 5-65 所示的 SSB 解调电路。

加法器 A2 的输出电压 $u(t)$，V14 为本机载波信号 $u_c(t)$，A4 为乘法器（$K_M=0.1$），组成抑制载波单边带解调电路，目的是从抑制载波单边带调幅波中检出调制信号 $u_\Omega(t)$。

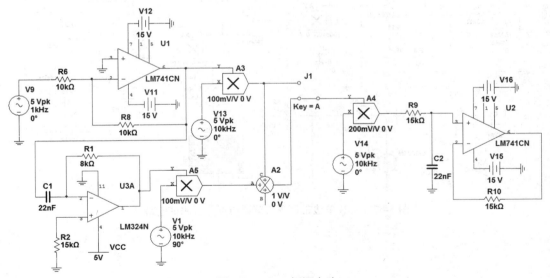

图 5-65　SSB 解调电路

### 4. 解调信号测试

连接示波器，运行仿真电路，测试 SSB 解调信号的波形，如图 5-66 所示。

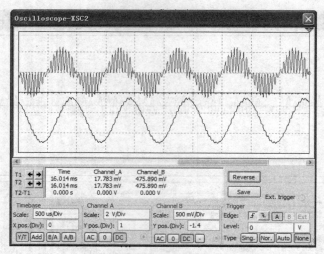

图 5-66　SSB 解调信号

## 五、结论

SSB 单边带调幅与解调仿真分析测试电路如图 5-67 所示。

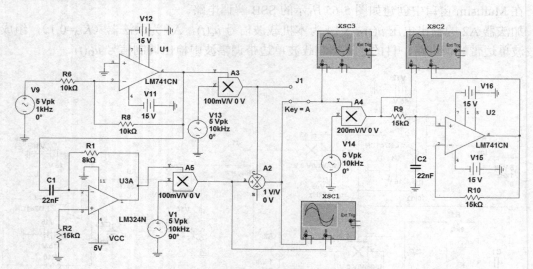

图 5-67　SSB 单边带调幅与解调仿真分析测试电路

# 第 6 章 角度调制与解调

在无线通信中，频率调制和相位调制是又一类重要的调制方式。

正弦波三要素：幅值、频率、相位。正弦波的调制有幅度调制、频率调制和相位调制 3 种方式。

幅值的调制称为调幅（Amplitude Modulation，AM），频率的调制称为调频（Frequency Modulation，FM），相位的调制称为调相（Phase Modulation，PM）。

幅值的解调称为检波，频率的解调称为鉴频，相位的解调称为鉴相。

调幅是使高频振荡信号的幅值按调制信号的规律变化，频率和相位保持不变。

调频是使高频振荡信号的频率按调制信号的规律变化，振幅保持不变。

调相是使高频振荡信号的相位按调制信号的规律变化，振幅保持不变。

调频和调相统称为角度调制。与调幅的频谱线性搬移电路不同，角度调制属于频谱的非线性变换，即已调信号的频谱结构不再保持原调制信号频谱的内部结构，且调制后的信号带宽通常比原调制信号带宽大得多。因此，虽然角度调制信号的频带利用率不高，但其抗干扰和噪声的能力较强。另外，角度调制的分析方法和模型等都与频谱线性搬移电路不同。

调频波和调相波都表现为高频载波瞬时相位随调制信号的变化而变化，只是变化的规律不同而已。由于频率与相位间存在微分与积分的关系，调频与调相之间也存在着密切的关系，即调频必调相，调相必调频。同样，鉴频和鉴相也可相互利用，即可以用鉴频的方法实现鉴相，也可以用鉴相的方法实现鉴频。一般来说，在模拟通信中，调频比调相应用广泛，而在数字通信中，调相比调频应用普遍。

对于任意正弦高频载波信号：

$$u_c(t) = U_{cm} \cos(\omega_c t + \varphi_0) = U_{cm} \cos\varphi(t)$$

式中，$\varphi(t)$ 为瞬时相角，$U_{cm}$ 为振幅，$\omega_c$ 为角频率，$\varphi_0$ 为初相角。

如果利用调制信号 $u_\Omega(t) = U_{\Omega m} \cos\Omega t$ 去线性地控制高频载波信号 3 个参量 $U_{cm}$、$\omega_c$ 和 $\varphi(t)$ 中的某一个，即可产生调制的作用。如果用调制信号去线性地控制高频载波的振幅，使已调波的振幅与调制信号成线性关系：$U_{cm}(t) = U_{cm}[1 + k_a u_\Omega(t)]$，即实现了 AM 调幅；如果用调制信号去线性地控制高频载波的角频率，使已调波的角频率与调制信号成线性关系：$\omega(t) = \omega_c + k_f u_\Omega(t)$，即实现了 FM 调频；如果用调制信号去线性地控制高频载波的相位角，使已调波的相位角与调制信号成线性关系：$\varphi(t) = \omega_c t + k_p u_\Omega(t)$，即实现了 PM 调相。

**本章主要内容：**

● 调频方式：直接调频、间接调频、锁相调频。

- 调频电路：变容二极管调频电路、电抗管调频电路、晶体振荡器调频电路。
- 鉴频电路：振幅鉴频器、斜率鉴频器、相位鉴频器。

# 6.1 调频原理

## 6.1.1 瞬时频率和瞬时相位

载波信号：$u_c(t) = U_{cm}\cos(\omega_c t + \varphi_0) = U_{cm}\cos\varphi(t)$

当进行角度调制后，已调波的角频率将是时间的函数，即角频率为 $\omega(t)$。用旋转矢量表示已调波如图 6-1 所示，设旋转矢量的长度为 $U_{cm}$，围绕原点 $O$ 逆时针方向旋转，角速度为 $\omega(t)$。$t=0$ 时，矢量与实轴之间的夹角为初相角 $\varphi_0$；$t$ 时刻，矢量与实轴之间的夹角为 $\varphi(t)$。矢量在实轴上的投影为 $u_c(t) = U_{cm}\cos\varphi(t)$。

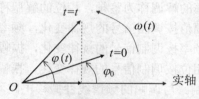

图 6-1　角度调制信号的矢量图

这就是已调波，其瞬时相角 $\varphi(t)$ 等于矢量在 $t$ 时间内转过的角度与初始相角 $\varphi_0$ 之和，即：

$$\varphi(t) = \int_0^t \omega(t)\mathrm{d}t + \varphi_0 \tag{6-1}$$

式中，积分 $\int_0^t \omega(t)\mathrm{d}t$ 是矢量在时间间隔 $t$ 内所转过的角度。将式（6-1）两边微分得：

$$\omega(t) = \frac{\mathrm{d}\varphi(t)}{\mathrm{d}t} \tag{6-2}$$

即瞬时频率（即旋转矢量的瞬时角速度）$\omega(t)$ 等于瞬时相位对时间的变化率。

式（6-1）和式（6-2）是角度调制中的两个基本关系式。

## 6.1.2 调角信号的表达式和波形

1. 调频信号及其数学表达式

载波信号：

$$u_c(t) = U_{cm}\cos\omega_c t \tag{6-3}$$

调制信号：

$$u_\Omega(t) = U_{\Omega m}\cos\Omega t \tag{6-4}$$

根据调频的定义，已调波的瞬时频率 $\omega(t)$ 随调制信号 $u_\Omega(t)$ 成线性变化，则调频信号的瞬时角频率：

$$\begin{aligned}
\omega(t) &= \omega_c + k_f u_\Omega(t) \\
&= \omega_c + \Delta\omega(t) \\
&= \omega_c + K_f U_{\Omega m} \cos\Omega t \\
&= \omega_c + \Delta\omega_m \cos\Omega t
\end{aligned} \tag{6-5}$$

$\omega_c$：载波角频率，即 FM 的中心频率。

$K_f$：调频系数，表示单位调制信号振幅引起的频率偏移，单位为 rad/(s·V)。

$k_f u_\Omega(t) = \Delta\omega(t)$：瞬时频率相对于 $\omega_c$ 的偏移，即调频波的频偏。

$\Delta\omega_m = K_f U_{\Omega m}$：最大频偏。

调频信号的瞬时相位：

$$\begin{aligned}
\varphi(t) &= \int \omega(t)\mathrm{d}t \\
&= \int\left[\omega_c + K_f u_\Omega(t)\right]\mathrm{d}t \\
&= \omega_c t + K_f \int u_\Omega(t)\mathrm{d}t \\
&= \omega_c t + \Delta\varphi(t) \\
&= \omega_c t + K_f \int U_{\Omega m} \cos\Omega t \mathrm{d}t \\
&= \omega_c t + \frac{K_f U_{\Omega m}}{\Omega} \sin\Omega t
\end{aligned} \tag{6-6}$$

$K_f \int u_\Omega(t)\mathrm{d}t = \Delta\varphi(t)$：瞬时相位偏移，即调频波的相移。

$\Delta\varphi_m = \dfrac{K_f U_{\Omega m}}{\Omega} = \dfrac{\Delta\omega_m}{\Omega} = M_f$：最大相移。

$M_f$：也称为调频指数，一般大于 1，越大抗干扰性能越好，频带越宽。

调频信号的数学表达式：

$$\begin{aligned}
u_{FM}(t) &= U_{cm} \cos\varphi(t) \\
&= U_{cm} \cos[\omega_c t + K_f \int u_\Omega(t)\mathrm{d}t] \\
&= U_{cm} \cos\left(\omega_c t + \frac{K_f U_{\Omega m}}{\Omega} \sin\Omega t\right) \\
&= U_{cm} \cos(\omega_c t + M_f \sin\Omega t)
\end{aligned} \tag{6-7}$$

**2. 调相信号及其数学表达式**

根据调相的定义，已调波的瞬时相位 $\varphi(t)$ 随调制信号 $u_\Omega(t)$ 成线性变化，则调相信号的瞬时相位：

$$\begin{aligned}
\varphi(t) &= \omega_c t + K_p u_\Omega(t) \\
&= \omega_c t + \Delta\varphi(t) \\
&= \omega_c + K_p U_{\Omega m} \cos\Omega t \\
&= \omega_c + \Delta\varphi_m \cos\Omega t
\end{aligned} \tag{6-8}$$

$K_p$：调相系数，表示单位调制信号振幅引起的相位偏移，单位为 rad/V。

$K_p u_\Omega(t) = \Delta\varphi(t)$：瞬时相位相对于 $\omega_c t$ 的相位偏移，即调相波的相移。

$\Delta\varphi_m = K_p U_{\Omega m} = M_p$：最大相移。

$M_p$：也称为调相指数。

调相信号的瞬时角频率：

$$\begin{aligned}
\omega(t) &= \frac{\mathrm{d}\varphi(t)}{\mathrm{d}t} \\
&= \omega_c + K_p \frac{\mathrm{d}u_\Omega(t)}{\mathrm{d}t} \\
&= \omega_c + \Delta\omega(t) \\
&= \omega_c + K_p \frac{\mathrm{d}U_{\Omega m}\cos\Omega t}{\mathrm{d}t} \\
&= \omega_c - K_p U_{\Omega m}\Omega\sin\Omega t
\end{aligned} \tag{6-9}$$

$K_p \dfrac{\mathrm{d}u_\Omega(t)}{\mathrm{d}t} = \Delta\omega(t)$：瞬时频率偏移，即调相波的频偏。

$\Delta\omega_m = K_p U_{\Omega m}\Omega$：最大频偏。

调相信号的数学表达式：

$$\begin{aligned}
u_{PM}(t) &= U_{cm}\cos\varphi(t) \\
&= U_{cm}\cos[\omega_c t + K_p U_{\Omega m}\cos\Omega t] \\
&= U_{cm}\cos(\omega_c t + M_p\cos\Omega t)
\end{aligned} \tag{6-10}$$

调频信号和调相信号波形如图 6-2 所示，对于频率调制波形，已调信号的频率受调制信号控制，对应调制信号为最大值时调频信号的频率最高，波形最密，随着调制信号的改变，调制信号的频率也作相应的变化，当调制信号为最小时，调频信号频率最低，波形最疏，但振幅不变。对于相位调制波形，已调信号的相位受调制信号的控制，在调制波平坦的部分相位不变，正弦波的聚拢发生在调制波增大（由负变正）的时候，扩展发生在调制波减小（由正变负）的时候，但振幅不变。

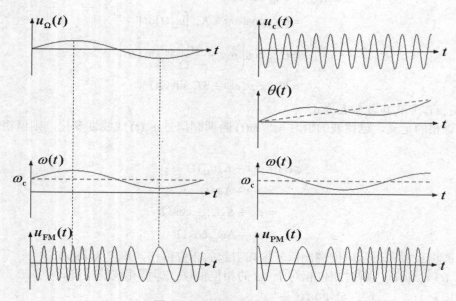

图 6-2  调频和调相信号波形

3. 调频与调相比较

（1）相位比较。

若调制信号为单一频率的余弦信号 $\cos\Omega t$ 时，PM 波的相位变化规律仍是 $\cos\Omega t$ 的形式；FM 波的频率变化规律是 $\cos\Omega t$ 的形式，FM 波的相位变化规律却是 $\sin\Omega t$ 的形式。两者在相位上差 90°。

（2）调制指数比较。

调频指数 $M_f = \dfrac{K_f U_{\Omega m}}{\Omega}$，它与调制信号的振幅成正比，而与调制角频率 $\Omega$ 成反比。

调相指数 $M_p = K_p U_{\Omega m}$，它与调制信号的振幅成正比，而与调制信号频率无关。

（3）最大频偏 $\Delta\omega_m$ 比较。

调频时，$\Delta\omega_m = K_f U_{\Omega m}$，它与调制信号的振幅成正比，而与调制信号频率无关。

调相时，$\Delta\omega_m = K_p U_{\Omega m}\Omega$，它与调制信号的振幅成正比，而与调制角频率 $\Omega$ 成正比。

调频信号和调相信号比较如表 6-1 所示。

表 6-1  调频信号和调相信号比较

| | 调制信号 $u_\Omega(t) = U_{\Omega m}\cos\Omega t$ | 载波信号 $u_c(t) = U_{cm}\cos\omega_c t$ |
|---|---|---|
| | 调频信号 | 调相信号 |
| 基本特征 | $\omega(t) = \omega_c + \Delta\omega(t) = \omega_c + K_f u_\Omega(t)$ | $\varphi(t) = \omega_c t + \Delta\varphi(t) = \omega_c t + K_p u_\Omega(t)$ |
| 瞬时频率 | $\omega(t) = \omega_c + \Delta\omega(t) = \omega_c + K_f u_\Omega(t)$ $= \omega_c + \Delta\omega_m \cos\Omega t = \omega_c + K_f U_{\Omega m}\cos\Omega t$ | $\omega(t) = \omega_c + K_p \dfrac{du_\Omega(t)}{dt}$ $= \omega_c - K_p U_{\Omega m}\Omega\sin\Omega t$ |
| 瞬时相位 | $\varphi(t) = \int \omega(t)dt = \omega_c t + K_f \int u_\Omega(t)dt$ $= \omega_c t + \dfrac{K_f U_{\Omega m}}{\Omega}\sin\Omega t = \omega_c t + M_f\sin\Omega t$ | $\varphi(t) = \omega_c t + \Delta\varphi(t) = \omega_c t + K_p u_\Omega(t)$ $= \omega_c t + K_p U_{\Omega m}\cos\Omega t = \omega_c t + M_p\cos\Omega t$ |
| 最大频偏 | $\Delta\omega_m = K_f U_{\Omega m} = M_f\Omega$ | $\Delta\omega_m = K_p U_{\Omega m}\Omega = M_p\Omega$ |
| 最大相移 | $\Delta\varphi_m = M_f = \dfrac{K_f U_{\Omega m}}{\Omega} = \dfrac{\Delta\omega_m}{\Omega} = \dfrac{\Delta f}{F}$ | $\Delta\varphi_m = M_p = K_p U_{\Omega m} = \dfrac{\Delta\omega_m}{\Omega} = \dfrac{\Delta f}{F}$ |
| 数学表达式 | $u_{FM}(t) = U_{cm}\cos\varphi(t) = U_{cm}\cos(\omega_c t + M_f\sin\Omega t)$ | $u_{PM}(t) = U_{cm}\cos\varphi(t) = U_{cm}\cos(\omega_c t + M_p\cos\Omega t)$ |

## 6.1.3  调频波的频谱与带宽

调频波的频带宽度：

$$BW_{FM} = 2(M_f + 1)F \tag{6-11}$$

$$\because\ M_f = \frac{K_f U_{\Omega m}}{\Omega} = \frac{\Delta\omega_m}{\Omega} = \frac{\Delta f_m}{F} \qquad \therefore\ BW_{FM} = 2(\Delta f_m + F)$$

$\Delta f_m$：调频信号的最大频偏。

根据 $M_f$ 的不同，调频分为窄带调频和宽带调频两种。若 $M_f < 1$，则 $BW_{FM} \approx 2F$，为窄带调频，其频谱的宽度约等于调制信号频率的两倍；若 $M_f > 1$，则 $BW_{FM} \approx 2\Delta f_m$，为宽带调频，其频谱的宽度约等于频率偏移 $\Delta f_m$ 的两倍，如图 6-3 所示。

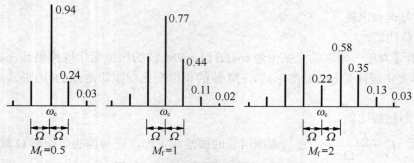

图 6-3　$M_f$ 为不同值时调频波的频谱

对于 FM 波，当 $M_f \gg 1$ 时，$BW_{FM} = 2(M_f + 1)F \approx 2\Delta f_m$，由于 $\Delta f$ 与 $F$ 无关，所以 $BW_{FM}$ 近似与 $F$ 无关。因此，FM 被称为恒定带宽调制。

对于 PM 波，当 $M_p \gg 1$ 时，$BW_{PM} = 2\Delta f_m$，此时 $\Delta f_m = K_p U_{\Omega m} F$，与 $F$ 成正比，即 PM 信号的带宽随调制信号频率而近似线性变化。

因此，在模拟调制时，除利用调相来获得 FM 信号外，很少采用 PM 调制。

# 6.2　调频电路

## 6.2.1　调频方法

调频方法有直接调频、间接调频、锁相调频。

### 1.　直接调频

用调制信号去控制高频载波振荡器的振荡频率，即控制振荡器中的可变电抗元件，通常是变容二极管，使振荡器瞬时频率随调制信号大小线性变化。

直接调频的电路基础是一个振荡器电路（如图 6-4 所示），优点是能够获得较大的频偏，缺点是频率稳定度较低。

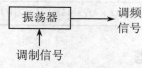

图 6-4　直接调频方法

### 2.　间接调频

先对调制信号积分，然后用积分后的调制信号对高频载波进行调相，得到调频信号，也就是由调相到调频，如图 6-5 所示。

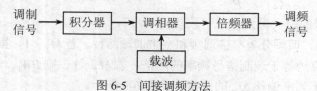

图 6-5　间接调频方法

间接调频的振荡器和调制器是分开的，因此可以获得较高的频率稳定度。但受线性调制的限制，相移、最大频偏都较小，通常不能满足要求，因此需要加倍频器，以扩展频偏。

3. 锁相调频

实现锁相调频的条件：①调制信号的频谱要处于低通滤波器通带之外；②锁相环只对载波频率的慢变化起调整作用，使其中心频率锁定在晶振频率上。锁相调频方法如图 6-6 所示。

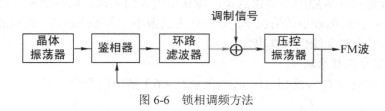

图 6-6　锁相调频方法

## 6.2.2　调频电路的性能指标

调频电路虽然有很多，但无论是哪种调频电路，均应有如下要求：

● 已调波的瞬时频率应与调制信号幅度成比例地变化，并要求调制灵敏度尽可能高，即单位调制电压的变化所产生的频率变化要大，但失真应尽可能小。

● 已调波的中心频率即载频应尽可能稳定。

● 最大频移 $\Delta f_{\mathrm{m}}$ 应与调制信号的频率 $F$ 无关。

● 寄生调幅应尽可能小。

1. 调制特性要求为线性

调制特性是描述瞬时频率偏移 $\Delta f(t)$ 随调制电压 $u_{\Omega}(t)$ 变化的特性，要求它在特定调制电压范围内是线性的，如图 6-7 所示。

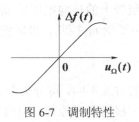

图 6-7　调制特性

2. 调制灵敏度

单位调制信号电压变化所产生的频率偏移，用 $S$ 表示。$S = \dfrac{\mathrm{d}\Delta f(t)}{\mathrm{d}u_{\Omega}(t)}\Big|_{u_{\Omega}(t)=0}$ 在线性调频范围内，$S$ 相当于 $K_{\mathrm{f}}$。

3. 最大频偏

当 $U_{\Omega\mathrm{m}}$ 一定时，在调制信号频率范围内，$\Delta f_{\mathrm{m}}$ 应保持不变。调频广播系统的要求是 75kHz，调频电视伴音系统的要求是 50 kHz。

4. 载波频率稳定性

调频广播系统要求载频漂移不超过±2kHz，调频电视伴音系统要求载频漂移不超过±500Hz。

### 6.2.3 变容二极管调频电路

变容二极管直接调频广泛应用于电调谐与自动调谐电路中，在调频信号发生器类测量仪器、通信设备的调频电路、自动频率控制电路等方面得到了普遍应用。

用变容二极管直接调频的主要优点是：能获得较大的频偏，电路简单，调整方便，所需的调制功率极小；在频偏较小的情况下，非线性失真很小。主要缺点是：调频波的中心频率稳定度低，在频偏较大时非线性失真也大。

**1. 变容二极管调频原理**

变容二极管结电容 $C_j$ 与反相电压 $u_R$ 的关系在 4.6.1 节中已介绍。

$$C_j = \frac{C_0}{\left(1+\frac{u_R}{U_D}\right)^\gamma} = \frac{C_0}{\left(1+\frac{U_Q+U_{\Omega m}\cos\Omega t}{U_D}\right)^\gamma} = \frac{C_{jQ}}{(1+m\cos\Omega t)^\gamma}$$

$\gamma$：变容指数，其值随半导体掺杂浓度和 PN 结的结构不同而变化。

$C_0$：外加电压 $u_R=0$ 时的结电容值。

$U_D$：PN 结的内建电位差。

$u_R$：变容二极管所加反向偏压的绝对值。

$m$：结电容调制系数 $m=\frac{u_{\Omega m}}{U_D+U_Q}<1$。

式中，$C_{jQ}$ 为静态结电容，$C_{jQ}=\frac{C_0}{\left(1+\frac{U_Q}{U_D}\right)^\gamma}$。

由于变容二极管接在振荡器回路中，其结电容成为回路电容的一部分。当调制电压 $u_\Omega$ 加在变容二极管上时，使加在变容二极管上的反向电压受 $u_\Omega$ 控制，从而使得变容二极管的结电容 $C_j$ 受 $u_\Omega$ 控制，则回路总电容 $C$ 也要受 $u_\Omega$ 控制，最后使得振荡器的振荡频率受 $u_\Omega$ 控制，即瞬时频率随 $u_\Omega$ 的变化而变化。

**2. 调频性能分析**

根据变容二极管接入振荡回路的方式不同，可分为全部接入或部分接入两类。现以三点式振荡器的等效电路为例来说明变容二极管调频原理。电路原理图如图 6-8 所示，图 6-8（a）电路中，$C_j$ 为回路中的总电容，则振荡器的角频率近似为：

$$\omega = \frac{1}{\sqrt{LC_j}} = \frac{1}{\sqrt{LC_{jQ}}}(1+m\cos\Omega t)^{\frac{\gamma}{2}} = \omega_0(1+m\cos\Omega t)^{\frac{\gamma}{2}} \tag{6-12}$$

式中，$\omega_0=\frac{1}{\sqrt{LC_{jQ}}}$ 为未加调制信号（$u_\Omega(t)=0$）时的振荡频率，它就是调频振荡器的中心频率（载频）。

调制后的变容二极管调频振荡器的振荡频率可以分以下两种情况分析。

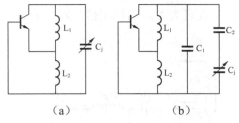

图 6-8　变容二极管调频

（1）如果变容二极管结电容变化指数 $\gamma = 2$，带入式（6-12）可得：

$$\omega(t) = \omega_0(1 + m\cos\Omega t) = \omega_0 + k_f\cos\Omega t \qquad (6\text{-}13)$$

式中，$k_f = \dfrac{\omega_0 U_{\Omega m}}{U_Q + U_D}$。这时振荡频率 $\omega(t)$ 在中心频率 $\omega_0$ 的基础上，频偏随调制信号 $u_\Omega(t)$ 成正比例变化，可以获得线性调频。

（2）如果变容二极管结电容变化指数 $\gamma \neq 2$，将式（6-12）按幂级数展开，即：

$$(1+x)^n = 1 + nx + \frac{n(n-1)}{2!}x^2 + \cdots$$

可得：$\omega(t) = \omega_0(1 + m\cos\Omega t)^{\frac{\gamma}{2}} = \omega_0\left[1 + \frac{\gamma}{2}m\cos\Omega t + \frac{1}{2!}\frac{\gamma}{2}(\frac{\gamma}{2}-1)m^2\cos^2\Omega t + \cdots\right]$

当 $m = \dfrac{u_{\Omega m}}{U_D + U_Q} < 1$ 时，忽略高次项，$\omega(t)$ 可近似表示为：

$$\omega(t) = \omega_0\left[1 + \frac{\gamma}{8}\left(\frac{\gamma}{2}-1\right)m^2\right] + \frac{\gamma}{2}m\omega_0\cos\Omega t + \frac{\gamma}{8}\left(\frac{\gamma}{2}-1\right)\omega_0 m^2\cos 2\Omega t \qquad (6\text{-}14)$$

$$= (\omega_0 + \Delta\omega_0) + \Delta\omega_m\cos\Omega t + \Delta\omega_{2m}\cos 2\Omega t$$

由此可见，当 $\gamma \neq 2$ 时，输出的频率中含有 $\cos\Omega t$ 的各次谐波项，存在非线性失真。同时还会存在中心频率偏移，即中心频率稳定度较低。

图 6-8（b）电路中，回路总电容是 $C_2$ 与 $C_j$ 相串联后再与 $C_1$ 相并联而得，故 $C_j$ 只是总电容的一部分。分析时，只要将表示 $C_j$ 的表达式代入总电容表达式，然后再将频率公式展开成傅里叶级数，即可求得所需结果。

3．变容二极管调频电路

如图 6-9 所示为 90MHz 变容二极管直接调频电路，由振荡器的等效电路可见，这是电容三点式电路，变容管部分接入振荡回路，它的固定反偏电压由+9V 电源经电阻 56kΩ 和 22kΩ 分压后取得，调制信号 $u_\Omega$ 经高频扼流圈 47μH 加至变容管起调频作用。各个 1000pF 电容对高频均呈短路作用，振荡管接成共基极组态。

如图 6-10 所示为双变容管直接调频电路，图 6-10（b）是简化的高频等效电路，由等效电路可见，该电路是电容三点式 LC 振荡电路，两个变容管的电容受调制电压 $u_\Omega$ 的控制；调整变容管的偏置电压及电感 L 的数值可使振荡器的中心频率从 50～100 MHz 的范围内变化；$L_1$、$L_2$、$L_3$、$L_4$ 均为高频扼流圈。两个变容管背靠背连接来实现调频。这种连接对调制信号 $u_\Omega$ 而言，$VD_1$、$VD_2$ 是并联的（$L_1$ 对低频调制信号短路，对高频调制信号开路），所以并不影响 $u_\Omega$ 对变容管电容的控制作用。$VD_1$、$VD_2$ 对高频振荡信号是串联的，因此每个变容管所加的高频电压仅为一个变容管的一半,这既可大大减弱高频信号对变容管的不利作用,又可削弱变容管对振荡回路 $Q$ 值的影响。

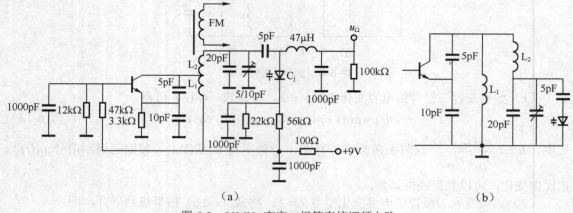

图 6-9  90MHz 变容二极管直接调频电路

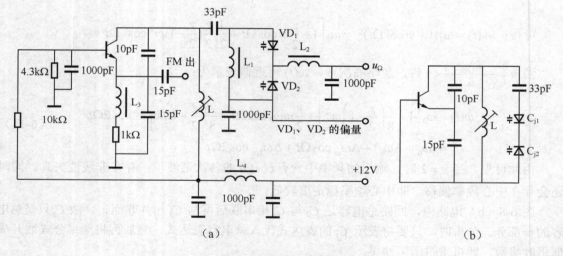

图 6-10  双变容管直接调频电路

### 6.2.4  电抗管调频电路

1. 组成

电抗管调频电路是由一只晶体管或场效应管加上由电抗和电阻元件构成的移相网络组成的。顾名思义,电抗管等效于一个电抗元件(电感或电容),不过它与普通的电抗元件不同,其参量可以随调制信号而变化。

2. 调频原理

将电抗管接入振荡器谐振回路,在低频调制信号控制下电抗管的等效电抗发生变化,从而使振荡器的瞬时振荡频率随调制电压而变,获得调频。

如图 6-11 所示是电抗管调频的原理电路，其中图（a）是晶体管电抗管调频原理图，图（b）是场效应管电抗管调频原理图。在图 6-11 中，a-a'两点左边即为电抗管，由晶体管（或场效应管）外加移相网络组成。在移相电路的元件 $Z_1$ 和 $Z_2$ 中必有一个为电阻，另一个为电感或电容。利用晶体管（或场效应管）的放大作用使集射电压与集电极电流之间（或漏源电压与漏极电流之间）的相位相差 90°，类似于一个电抗元件的电流电压间的相位关系。这样从图 6-11 中 a-a' 向左端看去就相当于一个电抗，输入低频调制信号，等效电抗随之线性改变，从而使载频也随之改变，实现调频。

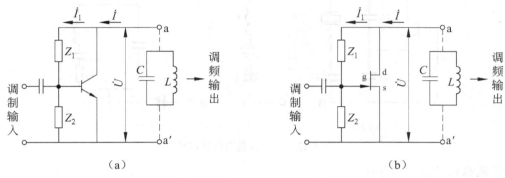

图 6-11　电抗管调频原理电路

## 6.2.5　晶体振荡器调频电路

变容二极管调频的优点是频偏较大，但中心频率稳定度较差，影响了它的应用。例如 88～108 MHz 的调频广播中，各个调频台的中心频率绝对稳定度不可超过±2kHz，否则和相邻电台就要发生相互干扰。若某台的中心频率为 100MHz，则该电台的振荡频率相对稳定度不应劣于 $2×10^{-5}$。

为了稳定调频波的中心频率，通常采用以下 3 种方法：

● 用晶体振荡器直接调频。
● 采用自动频率控制电路。
● 利用锁相环路稳频。

如图 6-12 所示是晶体振荡器直接调频原理图。图（a）所示是皮尔斯电路，变容管与石英晶体相串联，$C_j$ 受调制电压 $u_\Omega$ 的控制，因而石英晶体的等效电感也受到控制，即振荡器的振荡频率受到调制电压 $u_\Omega$ 的控制，获得了调频波。

### 1．调频原理

石英晶体振荡器的频率稳定度很高，电路参数的变化对振荡频率的影响是微小的。变容管 $C_j$ 的变化所引起的调频波的频偏是很小的。这个偏移值不会超出石英晶体串联、并联两个谐振频率差值的一半。一般而言，$f_s$ 与 $f_p$ 的差值只有几十至几百 Hz。对于中心频率为几十 MHz 的振荡器，其相对频率稳定度至少在 $10^{-5}$ 以上。

晶体振荡器调频可以获得较高的中心频率稳定度，但相对频偏很小（$10^4$ 量级），因此利用晶体振荡器直接调频产生 FM 信号时必须扩展频偏，方法有以下两种：

- 利用倍频和混频器分别扩展绝对频偏和相对频偏。
- 在晶体支路中串联一个小电感,使晶体的串联谐振频率从 $f_s$ 降低到 $f_{s1}$,扩展 $f_s$ 到 $f_p$ 之间的范围。

为了加大晶体振荡器直接调频电路的频偏,可在图 6-12(a)中的 $AB$ 支路内串联一个电感 $L$,如图 6-12(b)所示。$L$ 的串入减小了石英晶体静态电容 $C_0$ 的影响,扩展了石英晶体的感性区域,使 $f_s$ 与 $f_p$ 间的差值加大,从而增强了变容管控制频偏的作用,使频偏加大。

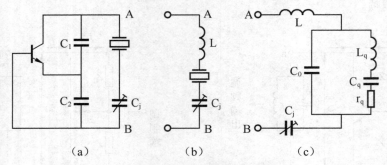

图 6-12  晶体振荡器直接调频

2. 晶体振荡器调频电路

如图 6-13 所示为中心频率为 4.3MHz 的晶体振荡器直接调频电路,图 6-13(b)是它的交流等效电路。

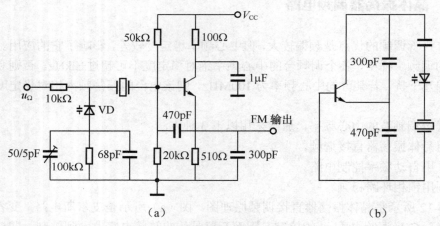

图 6-13  晶体振荡器直接调频电路

### 6.2.6  间接调频

在直接调频电路中,为了提高中心频率的稳定度,必须采取一些措施。在这些措施中,即使对晶体振荡器直接调频,其中心频率稳定度也不如不调频的晶体振荡器的频率稳定度高,而且其相对频移太小。为了提高调频器的频率稳定度,还可以采用间接调频的方法。所谓间接调频是指由调相波变为调频波,即调制不是在振荡器上直接进行的,而是在振荡器后边的调相器中进行的。

间接调频系统的组成框图如图 6-14 所示。它是先将调制信号 $u_\Omega(t)$ 进行积分，再对载波信号进行调相，从而获得 FM 波的输出。由于调制不是直接在振荡器中进行，所以中心频率的稳定度较之直接调频有了很大提高。

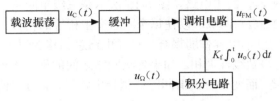

图 6-14  间接调频系统组成框图

当调制信号 $u_\Omega(t) = U_{\Omega m}\cos\Omega t$ 时，经积分后得：

$$u'_\Omega(t) = K_f \int_0^t u_\Omega(t)\mathrm{d}t = \frac{K_f U_{\Omega m}}{\Omega}\sin\Omega t \qquad (6\text{-}15)$$

然后用它作为调相的调制信号，则调相器输出为：

$$u_{FM}(t) = U_{cm}\cos\left[\omega_c t + u'_\Omega(t)\right] = U_{cm}\cos\left(\omega_c t + \frac{K_f U_{\Omega m}}{\Omega}\sin\Omega t\right) \qquad (6\text{-}16)$$
$$= U_{cm}\cos\left(\omega_c t + M_f\sin\Omega t\right)$$

由此可见，实现间接调频的关键是如何实现调相。调相也可以有多种方法，这里介绍两种常用的方法。

1. 可变移相法调相

移相网络有多种形式，如 RC 移相网络、LC 调谐回路移相网络等。将载频信号 $U_m\cos\omega_c t$ 通过一个移相网络后去接受调制信号 $u_\Omega$ 控制，即可实现调相。如图 6-15 所示是用变容管对 LC 调谐回路作可变移相的一种调相电路。由图可知，这是用调制电压 $u_\Omega$ 控制变容管电容 $C_j$ 的变化，由 $C_j$ 的变化实现调谐回路对输入载频信号的相移，具体过程为：

$$u_\Omega \rightarrow C_j \rightarrow f_0 \rightarrow \Delta f(=f\text{-}f_0) \rightarrow \Delta\varphi$$

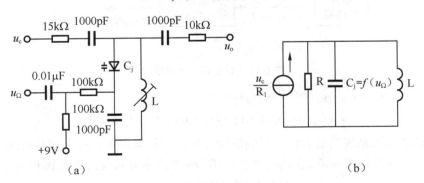

(a)                              (b)

图 6-15  变容二极管调相电路

根据 LC 调谐回路的分析，在 $u_\Omega = 0$ 时，回路谐振于载频 $f_0$，呈纯阻性，回路相移 $\Delta\varphi = 0$；当 $u_\Omega \neq 0$ 时，回路失谐，呈电感性或电容性，得相移 $\Delta\varphi > 0$ 或 $\Delta\varphi < 0$，其数学关系式为：

$$\Delta\varphi = -\arctan\left(Q\frac{2\Delta f}{f_0}\right) \qquad (6\text{-}17)$$

当 $\Delta\varphi<23°$ 时，式（6-17）可近似为：$\Delta\varphi \approx -Q\dfrac{2\Delta f}{f_0}$

单级 LC 回路的线性相位变化范围较小，一般在 23° 以下，为了增大调相系数 $M_p$，可以用多级单调谐回路构成的变容管调相电路。图 6-16 所示是三级单回路构成的移相电路，每个回路的 $Q$ 值由可变电阻（22kΩ）调节，以使每个回路产生相等的相移。为了减小各回路之间的相互影响，各回路之间均以小电容作弱耦合。这样电路总相移近似等于 3 个回路的相移之和。这种电路可在 90° 范围内得到线性调相。如果各级回路之间的耦合电容过大，则该电路就不能看成是 3 个单回路的串接，而变为三调谐回路的耦合电路了，这时即使相移较小也会产生较大的非线性失真。

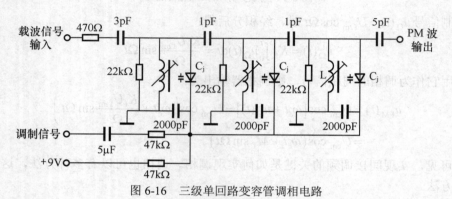

图 6-16　三级单回路变容管调相电路

**2. 可变时延法调相（脉冲调相）**

时延法调相是利用调制信号控制时延大小而实现调相的一种方法，周期信号在经过一个网络后，如果在时间轴上有所移动，则此信号的相角必然发生变化，其原理框图如图 6-17 所示。

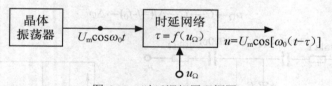

图 6-17　时延调相原理框图

图中：$\tau = K_p u_\Omega = K_p U_{\Omega m}\cos\Omega t = M_p\cos\Omega t$

$$u = U_m\cos\omega_0(f-\tau) = U_m\cos(\omega_0 t - M_p'\cos\Omega t) \qquad (6-18)$$

可变时延法调相系统的最大优点是调制线性好，相位偏移大，最大相移可达 144°，被广泛应用在调频广播发射机及激光通信系统中。图 6-18 所示是可变时延法调相系统电路组成的一个实例。

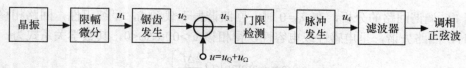

图 6-18　可变时延法调相系统

# 6.3　鉴频电路

## 6.3.1　鉴频方法

从调频信号中解调出调制信号的过程称为鉴频。在调频接收机中，起解调作用的部件是频率检波器，也叫鉴频器。鉴频就是把调频波中心频率的变化变换成电压的变化，即完成频率－电压的变换作用。

调频波的解调称为鉴频，调相波的解调称为鉴相。

鉴频器的主要特性是鉴频特性，就是它输出的低频信号电压和输入的已调波频率之间的关系。如图 6-19 所示是一个典型的鉴频特性曲线。鉴频特性的中心频率 $f_0$ 对应于调频信号的载频 $f_c$。当输入信号频率为载频时，输出电压为 0；当信号频率向左、右偏离中心 $\Delta f$ 时，分别得到负或正的输出电压。

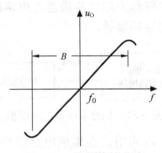

图 6-19　鉴频特性曲线

1. 鉴频器的主要技术指标

● 灵敏度 $g_d$（鉴频跨导）：指在中心频率 $f_0$ 附近，输出电压为 $\Delta u_o$ 与频偏 $\Delta f$ 的比值，称为鉴频灵敏度，也就是鉴频特性在 $f_0$ 附近的斜率。灵敏度高就意味着鉴频特性曲线更陡直，说明在较小的频偏下就能得到较大的电压输出。

● 线性范围 $B$：指的是鉴频特性近于直线的频率范围。在图 6-19 中就是两弯曲点之间的范围，此范围应大于调频信号的最大频偏。

● 非线性失真：在线性范围内鉴频特性只是近似线性，也存在着非线性失真。非线性失真应该尽量小。

● 对寄生调幅应有一定的抑制能力。

2. 鉴频方法

调频波的解调方法基本上有两类：第一类是利用锁相环路实现频率解调；第二类是将调频波进行特定的波形变换，使变换后的波形中包含有反映调频波瞬时频率变化规律的某种参量（电压、相位或平均分量），然后设法检测出这个参量，即可解调输出原始调制信号。

根据波形变换特点的不同可归纳为以下几种实现方法：

● 将调频波通过频率－幅度线性变换网络使变换后调频波的振幅能按其瞬时频率的规律变化，即将调频波变换成调频－调幅波，再通过包络检波器检测出反映幅度变化的解调电压。把这种鉴频器称为斜率鉴频器或振幅鉴频器，电路模型如图 6-20 所示。常用的有斜率鉴频器、微分鉴频器、差分峰值鉴频器等。

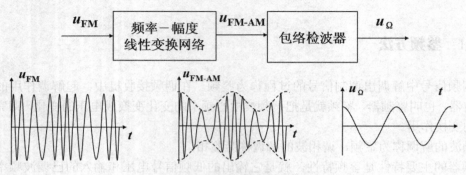

图 6-20　振幅鉴频器电路模型

● 将调频波通过频率—相位线性变换网络使变换后调频波的相位能按其瞬时频率的规律变化，即将调频波变换成调频—调相波，再通过相位检波器检测出反映相位变化的解调电压。把这种鉴频器称为相位鉴频器，电路模型如图 6-21 所示。常用的有互感耦合相位鉴频器、比例鉴频器等。

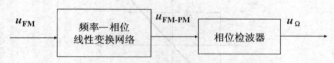

图 6-21　相位鉴频器电路模型

● 随着近年来集成电路的广泛应用，在集成电路调频机中较多采用的是移相乘积鉴频器。它是将输入 FM 信号经移相网络后生成与 FM 信号电压相正交的参考信号电压，它与输入的 FM 信号电压同时加入相乘器，相乘器输出再经低通滤波器滤波后便可还原出原调制信号，电路模型如图 6-22 所示。

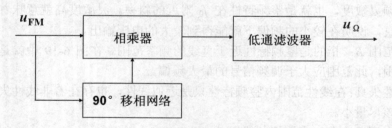

图 6-22　移相乘积鉴频器电路模型

● 将调频波通过具有合适特性的非线性变换网络使它变换为调频脉冲序列，由于该脉冲序列含有反映该调频信号瞬时频率变化的平均分量，因而通过低通滤波器便可得到反映平均分量变化的解调电压；也可以将调频脉冲序列通过脉冲计数器，直接得到反映瞬时频率变化的解调电压。将这种鉴频器称为脉冲计数式鉴频器，电路模型如图 6-23 所示。

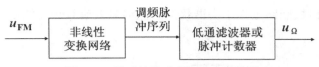

图 6-23　脉冲计数式鉴频器电路模型

## 6.3.2 振幅鉴频器

在振幅鉴频器中，斜率鉴频器很常用，斜率鉴频器的理论模型如图 6-24 所示。

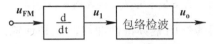

图 6-24　斜率鉴频器的理论模型

调频波：$u_{FM}(t) = U_{cm}\cos(\omega_c t + M_f \sin\Omega t) = U_{cm}\cos\left(\omega_c t + \dfrac{\Delta\omega_m}{\Omega}\sin\Omega t\right)$

经微分后得：$\dfrac{\mathrm{d}u_s}{\mathrm{d}t} = -U_{cm}(\omega_c + \Delta\omega_m\cos\Omega t)\sin(\omega_c t + M_f\sin\Omega t)$

由此可见，调频波经过微分后其幅度是变化的，变化规律正好反映了原调制信号 $u_\Omega$ 的状况，因此可用包络检波器将原调制信号解调出来。斜率鉴频器的信号波形如图 6-25 所示。

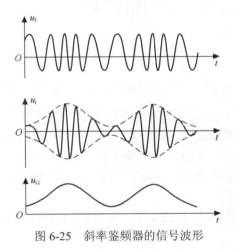

图 6-25　斜率鉴频器的信号波形

### 1. 单失谐回路斜率鉴频器

单失谐回路斜率鉴频器是由失谐单谐振回路和晶体二极管包络检波器组成的，如图 6-26 所示。其谐振电路不是调谐于调频波的载波频率，而是比它高或低一些，形成一定的失谐。由于这种鉴频器是利用并联 LC 回路幅频特性的倾斜部分将调频波变换成调幅调频波，故通常称它为斜率鉴频器。图 6-26 中虚线右侧为包络检波电路，虚线左侧为线性变换网络，将调频信号 $u_{FM}$ 转换成调频调幅信号 $u_{FM-AM}$，即将频率的变化转移到幅度上。

LC 组成的谐振回路固有谐振频率为 $\omega_0$，如果电路对其输入信号谐振，则输出电压幅度最大，若电路对其输入信号失谐，则对幅度相同而频率不同的输入信号产生不同幅度的电压输出，即 $LC$ 组成的谐振回路工作于失谐状态时能将输入信号频率的变化转化成输出信号幅度的变化。

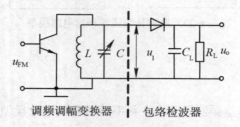

调频调幅变换器　　　　包络检波器

图 6-26　单失谐回路斜率鉴频器

在实际调整时，为了获得线性的鉴频特性曲线，总是使输入调频波的中心频率处于谐振特性曲线中接近直线段的中点，如图 6-27 所示。这样谐振电路电压幅度的变化将与频率成线性关系，就可将调频波转换成调幅调频波。再通过二极管对调幅波的检波便可得到调制信号 $u_\Omega$。

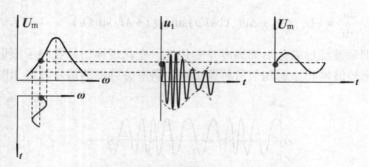

图 6-27　单失谐回路斜率鉴频器的工作原理

谐振电路处于失谐状态时，其幅频特性不是理想的线性关系，电路的线性范围与灵敏度都不理想，只有在很小的频率范围内近似线性，因此容易引起鉴频失真，它只允许输入调频信号的频率在很小的范围内变化，鉴频器的带宽很窄。但它具有抑制寄生调幅的作用，不仅能节省一级限幅电路，而且输入电压只要有 $0.05V \sim 1V$，电路就能正常工作。一般在调频广播接收和电视机中都采用斜率鉴频器。

为了改善单失谐回路斜率鉴频器的线性，展宽鉴频带宽，减小鉴频失真，可采用参差调谐斜率鉴频器。

### 2. 参差调谐斜率鉴频器

参差调谐斜率鉴频器如图 6-28 所示，这个电路是由上下两个单失谐回路斜率鉴频器构成的，图中上下两个并联谐振电路都工作于失谐状态，初级 $LC$ 回路调谐在输入调频信号的中心频率 $f_c$ 上，$f_1$ 为上谐振电路的固有谐振频率，$f_2$ 为下谐振电路的固有谐振频率，两个谐振回路对调频信号的中心频率 $f_c$ 对称失谐。$f_1 > f_c$，$f_2 < f_c$，且 $f_1 - f_c = f_c - f_2 = \Delta f_c$。

对于中心频率 $f_c$，两个回路的失谐量相等，$U_{o1} = U_{o2}$，从而总输出 $U_o = U_{o1} - U_{o2} = 0$；当频率自 $f_c$ 往高偏移时，即 $f > f_c$ 时，$U_{o1} > U_{o2}$，$U_o$ 为正值；当频率自 $f_c$ 往低偏移时，即 $f < f_c$ 时，$U_{o1} < U_{o2}$，$U_o$ 为负值。如图 6-29（b）所示，$U_o$ 对 $f$ 的曲线呈 S 形，故称为 S 曲线，它表示了鉴频器的鉴

频特性具有较好的线性。如果信号为调频波，其频率变换情况如图 6-29（c）所示，则可借助于 S 曲线得出相应的 $U_o$ 曲线。此曲线即为检出的调制信号 $u_\Omega$ 的轨迹，如图 6-29（d）所示。如果该调频波信号借助于 $U_{m1}$ 曲线，则检出的调制信号为 $u'_\Omega$，如图 6-29（e）所示。

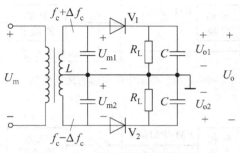

图 6-28　参差调谐斜率鉴频器

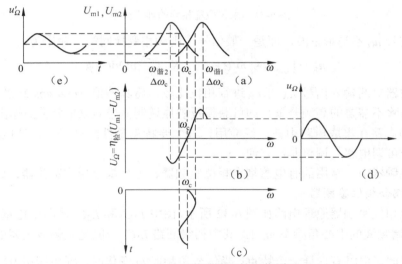

图 6-29　参差调谐鉴频器的工作原理

参差调谐斜率鉴频器的优点：鉴频灵敏度较高，其输出电压比单失谐回路斜率鉴频器的输出大一倍，线性范围也大有改善；缺点：要求上下两个回路严格对称，3 个回路要分别调谐到 3 个不同的准确频率上，给实际调整增加了困难。

### 6.3.3　相位鉴频器

相位鉴频器由两部分组成：①将调频信号的瞬时频率变化变换到附加相移上的频相转换网络；②检出附加相移变化的相位检波器。

相位检波器又称鉴相器，有乘积型和叠加型两种实现电路，如图 6-30 和图 6-31 所示。

调制信号：$u_\Omega(t) = U_{\Omega m} \cos \Omega t$

调频波：$u_{FM}(t) = U_{cm} \cos(\omega_c t + M_f \sin \Omega t)$

经频相变换网络后，若相位移为 $\Delta \varphi = \omega_c t_0 + M_f \Omega t_0 \cos \Omega t$，则频相变换网络的输出一定为

调频调相波，其数学表达式为：

$$u_A = V_{Am} \cos(\omega_c t + M_f \sin\Omega t - \omega_c t_0 - M_f \Omega t_0 \cos\Omega t)$$

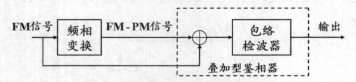

图 6-30　叠加型鉴相器的理论模型

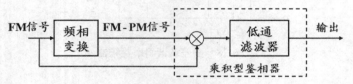

图 6-31　乘积型鉴相器的理论模型

若调制信号 $u_\Omega$ 不是余弦波，而是一般信号，则频相变换网络的输出为：

$$u_B = V_{Bm} \cos\left[ \omega_c(t - t_0) + K_F \int_0^{t-t_0} u\Omega dt + \phi_0 \right]$$

相位检波器对两输入信号 $u_A$ 与 $u_B$ 进行相位比较，将其差值 $M_f\Omega t_0\cos\Omega t$ 解调出来，经过低通滤波器去除不需要的高频分量，即可获得反映原调制信号 $\cos\Omega t$ 分量的输出。

这种鉴频电路在集成电路中被广泛应用，其主要特点是性能良好，片外电路十分简单，通常只有一个可调电感，调整非常方便。

在相位鉴频器中，常用的有电感耦合相位鉴频器、电容耦合相位鉴频器、比例鉴频器等。

**1. 电感耦合相位鉴频器**

电感耦合相位鉴频器原理电路如图 6-32 所示。图中 $L_1C_1$ 和 $L_2C_2$ 是两个松耦合的双调谐电路，都调谐于调频波的中心角频率 $\omega_c$ 上。其中初级回路 $L_1C_1$ 一般是限幅放大器的集电极负载。

这种松耦合双调谐电路有这样一个特点：当信号角频率 $\omega$ 变化时，副边谐振电路电压 $\dot{U}_2$ 对于原边电压 $\dot{U}_1$ 的相位随 $\omega$ 变化。检波器输入电压 $U_{d1}$、$U_{d2}$ 的大小随 $\omega$ 变化；每一检波器的输出电压 $U_{o1}$、$U_{o2}$ 也随 $\omega$ 变化；总的检波器输出电压 $U_o$ 随 $\omega$ 变化。这种鉴频器正是利用这种相位变化的特点将频率的变化转换成幅度变化的，所以叫相位鉴频器。

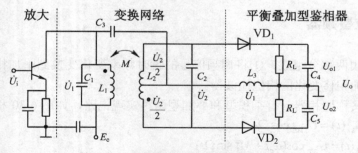

图 6-32　电感耦合相位鉴频器原理电路

电感耦合相位鉴频器等效电路如图 6-33 所示。

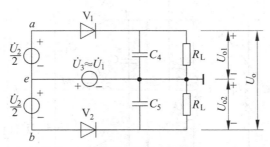

图 6-33    电感耦合相位鉴频器等效电路

## 2．电容耦合相位鉴频器

电容耦合相位鉴频器原理电路如图 6-34 所示。由于这种电路初级和次级回路的调谐与它们之间的耦合互不影响，因而调整比较容易。目前在移动通信机中广泛应用。

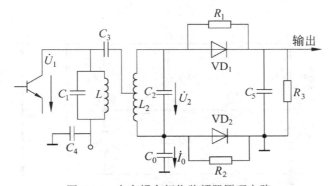

图 6-34    电容耦合相位鉴频器原理电路

电感耦合相位鉴频器与电感耦合相位鉴频器相比主要有以下 3 个不同点：

- 耦合回路改用电容耦合的形式。初次级线圈 $L_1$ 和 $L_2$ 分别屏蔽，只要改变 $C_3$ 或 $C_0$ 的大小即可调节耦合的松紧，实际上是调整 $C_0$ 来改变鉴频特性。
- 将两个检波电路的两个负载电阻和旁路电容合成一个，并将中心接地改为单端接地。
- 取消了作为直流通路的电感 $L_3$，而加了与检波管并联的电阻 $R_1$、$R_2$。这两个电阻可作为泄放 $C_3$ 上电荷的直流通路。

## 3．比例鉴频器

使用相位鉴频器时，在它的前级必须加限幅器，以去掉调频波的寄生调幅。如果想对相位鉴频器进行改进以获得一定的限幅作用，可以通过比例鉴频器来实现，比例鉴频器就是具有鉴频和限幅功能的电路，原理电路如图 6-35 所示，等效电路如图 6-36 所示。

与相位鉴频器相比，比例鉴频器有以下 3 个不同点：

- 一个二极管 $VD_1$ 反接。
- 有一个大容量电容 $C_5$（一般取 $10\mu F$）跨接在电阻（$R_3+R_4$）两端。
- 检波电阻中点和检波电容中点断开，输出电压取自 $M$、$E$ 两端，而不是取自 $F$、$G$ 两端。在负载电阻 $R_L$ 中，$C_3$ 和 $C_4$ 放电电流的方向相反，因而起到了差动输出的作用。

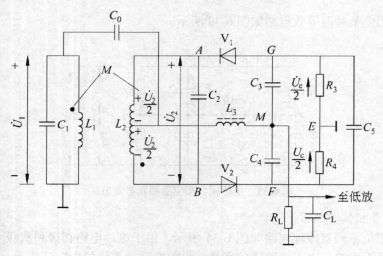

图 6-35  比例鉴频器原理电路

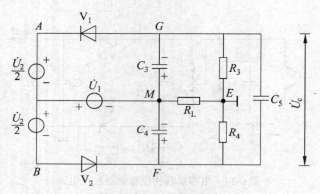

图 6-36  比例鉴频器等效电路

工作原理：加到上、下两包络的输入电压：

$$\dot{U}_{d1} = -\dot{U}_1 - \frac{\dot{U}_2}{2} = -\left(\dot{U}_1 + \frac{\dot{U}_2}{2}\right) \qquad \dot{U}_{d2} = \dot{U}_1 - \frac{\dot{U}_2}{2}$$

比例鉴频器的输出电压：

$$U_o = U_{o1} - \frac{U_c}{2} = \frac{1}{2}(U_{o1} - U_{o2})$$

$$= \frac{1}{2} \cdot \frac{(U_{o1} + U_{o2})(U_{o1} - U_{o2})}{(U_{o1} + U_{o2})}$$

$$= \frac{1}{2}U_c \cdot \frac{U_{o1} - U_{o2}}{U_{o1} + U_{o2}} = \frac{1}{2}U_c \cdot \frac{1 - U_{o2}/U_{o1}}{1 + U_{o2}/U_{o1}}$$

限幅原理：由于 $U_c$ 恒定不变，$U_o$ 只取决于比值 $U_{o2}/U_{o1}$，所以把这种鉴频器称为比例鉴频器。如果输入调频信号伴随有寄生调幅现象，使 $U_{o1}$ 和 $U_{o2}$ 同时增大或减小，比值 $U_{o2}/U_{o1}$ 可维持不变，因而输出电压与输入调频波的幅度变化无关，该电路有抑制寄生调幅作用。

### 6.3.4 脉冲计数式鉴频器

脉冲计数式鉴频器是将输入信号先进行宽带放大和限幅，然后进行微分，得到一串等幅等宽的脉冲，并在规定的时间内计算脉冲的个数，从而实现解调的一种电路。

脉冲计数式鉴频器也叫脉冲均值鉴频器，是利用调频波过零点的信息来进行鉴频的。因为调频波的频率是随调制信号而变化的，所以调频信号在相同的时间间隔内过零点的数目就会不相同。在频率高的地方过零点的数目就多，在频率低的地方过零点的数目就少。利用这个特点，在每个过零点处形成一个等幅等宽的脉冲。这个脉冲序列的平均分量就反映了频率的变化。用低通滤波器或脉冲计数器取出这个平均分量就是所需的调制信号。其电路模型如图 6-37 所示。

图 6-37 脉冲计数式鉴频器电路模型

如图 6-38 所示是实现脉冲计数式鉴频电路多种方案中的一种。从波形图中可以看出，调频波 $u_{FM}(t)$ 先是被宽带放大和限幅变成调幅方波信号 $u_1$，然后通过微分电路变成 $u_2$，再通过半波整流电路变成单向脉冲 $u_3$；再用脉冲形成电路（如单稳态触发器）将微分脉冲序列变换为持续时间为 $\tau$ 的矩形脉冲序列 $u_4$，这个矩形脉冲序列的疏密直接反映了调频信号的频率变化；最后通过低通滤波器就可以取出在规定时间间隔内反映频率变化的平均电压分量，就得到了原调制信号。

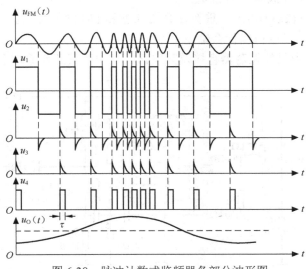

图 6-38 脉冲计数式鉴频器各部分波形图

在鉴频灵敏度要求不高的场合，有时可以省去脉冲形成电路，而直接将整流输出的单极性尖脉冲送到低通滤波器，以获得解调信号。

脉冲计数式鉴频器的优点是线性好、频带宽、中心频率范围宽，适于解调相对频偏 $\Delta f/f_c$ 大的调频波。由于脉冲形成电路的输出脉冲幅度大，因而克服了检波特性非线性的影响，减小了失真，扩大了线性鉴频范围。由于它不需要调谐回路，使之能够工作在相当宽的中心频率范围内，也不存在由于元件老化而产生的调谐漂移问题。同时，去掉了调谐回路，易于实现电路的集成化。

脉冲计数式鉴频电路的缺点是它的工作频率受到脉冲形成电路可能达到的最小持续时间 $\tau_{min}$ 的限制，其实际工作频率通常为 1Hz～10MHz。如果在宽带放大限幅电路后面加入高速脉冲分频器将调频信号的频率降低，则鉴频器的工作频率可以高到 100MHz 左右。

# 思考题与习题

1. 角度调制与振幅调制的主要区别是什么？

2. 设调角波的表达式为 $u(t)=5\cos(2\times10^6\pi t+5\cos2\times10^3\pi t)$V：

（1）求载频 $f_c$、调制频率 $F$、调制指数 $m$、最大频偏 $\Delta f_m$、最大相偏 $\Delta\varphi_m$ 和带宽。

（2）这是调频波还是调相波？求相应的原调制信号（设调频时 $K_f=2$kHz/V，调相时 $K_p=1$rad/V）。

3. 鉴频器有什么作用？什么是鉴频器的鉴频特性？

4. 载波振荡频率 $f_c=25$MHz，振幅 $U_{cm}=4$V，调制信号为单频正弦波，频率 $F=400$Hz，频偏 $\Delta f_m=10$kHz：

（1）写出调频波和调相波的数学表达式。

（2）若调制信号频率变为 $F=2$kHz，其他不变，写出调频波和调相波的数学表达式。

5. 有一个 AM 和 FM 波，载频均为 1MHz，调制信号均为 $u_\Omega(t)=0.1\sin(2\pi\times10^3 t)$V。FM 灵敏度为 $k_f=1$kHz/V，动态范围大于 20V：

（1）求 AM 波和 FM 波的信号带宽。

（2）若 $u_\Omega(t)=20\sin(2\pi\times10^3 t)$V，重新计算 AM 波和 FM 波的带宽。

（3）由（1）、（2）可以得出什么结论？

6. 如图 6-39 所示为晶体振荡器直接调频电路，试说明其工作原理及各元件的作用。

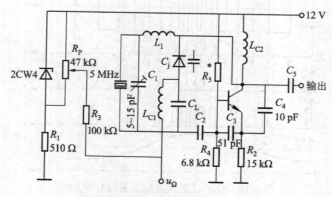

图 6-39　晶体振荡器直接调频电路

7. 试说明调频立体声广播和接收的原理。

# 任务一 调频电路仿真分析——变容二极管调频与锁相环调频

### 一、目的

（1）建立变容二极管调频仿真电路，测试信号波形，分析结果。
（2）建立锁相环调频仿真电路，测试信号波形，分析结果。

### 二、仪器和设备

计算机：安装 Multisim 电路仿真软件。

### 三、原理

1. 调频信号
调频波形如图 6-40 所示。

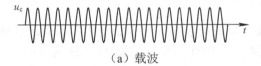

（a）载波

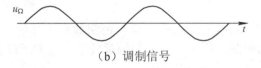

（b）调制信号

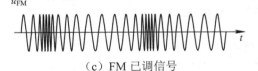

（c）FM 已调信号

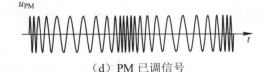

（d）PM 已调信号

图 6-40　调频波形

调制信号：$u_\Omega(t) = U_{\Omega m} \cos \Omega t = U_{\Omega m} \cos 2\pi F t$

载波：$u_c(t) = U_{cm} \cos \omega_c t = U_{cm} \cos 2\pi f_c t$

调频信号：

$$u_{FM}(t) = U_{cm} \cos \varphi(t) = U_{cm} \cos[\omega_c t + K_f \int u_\Omega(t) dt]$$

$$= U_{cm} \cos\left(\omega_c t + \frac{K_f U_{\Omega m}}{\Omega} \sin \Omega t\right) = U_{cm} \cos(\omega_c t + M_f \sin \Omega t)$$

$M_f = \dfrac{K_f U_{\Omega m}}{\Omega}$：调频指数。

2. 调频方法
（1）直接调频。

用调制信号去控制高频载波振荡器的振荡频率（即控制振荡器中的可变电抗元件，通常是变容二极管），使振荡器瞬时频率随调制信号大小线性变化，如图 6-41 所示。

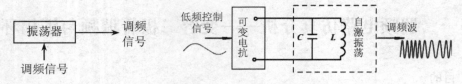

图 6-41　直接调频

直接调频的电路基础是一个振荡器电路，其优点是能够获得较大的频偏，缺点是频率稳定度较低。

（2）间接调频。

先对调制信号积分，然后用积分后的调制信号对高频载波进行调相，得到调频信号，也就是由调相到调频，如图 6-42 所示。

图 6-42　间接调频

间接调频的振荡器和调制器是分开的，因此可以获得较高的频率稳定度。但受线性调制的限制，相移、最大频偏都较小，通常不能满足要求，因此需要加倍频器，以扩展频偏。

（3）锁相调频。

直接调频电路的振荡器中心频率稳定度较低，而采用晶体振荡器的调频电路，其调频范围又太窄。采用锁相环的调频器可以解决这个矛盾，如图 6-43 所示。

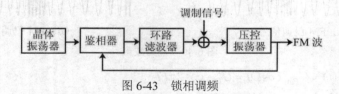

图 6-43　锁相调频

实现锁相调频的条件是调制信号的频谱要处于低通滤波器通带之外，也就是说锁相环路只对慢变化的频率偏移有响应，使压控振荡器的中心频率锁定在稳定度很高的晶振频率上。而随着输入调制信号的变化，振荡频率可以发生很大偏移。

四、内容与步骤

1. 变容二极管调频电路

直接调频就是用调制信号去控制振荡器的工作状态，改变其振荡频率，以产生调频信号。如果被控电路是 LC 振荡器，由于 LC 振荡器的振荡频率主要由 LC 振荡回路的电感 $L$ 与电容 $C$ 的数值决定。若在 LC 振荡回路中加入可变电抗，用低频调制信号去控制可变电抗的参数，即可产生振荡频率随调制信号变化的调频波。

变容二极管就是用调制信号控制变容二极管的电容，变容二极管通常接在 LC 振荡器的电路中作为随调制信号变化的可变电容，从而使振荡器的频率随调制信号变化而变化，达到调频目的。

变容二极管调频电路是目前应用最广泛的直接调频电路。变容二极管是一种电压控制的可变可控电抗元件。利用它的结电容随反向电压而变化这一特性可以很好地实现调频。变容二极管调频电路在移动通信和自动频率微调系统中广泛应用，优点是工作频率高，固有损耗小且线路简单，能获得较大的频偏；缺点是中心频率稳定度较低。

变容二极管直接调频电路如图 6-44 所示。该频率调制电路是在上部的电容反馈 LC 振荡器电路的基础上插入下部的变容管及其偏置电路组成的。图中 V3 为变容二极管直接调频电路直流电源，V1 为调制信号，V2 为变容二极管的直流偏置电源。变容二极管 VD2 作为回路总电容全部接入振荡回路；R3 为隔离电阻，用以减小偏置电路及外界测量仪器的内阻对变容二极管振荡回路的影响，低频调制信号电压 V1 通过高频扼流线圈 L3 加到变容二极管两端，L3 对低频调制信号呈现低阻抗，易于低频信号输入，而对载频呈现高阻抗，以减小信号源的内阻对振荡回路的影响；C9 为高频旁路电容，它对低频调制信号呈高阻抗。图 6-44 中的 R5、R2、R1 构成晶体管 Q1 的偏置电路。改变 R5 可以改变晶体管 Q1 的工作点。

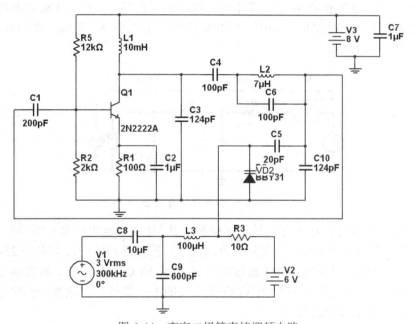

图 6-44　变容二极管直接调频电路

运行仿真程序，测试调频波形，如图 6-45 和图 6-46 所示。该调频波的中心频率是电容反馈 LC 振荡器的中心频率，其瞬时角频偏与调制信号 V1 的幅度成正比。

2. 锁相环调频电路

直接调频电路的振荡器中心频率稳定度较低，而采用晶体振荡器的调频电路，其调频范围又太窄。采用锁相环的调频器可以解决这个矛盾。

实现锁相调频的条件是调制信号的频谱要处于低通滤波器通带之外，也就是说锁相环路只对慢变化的频率偏移有响应，使压控振荡器的中心频率锁定在稳定度很高的晶振频率上。而随着输入调制信号的变化，振荡频率可以发生很大偏移。锁相环是一种自动相位控制系统，广泛应用于通信、雷达、导航和各种测量仪器中。

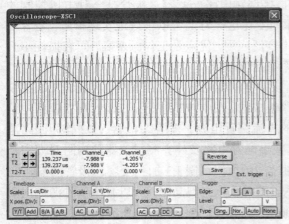

图 6-45　FM 波的波形与调制信号的波形

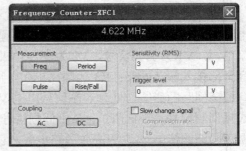

图 6-46　振荡频率显示

锁相环仿真模型如图 6-47 所示。基本的锁相环由鉴相器（PD）、环路滤波器（LP）和压控振荡器（VCO）3 个部分组成。图中，鉴相器由模拟乘法器 A1 实现，压控振荡器为 V3，环路滤波器由 $R_1$、$C_1$ 构成。

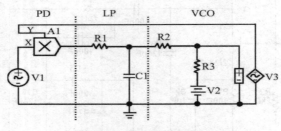

图 6-47　锁相环仿真模型

锁相环调频电路如图 6-48 所示。设置压控振荡器 V1 在控制电压为 0 时输出频率 0，控制电压为 5V 时输出频率为 50kHz。这实际上就选定了压控振荡器的中心频率为 25kHz，为此设定直流电压 V3 为 2.5V。调制电压 V3 通过电阻 $R_4$ 接到 VCO 的输入端，$R_4$ 实际上是作为调制信号源 V3 的内阻，这样可以保证加到 VCO 输入端的电压是低通滤波器的输出电压和调制电压之和，从而满足了原理图的要求。

VCO 输出波形和输入调制电压 V3 的关系如图 6-49 所示。由图可见，输出信号频率随着输入信号的变化而变化，从而实现了调频功能。

### 五、结论

对两种调频方案进行比较。

变容二极管直接调频方案：电路比较简单，浅显易懂，电路连接也比较简单，容易实现，但是使用元件较多，电路有些冗繁，性价比较低，创新性也不足，使用电路原理有些单一，调制效果不明显。变容二极管调频仿真分析测试电路如图 6-50 所示。

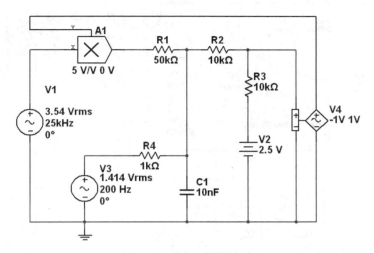

图 6-48 锁相环调频电路

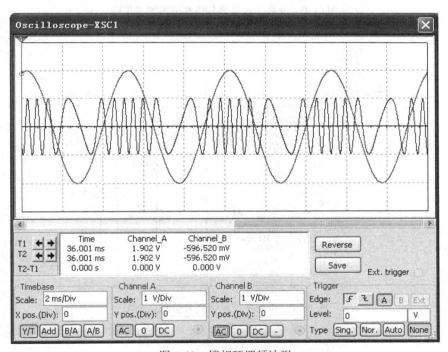

图 6-49 锁相环调频波形

锁相环间接调频方案：直接调频电路的振荡器中心频率稳定度较低，而采用晶体振荡器的调频电路其调频范围又太窄，采用锁相环的调频器可以解决这个矛盾，电路简单，调频效果明显。锁相环调频仿真分析测试电路如图 6-51 所示。

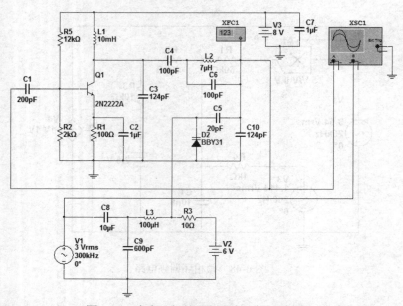

图 6-50　变容二极管调频仿真分析测试电路

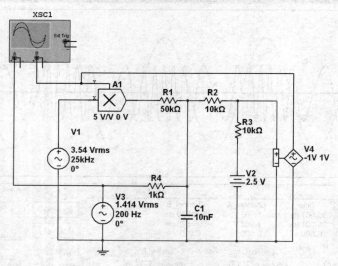

图 6-51　锁相环调频仿真分析测试电路

# 任务二　鉴频电路仿真分析——斜率鉴频器与锁相环鉴频

## 一、目的

（1）建立斜率鉴频器仿真电路，测试信号波形，分析结果。

（2）建立锁相环鉴频仿真电路，测试信号波形，分析结果。

## 二、仪器和设备

计算机：安装 Multisim 电路仿真软件。

## 三、原理

调频波的解调称为鉴频，调相波的解调称为鉴相。鉴频器的主要特性是鉴频特性，就是它输出的低频信号电压和输入的已调波频率之间的关系。

（1）振幅鉴频器。

将调频波通过频率－幅度变换网络变成幅度随瞬时频率变化的调幅调频波，再经包络检波器检出调制信号。常用的有斜率鉴频器、微分鉴频器、差分峰值鉴频器等。

（2）相位鉴频器。

将调频波通过频率－相位变换网络变成调频调相波，然后通过相位检波器检出调制信号。常用的有互感耦合相位鉴频器、比例鉴频器等。相位检波器又称鉴相器，有乘积型和叠加型两种实现电路。

（3）脉冲计数式鉴频器。

脉冲计数式鉴频器是将输入信号先进行宽带放大和限幅，然后进行微分，得到一串等幅等宽的脉冲，并在规定的时间内计算脉冲的个数，从而实现解调的一种电路。

## 四、内容与步骤

1. 单失谐回路斜率鉴频器电路

单失谐回路斜率鉴频器电路和工作原理如图 6-52 和图 6-53 所示，LC 谐振回路的中心频率 $\omega_0 = \dfrac{1}{\sqrt{LC}}$，$\omega_0 \neq \omega_C$。$\omega_C$ 失谐在 LC 单调谐回路幅频特性的上升或下降沿的线性段中点，利用该点附近的一段近似线性的幅频特性将调频波转变成调幅调频波。

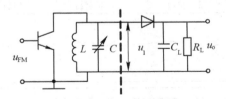

图 6-52　单失谐回路斜率鉴频器电路

单失谐回路斜率鉴频器的缺点：鉴频特性曲线线性鉴频范围小，非线性失真较大。

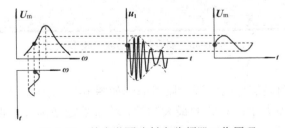

图 6-53　单失谐回路斜率鉴频器工作原理

能够完成对调频信号解调的电路称为鉴频器，它能将调频波进行变换，恢复出原始调制信号的幅度或相位。鉴频器的类型和电路很多，有斜率鉴频器（又称幅度鉴频器）和相位鉴频器。利用 Multisim 创建斜率鉴频器电路如图 6-54 所示。该电路利用失谐的 LC 谐振回路实现斜率鉴频。其中，V1 是输入调频波，幅值为 2V，中心频率为 1MHz，调制信号频率为 70kHz，$L_1$、$C_1$ 是频幅变换电路，$VD_1$、$C_2$、$R_2$ 组成包络检波电路。它利用 LC 谐振回路构成的频幅变换网络将调频信号变换为 FM 调制信号（图 6-55 上方的波形），然后利用包络检波电路恢复出原调制信号（图 6-55 下方的波形）。由图 6-55 可知本电路为失谐回路，故调频波变为调幅调频波。解调波形（图 6-55 下方的波形）由于参数不完美而导致不是完整波形，出现失真。电路虽简单但鉴频特性较差。

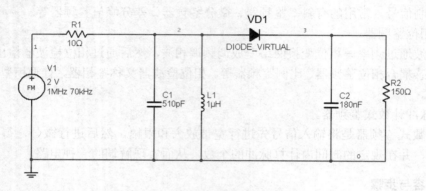

图 6-54　单失谐回路鉴频仿真电路

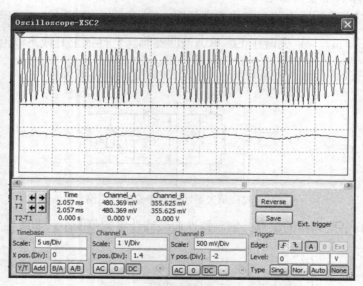

图 6-55　斜率鉴频器输出波形

## 2. 锁相环鉴频电路

用锁相环可以实现调频信号的解调，原理框图如图 6-56 所示。为了实现不失真的解调，要求锁相环的捕捉带必须大于调频波的最大频偏，环路带宽必须大于调频波中输入信号的频谱宽度。

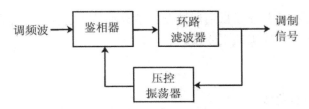

图 6-56 锁相环鉴频电路的原理框图

图 6-57 所示为锁相鉴频电路的仿真电路。图中的压控振荡器的设置与锁相环调频电路相同。为了进一步改善低通滤波器的输出波形，在 $R_1$、$C_1$ 的输出端又串接了一级低通滤波电路 $R_4$、$C_2$。

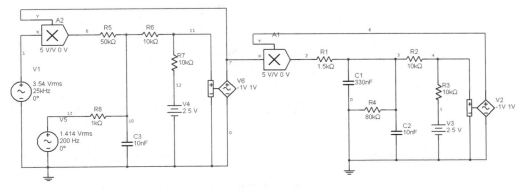

图 6-57 锁相环鉴频仿真电路

由于锁相环鉴频时要求调制信号要处于低通滤波器的通带之内，因此电阻 $R_1$ 的阻值要比调频电路中的阻值小。本电路中，$R_1$= 1.5kΩ。仿真波形如图 6-58 所示。由图可见，该电路实现了鉴频功能。如果将 $R_4$、$C_2$ 的输出作为 VCO 的输入，则仿真结果不再正确，在实际仿真时需要注意。

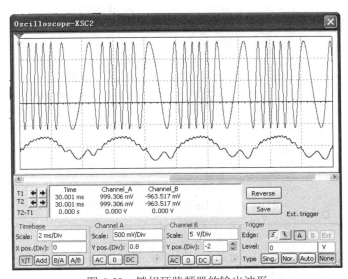

图 6-58 锁相环鉴频器的输出波形

由图可知，由于压控振荡器及低通滤波器的参数不是特别合适，导致输出波形出现毛刺，而不能很好地实现滤波输出完美的正弦波。

### 五、结论

对两种鉴频方案进行比较。

单失谐回路斜率鉴频器方案：优点是电路简单，成本低，仿真简单；缺点是鉴频特性曲线线性鉴频范围小，非线性失真较大。单失谐回路鉴频仿真分析测试电路如图 6-59 所示。

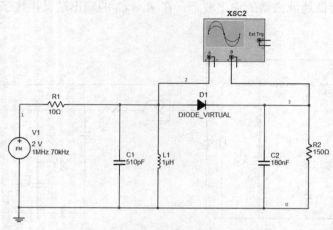

图 6-59 单失谐回路鉴频仿真分析测试电路

锁相环鉴频电路方案：环路输入频率跟随输出频率变化，即跟踪，实现环路锁定困难，毛刺无法消除。锁相环鉴频仿真分析测试电路如图 6-60 所示。

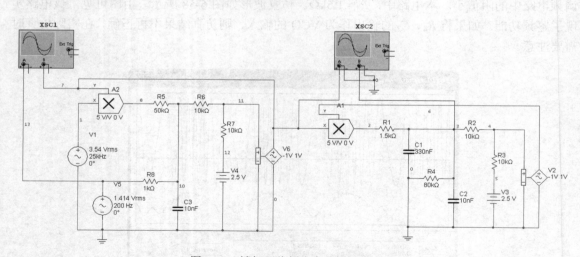

图 6-60 锁相环鉴频仿真分析测试电路

# 第7章 数字调制与解调

从调制信号的形式来看，第 5 章的振幅调制与第 6 章的角度调制都属于模拟调制，除了模拟调制外，还有一类数字调制。

所谓数字调制是指数字基带信号控制高频载波的过程。与模拟调制一样，数字调制可以对正弦载波的振幅、频率、相位进行调制，分别为振幅键控（Amplitude Shift Keying，ASK）、频率键控（Frequency Shift Keying，FSK）、相位键控（Phase Shift Keying，PSK）。

数字信息有二进制和多进制之分，所以数字调制可以分为二进制调制和多进制调制。在二进制调制中，调制信号是二进制数字基带信号，因此信号参量只有两种可能的取值，二进制数字基带信号对载波进行调制，载波的幅度、频率、相位只有两种变化状态。

二进制调制是多进制调制的基础，本章主要讨论二进制数字调制与解调的原理。在第 5 章和第 6 章的基础上深入讨论数字调制中的二进制振幅键控（2ASK）、二进制频移键控（2FSK）、二进制相移键控（2PSK）和二进制差分相移键控（2DPSK）的调制原理与解调原理。

二进制数字调制方式的调制原理与解调原理如下：

（1）二进制数字调制是用二进制数字基带信号控制高频载波的振幅、频率、相位的过程，分别称为二进制振幅键控（2ASK）、二进制频率键控（FSK）、二进制相位键控（PSK），以及 2PSK 的改进形式——二进制差分相移键控（2DPSK）。

（2）二进制振幅键控（2ASK）是最早的数字调制方式，2ASK 的调制原理和模拟调制中的 AM 方式类似，其中数学表达式、波形图、功率谱密度和 AM 信号类似，其带宽也是调制信号带宽的 2 倍；调制方法也可以采用模拟调幅的方法即相乘器来实现，还可以用数字调制方式所特有的键控法来实现。和 AM 信号一样，2ASK 信号的解调方法也有两种：相干解调法（乘积型同步检波法）和非相干解调法（包络检波法）。

（3）根据二进制频移键控（2FSK）的定义，一路 2FSK 信号可以看成是两路不同载频（$f_1$、$f_2$）的 2ASK 信号的叠加。因此，2FSK 信号的数学表达式、波形图、功率谱密度和 2ASK 信号类似，但其带宽不是调制信号带宽的 2 倍；当然 2FSK 信号可以看做是特殊的 FM，因此调制方法可以采用模拟调频法和键控法来实现。若将 2FSK 信号看做两路载频不同的 2ASK 信号，则其解调可以采用分路解调；当然也可以采用模拟 FM 信号的解调方法进行解调，比如过零检测法就是第 6 章的脉冲计数式鉴频器。

（4）根据二进制相移键控（2PSK）的定义，2PSK 可以看做二进制基带信号为双极性信号的 2ASK，因此其数学表达式、波形图、功率谱密度和 2ASK 信号类似，其带宽也是调制信号带宽的 2 倍；调制方法也可以采用相乘器和键控法来实现。2PSK 方式属于等幅调制，因此 2PSK 信号的解调不能采用 2ASK 的非相干解调方法，只能采用相干解调方法。

（5）二进制差分相移键控（2DPSK）克服了 2PSK 的倒 π 现象。2DPSK 调制方法是先进行绝对码/相对码变换，再对相对码进行 2PSK 调制。其解调方法之一可以是上述调制的逆过程，即先进行 2PSK 解调，再进行相对码/绝对码变换——极性比较法。还有一种差分相干解调法，解调过程并不需要码反变换器。

# 7.1　二进制振幅键控

## 7.1.1　2ASK 调制原理

二进制振幅键控（2ASK）是指高频载波的振幅随二进制数字基带信号变化，其振幅变化只有两种情况。

### 1. 2ASK 信号的数学表达式及波形

设载波 $u_c(t) = \cos\omega_c t$，二进制基带信号为：

$$s(t) = \sum_{n=-\infty}^{\infty} a_n g(t - nT_s) \tag{7-1}$$

式中，$g(t)$ 为二进制基带信号的波形，它可以是矩形脉冲、升余弦脉冲或钟形脉冲等，$T_s$ 为码元的宽度。$a_n$ 为二进制数字信息，当第 $n$ 个码元为 1 时，$a_n$ 等于 1；当第 $n$ 个码元为 0 时，$a_n$ 等于 0，则 2ASK 信号的数学表达式为：

$$u_{2\text{ASK}}(t) = s(t)u_c(t) = \left[\sum_{n=-\infty}^{\infty} a_n g(t - nT_s)\right]\cos\omega_c t \tag{7-2}$$

其典型波形如图 7-1 所示。

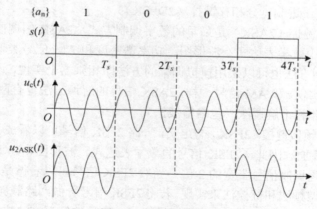

图 7-1　2ASK 信号波形

### 2. 2ASK 信号的功率谱密度

由于 2ASK 信号是随机的功率型信号，因此研究它的频谱特性时应讨论它的功率谱密度。根据式（7-2），假设二进制基带信号 $s(t)$ 是随机的单极性矩形脉冲序列，其功率谱密度为 $P_s(f)$，2ASK 信号的功率谱密度为 $P_{2\text{ASK}}(f)$，则由式（7-2）和信号的功率谱密度特性可得：

$$P_{2ASK}(f) = \frac{1}{4}[P_s(f+f_c) + P_s(f-f_c)] \qquad (7-3)$$

可见，2ASK 信号的功率谱密度是二进制基带信号功率谱密度的线性搬移，因此二进制振幅键控属于线性调制。

单极性矩形脉冲序列的功率谱如图 7-2（a）所示，其数学表达式为：

$$P_s(f) = f_s P(1-P)|G(f)|^2 + f_s^2 P^2 |G(0)|^2 \delta(f) \qquad (7-4)$$

式中，$f_s = 1/T_s$ 为码元传输速率，$P$ 为数字信息"1"的统计概率，$G(f)$ 是单个基带信号码元 $g(t)$（相当于门函数）的频谱，即 $G(f) = T_s Sa(\pi f T_s)$，其中函数 $Sa(x) = \sin x / x$，$\delta(f)$ 为冲激函数。将式（7-4）带入式（7-3）可得：

$$P_{2ASK}(f) = \frac{1}{4}f_s P(1-P)\left|G(f+f_c) + G(f-f_c)\right|^2 + \frac{1}{4}f_s^2 P^2 \left|G(0)\right|^2 [\delta(f+f_c) + \delta(f-f_c)] \qquad (7-5)$$

当概率 $P=1/2$ 时，2ASK 信号的功率谱密度为：

$$P_{2ASK}(f) = \frac{T_s}{16}\left\{\left|Sa[\pi(f+f_c)T_s]\right|^2 + \left|Sa[\pi(f-f_c)T_s]\right|^2\right\} + \frac{1}{16}[\delta(f+f_c) + \delta(f-f_c)] \qquad (7-6)$$

其曲线如图 7-2（b）所示。

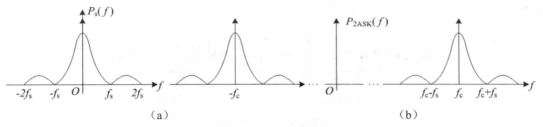

（a）　　　　　　　　　　　（b）

图 7-2　2ASK 信号的功率谱密度

由上述分析及图 7-2 可以看出：2ASK 信号的功率谱由离散谱和连续谱两部分组成；离散谱出现在载频位置；2ASK 信号的带宽是基带信号带宽的 2 倍，其主瓣（第一个零点位置）带宽 $B_{2ASK} = 2f_s$。

**3. 2ASK 信号的调制原理框图**

（1）模拟相乘法。

根据式（7-2），2ASK 信号的调制方法也可以采用与 AM、DSB 信号类似的模拟相乘法实现，如图 7-3（a）所示。它用模拟幅度调制的方法来产生 2ASK 信号，即用相乘器来实现。实际电路中相乘器可以用第 4 章和第 5 章介绍的二极管环形调制器或集成模拟乘法器芯片来实现。

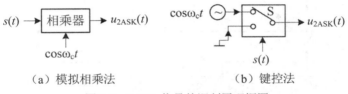

（a）模拟相乘法　　　　　　　（b）键控法

图 7-3　2ASK 信号的调制原理框图

（2）键控法。

键控法如图 7-3（b）所示。它是用一个电键来控制载波的输出而实现的，其中电键受基带信号 $s(t)$ 控制，因此 2ASK 亦可称为通断键控（On Off Keying，OOK）。为了适应自动发送高速数据的要求，键控法中的电键可以用各种形式的受基带信号控制的电子开关来实现。

### 7.1.2 2ASK 解调原理

和 AM 信号一样，2ASK 信号的解调方法也有两种：相干解调法和非相干解调法。

1. 相干解调法（乘积型同步检波法）

相干解调法是直接把本地恢复的解调载波和接收到的 2ASK 信号相乘，然后用低通滤波器将低频信号提取出来。在这种解调器中，要求本地的解调载波和发送端的载波同频同相（同步），如果其频率或相位有一定的偏差，将会使恢复出来的调制信号产生失真。其原理框图如图 7-4 所示。图中，$c$ 点波形可理解为 $u_{2ASK}(t)\cos\omega_c t = s(t)\cos^2\omega_c t$，$(n-1)T_s \leqslant t \leqslant nT_s$；抽样判决器实际上完成模/数变换，因为低通滤波器的输出信号是模拟信号，而接收端恢复输出的信号应该是数字信号，因此其作用是恢复或再生基带信号。相干解调法的各点波形如图 7-5 所示。

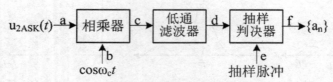

图 7-4　2ASK 信号相干解调法原理框图

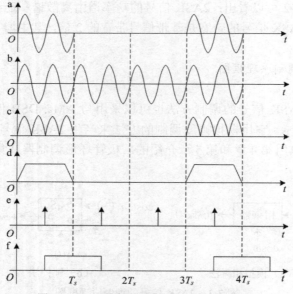

图 7-5　2ASK 信号相干解调法的时间波形

## 2. 非相干解调法（包络检波法）

包络检波法的原理框图如图 7-6 所示，整流器起包络检波的作用，其各点波形如图 7-7 所示。

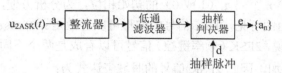

图 7-6　2ASK 信号包络检波法原理框图

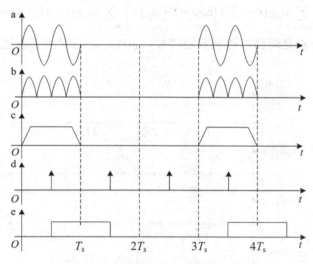

图 7-7　2ASK 信号包络检波法的时间波形

2ASK 调制方式是 20 世纪初最早运用于无线电报中的数字调制方式之一。但是，ASK 传输技术受噪声影响很大，噪声电压和数字基带信号就会一起改变 ASK 信号的振幅，"0" 可能变为 "1"，"1" 可能变为 "0"。因此 ASK 方式已较少应用，但是 2ASK 是研究其他数字调制方式的基础，所以还是有必要了解它。

# 7.2　二进制频率键控

## 7.2.1　2FSK 调制原理

二进制频率键控（2FSK）是指高频载波的频率随二进制数字基带信号变化，其频率变化只有两种情况。

### 1. 2FSK 信号的数学表达式及波形

根据 2FSK 的定义，二进制数字信息中第 $n$ 个码元为 1 时，载波频率为 $f_1$；第 $n$ 个码元为 0 时，载波频率为 $f_2$，因此 2FSK 信号的载波频率在 $f_1$ 和 $f_2$ 两者间变化，故在一个码元周期 $T_s$

内 2FSK 信号的表达式为：

$$u_{2FSK}(t) = \begin{cases} \cos(\omega_1 t + \varphi_n) & (a_n = 1) \\ \cos(\omega_2 t + \theta_n) & (a_n = 0) \end{cases} \tag{7-7}$$

式中，$\varphi_n$ 和 $\theta_n$ 分别是第 $n$ 个码元（1 或 0）的初始相位，为分析方便，可设 $\varphi_n = \theta_n = 0$。其典型波形如图 7-8 所示。由图可见，2FSK 信号的波形可以看做是 $s_1(t)\cos\omega_1 t$ 的波形和 $s_2(t)\cos\omega_2 t$ 的波形的叠加，也就是说，2FSK（频率键控）信号可以看成是两个不同载频（$f_1$、$f_2$）的 2ASK（振幅键控）信号的叠加，因此 2FSK 信号的时域表达式为：

$$\begin{aligned} u_{2FSK} &= s_1(t)\cos(\omega_1 t + \varphi_n) + s_2(t)\cos(\omega_2 t + \theta_n) \\ &= \left[ \sum_{n=-\infty}^{\infty} a_n g(t - nT_s) \right] \cos(\omega_1 t + \varphi_n) + \left[ \sum_{n=-\infty}^{\infty} \overline{a_n} g(t - nT_s) \right] \cos(\omega_2 t + \theta_n) \end{aligned} \tag{7-8}$$

式中，$s_1(t)$ 和 $s_2(t)$ 分别是两路二进制基带信号，$g(t)$、$a_n$ 含义同前叙述。$\overline{a_n}$ 是 $a_n$ 的反码。

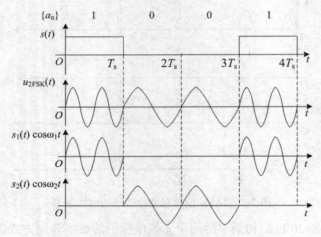

图 7-8  2FSK 信号波形

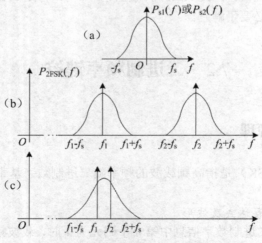

图 7-9  2FSK 信号的功率谱密度

**2. 2FSK 的功率谱密度**

根据式（7-8），2FSK 信号的频谱可以近似表示成载频分别为 $f_1$、$f_2$ 的两个 2ASK 信号的叠加，因此 2FSK 信号的功率谱密度为：

$$P_{2FSK}(f) = \frac{1}{4}[P_{s1}(f + f_1) + P_{s2}(f - f_2)] \quad （7-9）$$

根据式（7-5），$P=1/2$ 时，式（7-9）可变为式（7-10），其曲线如图 7-9 所示。

$$P_{2FSK}(f) = \frac{T_s}{16}\{|Sa[\pi(f + f_1)T_s]|^2 + |Sa[\pi(f - f_1)T_s]|^2\}$$
$$+ \frac{T_s}{16}\{|Sa[\pi(f + f_2)T_s]|^2 + |Sa[\pi(f - f_2)T_s]|^2\} \quad （7-10）$$
$$+ \frac{1}{16}[\delta(f + f_1) + \delta(f - f_1) + \delta(f + f_2) + \delta(f - f_2)]$$

由上述分析及图 7-9 可以看出：2FSK 信号的功率谱由离散谱和连续谱两部分组成，其中连续谱由中心位于 $f_1$、$f_2$ 的双边谱组成，离散谱出现在载频 $f_1$、$f_2$ 处；连续谱的形状随两个载频的差值 $|f - f_2|$ 而变化，当 $|f_1 - f_2| \geqslant f_s$ 时，连续谱有两个峰，当 $|f_1 - f_2| < f_s$ 时，连续谱在 $(f_1 + f_2)/2$ 处出现单峰。若以主瓣（第一个零点位置）来计算 2FSK 信号的带宽，则其带宽是：

$$B_{2FSK} = |f_1 - f_2| + 2f_s \quad （7-11）$$

**3. 2FSK 信号的调制原理框图**

2FSK 信号的调制方法主要有两种：模拟调频法和键控法。

模拟调频法如图 7-10（a）所示，它是用模拟调频电路的方法来产生 2FSK 信号的。

键控法如图 7-10（b）所示，它是在二进制基带矩形脉冲序列的控制下通过开关电路对两个不同的正弦波信号源进行选通，使其在每个码元周期 $T_s$ 内输出载频为 $f_1$ 或 $f_2$ 的 2ASK 信号，然后相加形成 2FSK 信号。

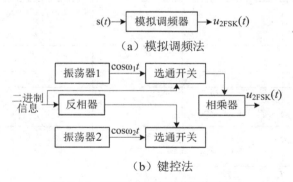

（a）模拟调频法

（b）键控法

图 7-10　2FSK 信号的调制原理框图

## 7.2.2　2FSK **解调原理**

2FSK 信号的解调方法有两种：分路解调法和过零检测法。

**1. 分路解调法**

分路解调法的原理框图如图 7-11 所示。

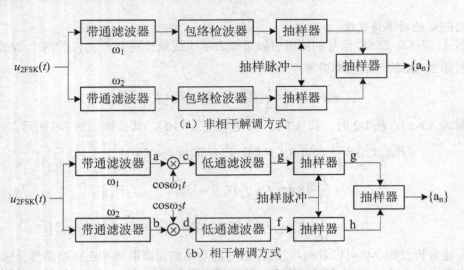

（a）非相干解调方式

（b）相干解调方式

图 7-11　2FSK 信号分路解调法原理框图

　　它是将 2FSK 信号分解为两路 2ASK 信号分别进行解调，然后比较两路抽样后的样值信号的大小，最终恢复出原始的信息码元。判决规则应与调制规则相对应，调制时若规定"1""0"分别对应载波频率 $f_1$、$f_2$，则接收时上支路的样值较大，应判为"1"，否则判为"0"。

　　这里以分路解调法中的相干解调方式为例来说明分路解调法的原理，其各点波形如图 7-12所示。抽样器输出的样值信号用"▲"表示。

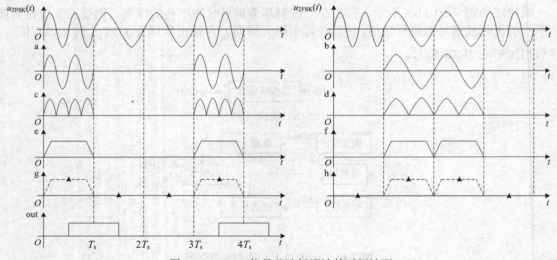

图 7-12　2FSK 信号分路解调法的时间波形

### 2. 过零检测法

　　过零检测法的原理框图如图 7-13 所示，其解调原理类似于 FM 信号解调方法中的脉冲计数式鉴频器。过零检测的原理基于 2FSK 信号的过零点数随载波频率的不同而不同，通过检测过零点数目的多少从而区分两个不同频率的信息码元。其各点波形如图 7-14 所示。

图 7-13　2FSK 信号过零检测法原理框图

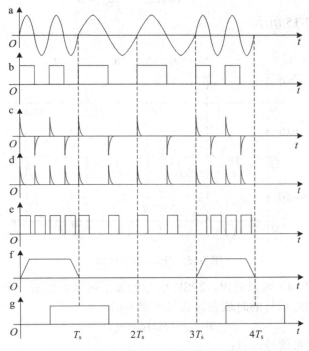

图 7-14　2FSK 信号过零检测法的时间波形

2FSK 调制方式在数字通信中应用较为广泛。国际电信联盟建议在数据速率低于 1.2kb/s 时采用 2FSK 方式。2FSK 方式属于等幅调制，因此特别适合于随参信道的场合。

# 7.3　二进制相移键控

## 7.3.1　2PSK **调制原理**

二进制相移键控是指高频载波的相位随二进制数字基带信号变化，其相位变化只有两种情况（如 0 或 π）。

1. 2PSK 信号的数学表达式及波形

根据 2PSK 的定义，在一个码元周期 $T_s$ 内 2PSK 信号的表达式为：

$$u_{2PSK}(t) = \cos(\omega_c t + \varphi_n) \tag{7-12}$$

在 2PSK 中，通常用初始相位 0 和 π 分别表示二进制信号 "0" 和 "1"，因此式中 $\varphi_n$ 表示第 $n$ 个码元（1 或 0）的初始相位，且：

$$\varphi_n = \begin{cases} 0 & (a_n = 0) \\ \pi & (a_n = 1) \end{cases} \tag{7-13}$$

因此式（7-12）变为：

$$u_{2PSK} = \begin{cases} \cos\omega_c t & (a_n = 0) \\ -\cos\omega_c t & (a_n = 1) \end{cases} \tag{7-14}$$

其典型波形如图 7-15 所示。

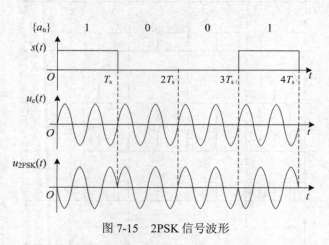

图 7-15　2PSK 信号波形

由图 7-15 和式（7-14）可以看出，2PSK 信号的波形可以看做是一个双极性基带信号和正弦载波相乘，因此 2PSK 信号的时域表达式又可以写成：

$$u_{2PSK} = s(t)\cos\omega_c t \tag{7-15}$$

式中，$s(t)$ 是双极性基带信号，且：

$$s(t) = \sum_{n=-\infty}^{\infty} a_n g(t - nT_s) \tag{7-16}$$

式中，$a_n = \begin{cases} 1 & （概率P） \\ -1 & （概率1-P） \end{cases}$，$g(t)$ 的含义同前叙述，即发送"0"时（$a_n$ 取+1），$u_{2PSK}(t)$ 的初始相位为 0；发送"1"时（$a_n$ 取-1），$u_{2PSK}(t)$ 的初始相位为 $\pi$。

2. 2PSK 的功率谱密度

比较式（7-3）和式（7-15）可知，2ASK（振幅键控）信号的表达式和 2PSK（相移键控）信号的表达式是完全相同的，只是基带信号 $s(t)$ 不同，前者中 $s(t)$ 为单极性，后者中 $s(t)$ 为双极性，因此 2PSK 信号的功率谱密度可以表示成：

$$P_{2PSK}(f) = \frac{1}{4}[P_s(f + f_c) + P_s(f - f_c)] \tag{7-17}$$

双极性矩形脉冲序列的功率谱为：

$$P_s(f) = 4f_s P(1-P)|G(f)|^2 + f_s^2(1-2P)^2|G(0)|^2 \delta(f) \tag{7-18}$$

式中，$f_s = 1/T_s$ 为码元传输速率，$P$ 为数字信息"1"的统计概率，$G(f)$ 是单个基带信号码元 $g(t)$（相当门函数）的频谱，即 $G(f) = T_s Sa(\pi f T_s)$，其中函数 $Sa(x) = \sin x / x$，$\delta(f)$ 为冲激函数。将式（7-18）代入式（7-17）可得：

$$P_{2\text{PSK}}(f) = f_s P(1-P)\left|G(f+f_c)+G(f-f_c)\right|^2$$
$$+\frac{1}{4}f_s^2(1-2P)^2\left|G(0)\right|^2\left[\delta(f+f_c)+\delta(f-f_c)\right] \tag{7-19}$$

当概率 $P=1/2$ 时，2PSK 信号的功率谱密度为：

$$P_{2\text{PSK}}(f) = \frac{T_s}{4}\left\{\left|Sa[\pi(f+f_c)T_s]\right|^2+\left|Sa[\pi(f-f_c)T_s]\right|^2\right\} \tag{7-20}$$

其曲线如图 7-16 所示。

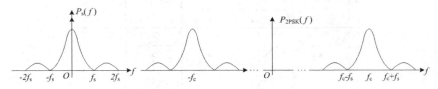

图 7-16　2PSK 信号的功率谱密度

由上述分析及图 7-16 可以看出：$P=1/2$ 时，2PSK 信号的功率谱仅由连续谱组成，无离散分量。若以主瓣来计算 2PSK 信号的带宽，则其带宽 $B_{2\text{PSK}}=2f_s$。

3．2PSK 信号的调制原理框图

2PSK 信号的表达式和 2ASK 信号的表达式是完全相同的，所以 2PSK 信号的调制方法主要也有两种：模拟相乘法和键控法，如图 7-17 所示。与 ASK 信号的调制框图相比较，只是基带信号 $s(t)$ 不同，2PSK、2ASK 中 $s(t)$ 分别是双极性、单极性基带信号。

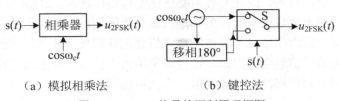

（a）模拟相乘法　　　　　（b）键控法

图 7-17　2PSK 信号的调制原理框图

## 7.3.2　2PSK 解调原理

尽管 2PSK 信号的表达式和 2ASK 信号的表达式完全相同，但是 2PSK 方式属于等幅调制，因此 2PSK 信号的解调不能采用非相干解调法，只能采用相干解调法。其解调法的原理框图如图 7-18 所示，各点波形如图 7-19 所示。判决规则应与调制规则相对应，调制时若规定"0""1"分别对应 2PSK 信号初始相位差 0 和 π，则接收时样值小于 0 时应判为"1"，否则判为"0"。

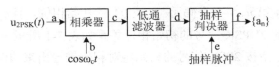

图 7-18　2PSK 信号解调原理框图

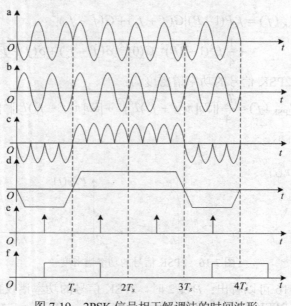

图 7-19　2PSK 信号相干解调法的时间波形

# 7.4　二进制差分相移键控

在 2PSK 方式中，相位变化是以载波的初始相位作为参考基准的。由于它是利用载波相位的绝对数值来传送数字信息的，因此又称为二进制绝对相移键控。2PSK 信号相干解调时在载波恢复过程中所恢复的本地载波与所需的相干载波可能同相，也可能反相，这种相位关系的不确定性将会造成解调出的数字信息与发送的数字信息正好相反，即"0"变为"1"，"1"变为"0"，判决器输出的数字信息全部出错。这种现象称为"倒 π"现象或"反相工作"。为了克服这个缺点，二进制差分相移键控（2DPSK）方式应运而生。

## 7.4.1　2DPSK 调制原理

二进制相移键控是指高频载波的相对相位变化随二进制数字基带信号变化，其相位变化只有两种情况，又称为相对相移键控。

1．2DPSK 信号的波形

假设 $\Delta\varphi$ 是当前码元与前一码元的载波初始相位差，可定义如下调制规则：

$$\Delta\varphi_n = \varphi_n - \varphi_{n-1} = \begin{cases} 0 & (a_n = 0) \\ \pi & (a_n = 1) \end{cases} \tag{7-21}$$

式中，$\varphi_n$、$\varphi_{n-1}$ 分别表示第 $n$、$n$-1 个码元（1 或 0）的初始相位，且 $\varphi_n = \Delta\varphi_n + \varphi_{n-1}$。因此一组二进制数字信息与对应的 2DPSK 信号的初始相位关系如表 7-1 所示，参考相位 $\varphi_0$ 可以选 0，也可以选 π。相对码 $b_n$ 是指按 2PSK 信号的初始绝对相位推导出来的信息码元。

表 7-1　二进制数字信息及其相应的 2DPSK 信号初始相位

| 绝对码 $a_n$ | | 1 | 0 | 0 | 1 |
|---|---|---|---|---|---|
| $\Delta\varphi_n$ | | π | 0 | 0 | π |
| $\varphi_n = \Delta\varphi_n + \varphi_{n-1}$ | 0（或π） | π（或 0） | π（或 0） | π（或 0） | 0（或π） |
| 相对码 $b_n$ | 0（或 1） | 1（或 0） | 1（或 0） | 1（或 0） | 0（或 1） |

参照表 7-1 所示的调制规则，可以推导出绝对码变相对码的差分编码规则是 $b_n = a_n \oplus b_{n-1}$。相应的 2DPSK 信号的波形如图 7-20 所示。

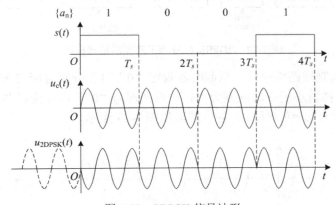

图 7-20　2DPSK 信号波形

### 2．2DPSK 的功率谱密度

2DPSK 信号的波形和 2PSK 信号的波形是类似的，所以它们的数学表达式形式是相同的，见式（7-15）。两者表达式的区别在于 2PSK 信号中的 $s(t)$ 对应的是绝对码序列，而 2DPSK 信号中的 $s(t)$ 对应的是相对码序列。因此 2DPSK 信号的功率谱密度和 2PSK 信号的功率谱密度是完全一样的，见式（7-17）和图 7-16。若以主瓣来计算 2DPSK 信号的带宽，则其带宽 $B_{2\text{DPSK}} = 2f_s$。

### 3．2DPSK 信号的调制原理框图

根据 2PSK 和 2DPSK 的关系，常用的调制方法是：先对数字信息进行码变换，即由绝对码变换成相对码，再根据相对码序列实现绝对相移键控。其调制原理框图如图 7-21 所示。

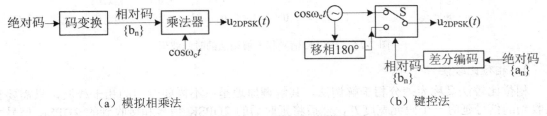

（a）模拟相乘法　　　　　　　　　　　　　　（b）键控法

图 7-21　2DPSK 信号调制原理框图

### 7.4.2 2DPSK 解调原理

2DPSK 信号的解调方法有两种：相干解调加码反变换法（或极性比较法）和差分相干解调法（或相位比较法）。

**1. 极性比较法**

解调原理：首先对 2DPSK 信号进行相干解调恢复出相对码 $\{b_n\}$，然后将相对码 $\{b_n\}$ 变换成绝对码 $\{a_n\}$，从而恢复出所发送的二进制数字信息，其原理框图如图 7-22 所示。

图 7-22　2DPSK 信号相干解调法原理框图

判决规则应与调制规则相对应，调制时若规定"0""1"分别对应 2DPSK 信号初始相位差 0 和 $\pi$，则接收时样值小于 0 时应判为"1"，否则判为"0"。码反变换器规则和发端的差分编码规则对应，因此有 $a_n = b_n \oplus b_{n-1}$。各点波形如图 7-23 所示。

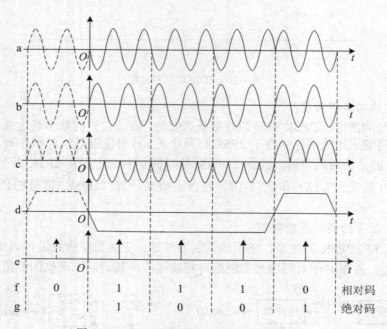

图 7-23　2DPSK 信号相干解调法的时间波形

**2. 相位比较法**

相位比较法又称为差分相干解调法，其解调原理是：不需要专门的相干载波，只需要将接收到的信号延时一个码元宽度 $T_s$，然后将延时后的 2DPSK 信号和接收到的 2DPSK 信号直接相乘，相乘后的信号经低通滤波器和抽样判决器即可直接恢复出原始的数字信息，解调过程并不需要码反变换器，其原理框图如图 7-24 所示。

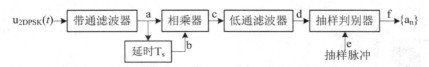

图 7-24 2DPSK 信号差分相干解调法原理框图

图中，相乘器起着相位比较的作用，相乘结果反映了前后相邻码元间的相位差。判决规则应与调制规则相对应，调制时若规定"0""1"分别对应 2DPSK 信号初始相位差 0 和 π，则接收时样值小于 0 时应判为"1"，否则判为"0"。各点波形如图 7-25 所示。

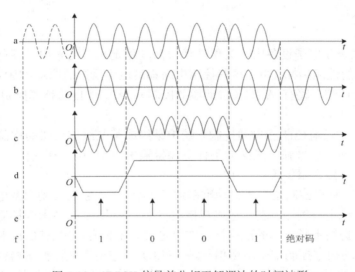

图 7-25 2DPSK 信号差分相干解调法的时间波形

# 思考题与习题

1. 设某 2ASK 系统的码元宽度为 1ms，载波信号 $u_c = 2\cos(2\pi \times 10^6 t)$，发送的数字信息是 10110001：

（1）试画出一种 2ASK 信号的调制框图和 2ASK 信号的时间波形。

（2）若采用相干方式解调，试画出解调框图和各点时间波形。

（3）若采用非相干方式解调，试画出解调框图和各点时间波形。

（4）求 2ASK 信号的第一零点带宽。

2. 设发送的绝对码序列是 011011，采用 2DPSK 方式传输。已知码元传输速率为 2000 波特，载波频率为 4000Hz。定义相位差 $\Delta\varphi$ 为后一码元起始相位和前一码元起始相位之差：

（1）若 $\Delta\varphi = 0°$ 表示"0"，$\Delta\varphi = 180°$ 表示"1"，试画出 2DPSK 信号波形。

（2）若 $\Delta\varphi = 90°$ 表示"0"，$\Delta\varphi = 270°$ 表示"1"，试画出 2DPSK 信号波形。

（3）求其相对码序列。

（4）求 2DPSK 信号的第一零点带宽。

# 第8章 自动控制电路

在现代通信系统和电子设备中，为保证通信高度稳定，广泛采用了各种类型的自动控制电路，以改善设备的性能指标。由于这些控制电路都是运用反馈的原理，因而又可以称为反馈控制电路，常见的控制电路有 AGC（自动增益控制）、AFC（自动频率控制）、APC（自动相位控制）3 种。

- AGC：自动增益控制能自动控制系统中某级或某几级放大器的增益大小，使电路或系统能在外来信号强弱悬殊的条件下保持输出电平为某一设定值。它主要应用在各类通信、广播、报警等系统中。
- AFC：自动频率控制也称为自动频率调整（AFT），它能自动保持电子电路或设备的工作频率稳定。例如，在彩色电视接收机中，常用 AFC 技术来控制本振电路的振荡频率，以提高中频频率的准确性。在测量设备中也有运用 AFC 技术的。
- APC：自动相位控制常采用锁相环路（PLL），它能使被控振荡器输出信号的频率与参考信号的频率相一致，相位保持严格的关系，即实现相位锁定，由此可实现调频、鉴频、混频、解调、频率合成等一系列电路功能。利用锁相原理构成频率合成器，是现代通信系统的重要组成部分。

**本章主要内容：**

- 自动控制电路的基本原理，特别是锁相环路的结构组成和基本特性、频率合成电路的性能结构和应用方法。
- 锁相环路和频率合成电路的工作原理及结构特点、自动控制电路的基本原理和各种应用电路。

## 8.1 自动控制电路

自动控制电路的基本组成框图如图 8-1 所示。

参考电路：产生参考信号，参考信号的值正好是被控量期望达到的数值，如石英晶体振荡器可作频率参考源。参考量为恒值的系统称为恒值自控系统，参考量为变值的系统称为随动控制系统。

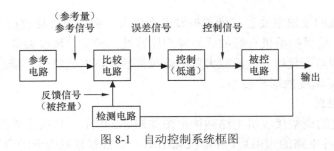

图 8-1　自动控制系统框图

比较电路：将被控量与参考量进行比较，根据比较结果产生误差信号。例如，鉴频器可以比较两个信号的频率，当被控量的频率和参考量的频率相等时，误差信号为 0；反之，误差信号必为正值或负值。若比较部件是鉴相器，则可以比较两个输入信号的相位。

控制电路：将比较电路输出的误差信号转换成所需的控制信号，以利于被控电路。如用低通滤波器将误差信号中低于某一频率的信号滤出，以达到某种控制目的。

被控电路：也称被控对象，它能产生被控量输出，此输出与参考量有一确定的关系。当此关系受到破坏时，比较电路将有误差信号输出，被控电路必随之调整以维持确定关系。必须注意，在系统的任一部分均可引入干扰。通常将干扰等效集中在被控电路上。

被控量：就是自控系统中的输出量或是输出量经过检测电路后所获取的量，它是反馈信号，这个量可以是相位、频率，也可以是电压等。被控量是电压的系统是 AGC 系统，被控量是频率的系统是 AFC 系统，被控量是相位的系统是锁相（PLL）系统。

检测电路：是指可将被控量转换为和参考量性质相同的物理量，以便在比较电路中进行比较的电路。检测电路可有可无，视系统性能而定。

### 8.1.1　自动增益控制电路

自动增益控制电路（AGC）是接收设备中不可缺少的电路。自动增益控制电路在某种条件下也称为自动电压（电平）控制电路。也就是说，电路的输入量和输出量是电压。常用的 AGC 电路有平均值式和延迟式，在一些特殊场合采用峰值式 AGC 电路或键控式 AGC 电路。

1. AGC 电路要求

接收机工作时，它所收到的信号强度会有很大的差异，数值可能由几 μV 到几百 mV，强弱之比为 $10^3 \sim 10^4$ 量级。例如接收机的总增益是常数，则过强的输入信号会引起大信号阻塞，增加混频的组合频率干扰及非线性失真；输入信号较强也会使后级中频放大器的工作范围超出线性区而进入饱和区或截止区，使信号产生严重失真。电视接收机若遇到这种问题，信号的同步头脉冲会被压缩或削去，导致同步失控，使图像严重失真或使图像同步不稳。

由于电磁波的传播特性，如微波通信中的衰落现象、移动电台接收距离的变化（飞机、汽车、卫星等接收设备）等都会引起接收设备输入信号强弱的变化，这种变化是缓慢的，如不采取增益控制技术，接收机是难以正常工作的。

自动增益控制的作用是当输入信号强弱变化很大时，能自动保持接收机输出电压基本不变。也就是说，当输入信号较弱时，AGC 电路不起作用，接收机的增益较大；当输入信号较强时，AGC 电路进行控制，使接收机的增益自动减小。

对于 AGC 系统的要求主要有：增益控制范围要大，例如电视接收机的 AGC 控制范围需在 20～60dB 以上；要保持整机良好的信号噪声比特性；控制灵敏度要高，如电视接收机需在 3dB 以内；在控制增益变化时，被控放大器的幅频特性及群时延特性不能改变，使信号失真尽可能小；控制特性受温度的影响要小。

2. AGC 电路框图

带有 AGC 电路的调幅接收机电路结构框图如图 8-2 所示。从接收天线获得的调幅信号经高放、变频、中放等各电路的作用后，在检波输出端产生带有直流成分的音频信号或视频信号。检波输出信号经过低通滤波器滤出反映电台载波信号强、弱，即 $u_A$ 强、弱的直流成分，经直流放大后去控制接收机放大器的增益。

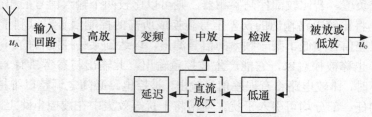

图 8-2　带有 AGC 电路的调幅接收机框图

受控制的放大器主要是接收机的前级或前几级中频放大器和高频放大器，有些接收机连变频器的增益也被控制。通常，广播收音机只控制中放级的增益，电视接收机则先后控制中放和高放的增益。

对于一些简单的 AGC 电路，常常只有滤波器，不加直流放大器，如广播收音机就是这种情况，而在电视接收机中，毫无例外地都采用带有直流放大器的 AGC 系统。

在电视接收机中，高放常采用延迟式自动增益控制。所谓延迟就是在接收机输入信号 $u_A$ 不太强时自动增益电压只控制中放增益，高放增益不受影响，但在输入信号 $u_A$ 足够大时，中放增益已达到被控的极限，不再继续下降，此时高放级的增益才开始随 $u_A$ 的增加而降低。这种延迟方式是有好处的，它使弱信号输入时高放级不受控，保证它有足够大的增益，使整机的抗干扰指标得以提高。应当指明，在某些电视接收机中，为了使整机有良好的信号噪声比特性，就连中放级也是先控制后级，经过一定延迟，等到外来信号增强到一定值后再控制前级中放。

在调频接收机中，由于鉴频器前总要加限幅放大器，为满足限幅的要求，中放增益都设计得较高，这些中放级一般都不加 AGC 控制，整机的增益控制几乎都由高放级承担。由于鉴频器的输出只与被接收电台的信号频率有关，并不随其幅度而变化，所以 AGC 电压不可能在鉴频器后取得，一般需要在混频器后取出一部分中频信号经包络检波产生 AGC 控制电压。

3. 放大器增益控制方法

（1）放大管工作点电流控制法。

这种方法经常应用在广播收音机、电视接收机等的整机电路中，使用十分广泛。

小信号放大器的电压增益与放大管集电极电流 $i_c$ 的关系如图 8-3 所示。图中，曲线可分为 OP、PQ、QR 三个区域。

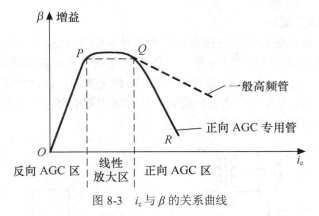

图 8-3 $i_c$ 与 $\beta$ 的关系曲线

$OP$ 区域称为反向 AGC 方式。放大管工作在此区域时，增益会随 $i_c$ 的增加而增加，随 $i_c$ 的减小而减小。这种方式的特点是电流 $i_c$ 的数值小、省电，但在信号太强时，$i_c$ 下降得太厉害，会进入放大管的非线性区域，造成信号的包络失真。广播收音机中常用反向 AGC 方式，如图 8-4（a）所示，$V_{AGC}$ 为负值，当电台信号强时，$V_{AGC}$ 负值增加，使放大管的电流 $i_c$ 减小，导致增益下降。

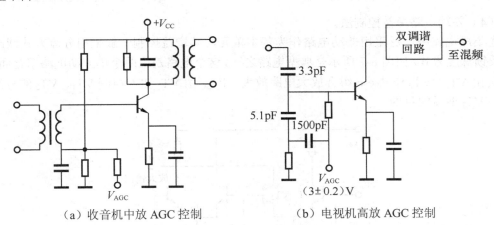

（a）收音机中放 AGC 控制　　　　　（b）电视机高放 AGC 控制

图 8-4 改变 $i_c$ 控制放大器增益

$QR$ 区域称为正向 AGC 方式。此区内，增益将随 $i_c$ 的增加而减小，随 $i_c$ 的减小而增加。正向 AGC 专用管 $QR$ 段曲线较陡，当外加信号过强时，$i_c$ 增加不多，增益却很快减小，而非线性失真并不大。电视接收机高频调谐器中的高频放大电路经常采用这种控制方式。如图 8-4（b）所示，$V_{AGC}$ 为正值，电台信号强时，$V_{AGC}$ 值增加，高放管的电流 $i_c$ 也增加，导致增益下降。

（2）放大管集电极电压控制法。

晶体管的放大量（增益）与集电极供电电压 $V_{ce}$ 有直接关系，改变 $V_{ce}$ 可实现放大器的增益控制。这种控制方法无论是在分立元件系统还是在集成电路系统中均有应用。

如图 8-5 所示是这种控制方法的一种典型电路。在电源供电电路里串入了较大的电阻 $R$（阻值一般为几千欧姆），当电台信号增强时，$V_{AGC}$ 增大，$i_c$ 增大，$V_{ce}$ 减小，从两个方面使增益下降，通常为正向 AGC 方式。

（3）放大器负载控制法。

小信号放大器的增益还与负载直接有关，若能使负载受 $V_{AGC}$ 电压控制，也就实现了对放大器增益的控制，其原理电路如图 8-6 所示。图中，在放大器负载回路两端并接二极管 VD，在电台信号较弱时，$V_{AGC}$ 值小，VD 截止，对 LC 回路无影响，放大器增益较高，随着电台信号的增强，$V_{AGC}$ 值增加，VD 向导通方向变化。其等效电阻会减小，使回路的损耗加大，总谐振阻抗降低，放大器的增益也随之降低。

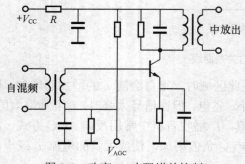
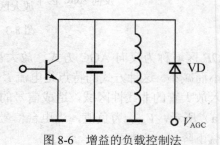

图 8-5  改变 $V_{ce}$ 实现增益控制      图 8-6  增益的负载控制法

（4）差动电路增益控制法。

在集成电路中广泛采用差动电路作为基本单元，其增益控制一般采用分流方式或改变射极负反馈深度方式。如图 8-7 所示是典型电路之一，这个电路是由两个单差动电路组合而成的，信号 $u_s$ 由 VT$_3$、VT$_2$ 作共 e-b 组合放大电路放大，$V_{AGC}$ 由 VT$_1$ 加入控制 VT$_1$、VT$_2$ 的分流，达到控制 VT$_2$ 增益的目的。

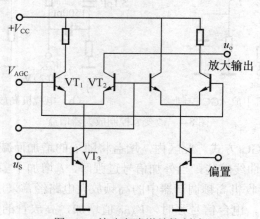

图 8-7  差动电路增益控制法

这种双差动 AGC 电路被广泛应用在集成电路彩色电视接收机中的图像中放、色度放大、直流音量控制、直流对比度控制、色饱和度控制等的手控或遥控系统中。

（5）双栅 MOS 管增益控制。

双栅 MOS 管增益控制典型电路如图 8-8 所示，它常用在电视接收机或调频接收机的高频放大电路中。图 8-8（a）中的高频信号由 $g_1$ 栅极输入，$g_2$ 作 AGC 控制极。双栅 MOS 管实质上可以看成是两个场效应管作共源－共栅的级联，即 $s→g_1→d_1(s_2)→g_2→d$。由转移特性可知，在-1V<$V_{g1s}$<1V 的范围内，$I_D$ 曲线的斜率大，即放大器的增益高，且线性范围也宽，比晶体管优越得多，可以克服大信号阻塞。$g_2$ 栅极电压的大小可以改变转移特性的斜率，即可以改变放大器的增益，这是 $V_{AGC}$ 在 $g_2$ 作增益控制的依据。由双栅 MOS 管的特性可知，当 $V_{g2s}$ 电压增加时，漏极电流 $I_D$ 升高，放大器的增益也升高。因此，当电台信号减弱时，$V_{AGC}$ 值增加而使增益升高，实现自动增益控制目的，此种控制属于反向 AGC 方式。图 8-8（b）中，信号与 $V_{AGC}$ 电压均由 $g_1$ 栅极加入，双栅 MOS 管第一栅偏置电压的高低可直接控制漏极电流 $I_D$ 的大小，起到增益控制作用，其控制原理与晶体管相似，在此不赘述了。

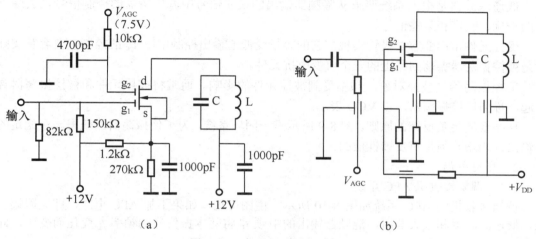

图 8-8 双栅 MOS 管增益控制

上述两种 AGC 电路在彩色电视接收机的高频放大器中得到广泛应用。

## 8.1.2 自动频率控制电路

自动频率控制也称自动频率调整（AFT）。它是用来控制振荡器振荡频率达到某一预定要求的系统。振荡器是接收机、发射机以及其他电子设备不可缺少的一种电路，振荡器产生的频率常因各种因素的影响而发生变化，偏离预定的数值，这种不稳定会对系统性能产生不利的影响，用 AFC 的方法会使振荡器的频率自动调整到预期的标准频率上去。

自动频率控制电路的主要应用有接收机和发射机中的自动频率微调电路、调频接收机中的解调电路、测量仪器中的扫描电路等。

1. 基本原理

AFC 电路的原理框图如图 8-9 所示，下面对其各组成单元进行简要说明。

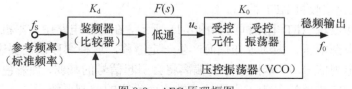

图 8-9 AFC 原理框图

　　鉴频器作为比较部件，对振荡器的振荡频率 $f_0$ 与标准频率率 $f_s$ 进行比较。若 $f_0=f_s$，鉴频器无输出或输出一个定值，受控电路不受影响，振荡频率 $f_0$ 维持不变；若 $f_0 \neq f_s$，鉴频器有误差电压输出或偏离原固定值。由鉴频特性可知，误差电压正比于频率 $f_0-f_s$。于是，控制元件（如变容管）的参数受 $u_c$ 的控制而发生变化，使振荡器的 $f_0$ 发生变化。变化的结果会使频率误差 $|f_0-f_s|$ 减小到某一定值 $\Delta f$，自动微调过程即停止，此时振荡器的输出频率被稳定在 $f_s \pm \Delta f$ 以内。应特别指明，图中的参考频率 $f_s$ 并不是真正由外电路提供的，在绝大多数情况下，这一频率实际上就是鉴频电路中变换网络的谐振频率，这一点在鉴频器的讨论中已有说明。

　　低通滤波器是根据系统要求从鉴频器输出的误差信号中滤出所需的控制信号，去除不必要的干扰、噪声和某些信号。

　　受控元件常用变容二极管实现，它的容量受低通输出控制电压 $u_c$ 的控制。变容管实际上就是被控振荡器振荡回路上的一个可变电抗元件。

　　受控振荡器是被控对象，频率受到被控元件的影响。通常将被控元件和被控振荡器合在一起，称为压控振荡器，以 VCO 表示。

　　环路要满足负反馈的原则。图 8-9 所示是一闭环系统，为了使振荡器能获得一个稳定的频率输出，闭路必须是负反馈性质的。

2. 应用举例

（1）调幅接收机 AFC 系统。

　　调幅接收机的 AFC 系统如图 8-10 所示。由图可见，如果不加 AFC 电路，即无限幅、鉴频、低通滤波器和放大器时，混频器输出的中频 $f_i'$ 将随本振信号的频率 $f_L$ 变化而变化，此变化较大时将严重影响接收机的质量。

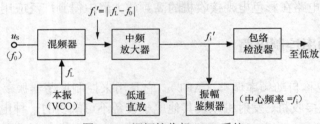

图 8-10　调幅接收机 AFC 系统

　　加入 AFC 电路后，由于鉴频器的中心频率调在规定的中频频率 $f_i$ 上，此时，若本振输出的 $f_L$ 稳定，符合要求，则混频器输出的 $f_i' = f_i$，鉴频器无输出，系统锁定在 $f_i$ 上。如有某种原因使 $f_L$ 增大了一点，则 $f_i' > f_i$，鉴频器输出一个误差电压，此电压经过滤波放大，最后控制振荡回路旁的变容管，使变容管的 $C_j$ 加大，结果使振荡频率降低，使混频输出的 $f_i'$ 趋于预定的中频 $f_i$。

（2）彩色电视接收机 AFT 框图。

　　某彩色电视接收机 AFT 电路框图如图 8-11 所示。在实际电路中，本机振荡器的振荡频率经常会因温度、电源电压、振动等变化而产生一定漂移，这种漂移往往要影响电视图像质量，尤其在接收彩色电视信号时，本振频率的偏离将会引起信号的减弱，使彩色信号不稳定甚至取不出彩色信号。AFT 电路就是为了克服这一缺点而设置的控制系统。

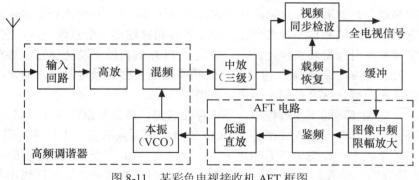

图 8-11 某彩色电视接收机 AFT 框图

## 8.2 锁相环路

### 8.2.1 锁相环的基本原理

锁相环（PLL）是一个反馈系统。它的反馈信号将输出信号的频率和相位锁定在输入信号的频率和相位上，即保持相位同步，因此称为锁相。输入波形有很多种，包括正弦波或数字波形。锁相环最早用于无线电信号的同步检波，目前锁相环广泛用于滤波、频率合成、频率调制、解调、信号检测等方面，在通信、雷达、导航、遥控遥测、仪表测量等领域有着广泛的应用。锁相环的基本组成如图 8-12 所示。

图 8-12 锁相环的方框图

图中，环路的输入信号 $u_i(t)$ 是参考晶体振荡器输出的标准频率信号，当压控振荡器的频率 $f_0$ 由于某种原因发生变化时，必将产生相位变化，变化的相位反馈到鉴相器，此信号等于 VCO 的输出频率除以 $N$，在鉴相器中与参考晶体振荡器输出信号的稳定参考相位（对应于频率 $f_i$）相比较，鉴相器将输出一个反映相位误差的电压信号 $u_d(t)$，它是两个输入信号相位差的函数。鉴相器的输出经过低通滤波后（可能被放大），它的直流分量 $u_c(t)$ 加到压控振荡器。VCO 的控制电压 $u_c(t)$ 迫使压控振荡器调整频率，使输入频率和分频器输出频率之差减小。如果两个频率充分接近，PLL 的反馈机制将迫使鉴相器的两个输入频率相等，从而 VCO 被"锁"定在输入频率处，即：

$$f_i = f_d \qquad (8-1)$$

且分频器的输出频率为：

$$f_d = f_0 / N \qquad (8-2)$$

输出频率为：

$$f_0 = N f_i \qquad (8-3)$$

是输入频率的整数倍。如果没有分频器，那么 $N$ 就等于 1。一旦环路入锁，鉴相器的两个输入信号之间会有一个微小的相位差。这个相位差导致鉴相器输出一个直流电压，它使 VCO 偏离它的自激振荡频率并且保持环路锁定。一旦锁定后 PLL 的自校正功能使它能够跟踪输入信号的频率变化。PLL 能够保持对输入信号锁定的频率范围被称为锁定范围。捕捉范围是环路能够达到锁定的频率范围，这个范围小于锁定范围。

由此可见，在锁相环的工作过程中，环路存在锁定、捕捉和跟踪这 3 个状态。

当锁相环路刚工作时，输入频率 $f_i$ 与 VCO 的自由振荡频率 $f_0$ 并不相等，即 $f_i \neq f_0$，其起始状态一般处于失锁状态。如果 $f_i$ 与 $f_0$ 相差不大，通过鉴相器产生一个误差电压，经 LPF 变换后控制 VCO 的频率，使其输出频率变化到接近 $f_i$，这时环路锁定。锁相环路由起始的失锁状态进入锁定状态的过程称为捕捉过程。当环路锁定后，若由于某种原因引起输入信号的频率 $f_i$ 或 VCO 的振荡频率 $f_0$ 发生变化，只要这种变化不大，环路通过自身的调节可使 VCO 的振荡频率跟踪地变化，从而维持 $f_i = f_0$ 的锁定状态，这个过程称为跟踪过程（亦称同步过程）。

因为 PLL 的输出频率是参考频率的整数倍，所以只要改变比例因子 $N$ 就可以简单地改变输出频率。集成电路使数字可编程分频器成为廉价的电路元件。这提供了一种输入单一频率而输出多种频率的简单方法。在讨论锁相环的各种应用之前，先对这个系统建立一个数学模型并且讨论不同类型鉴相器的特性。

## 8.2.2 锁相环路的主要特点

锁相环路在通信设备中得到了广泛应用，其主要特点如下：

- 良好的跟踪特性。锁相环路的输出信号频率可以精确地跟踪输入信号频率的变化。环路锁定后，输入信号和输出信号之间的稳态相位误差可以通过增加环路增益的办法被控制在所需数值范围之内。这种输出信号频率随输入信号频率变化的特性称为锁相环的跟踪特性。在实际应用中，可以分为载波跟踪型环路和调制跟踪型环路两种。载波跟踪型环路的通带很窄，参考信号的调制成分不能通过，环路只跟踪输入调角信号的中心频率变化，而不跟踪反映调制规律的频率变化，这时 VCO 的输出能跟踪参考信号载波频率的漂移；调制跟踪型环路的通带较宽，能使参考信号的调制信息通过，环路跟踪输入调角信号中反映调制规律的相角或频率变化，这时 VCO 输出信号的频率能跟踪参考信号瞬时频率的变化。

- 环路锁定后无剩余频差。锁相环是一个相差控制系统，它不同于自动频率控制系统。系统在相位上锁定后，只有稳态的相位差（剩余相位差）存在，而 VCO 输出的信号频率与参考信号的频率是相等的。当环路增益足够大时，通过环路本身固有积分环节的作用，环路的输出可以做到频差很小或为 0。所以，锁相环路是一个理想的频率控制系统。

- 良好的窄带滤波特性。当压控振荡器的输出频率锁定在输入信号频率上时，位于信号频率附近的干扰成分将以低频干扰的形式进入环路，绝大部分的干扰会被环路低通滤波器抑制，从而减少了对压控振荡器的干扰作用，所以环路对干扰的抑制作用就相当于一个窄带的高频带通滤波器，其通频带可以做得很窄，如在几十兆赫兹的中心频率上，通带可窄到几十赫兹，甚至是几赫兹，这种窄带滤波特性是任何 LC、

RC、石英晶体、陶瓷片等滤波器所难以达到的。另外，还可以通过改变环路滤波器的参数和环路增益的方法来改变带宽，作为性能优良的跟踪滤波器，用以接收信噪比低、载频漂移大的空间信号。

- 良好的门限特性。在调频通信中若使用普通鉴频器，由于该鉴频器是一个非线性器件，信号与噪声通过非线性相互作用对输出信噪比会产生影响。当输入信噪比降低到某个数值时，由于非线性作用噪声会对信号产生较大的抑制，使输出信噪比急剧下降，即出现了门限效应。锁相环路也是一个非线性器件，用作鉴频器时同样有门限效应存在。但是，在调制指数相同的条件下，锁相环路的门限比普通鉴频器的门限低。当锁相环路处于调制跟踪状态时，环路有反馈控制作用，跟踪相差小，通过环路的作用，限制了跟踪的变化范围，减小了鉴频特性的非线性影响，改善了门限特性。

- 易于集成化。锁相环路中的鉴相器、压控振荡器在集成电路中容易实现。集成化锁相环路体积小、成本低、可靠性好，目前已有大量的集成锁相环路投放市场，为应用带来了极大方便。

### 8.2.3　锁相环路的组成部分

锁相环由鉴相器（PD）、环路低通滤波器（LPF）和压控振荡器（VCO）组成，图 8-12 显示了锁相环的基本结构，这是一个闭环反馈系统。

**1．鉴相器（PD）**

鉴相器简称 PH、PD 或 PHD（Phase Detector），是一个相位比较器。它将 VCO 振荡信号的相位变化变换为电压的变化，鉴相器输出的是一个脉动直流信号，这个脉动直流信号经低通滤波器（LPF）滤除高频成分后去控制 VCO 电路。

鉴相器的鉴相特性随着鉴相器类型的不同而不同，鉴相特性可分为正弦形、三角形和锯齿形 3 种。实现鉴相的电路很多，下面以正弦形鉴相器为例进行介绍。

典型的正弦形鉴相器可用模拟乘法器与低通滤波器串接构成，电路模型如图 8-13 所示。如果输入信号为 $\theta_i = V_i \sin \omega t$，参考信号是 $\theta_r = V_r \sin(\omega_0 t + \varphi)$，式中 $\varphi$ 是两个信号的相位差，那么输出信号 $\theta_e$ 表示为：

$$\theta_e = \theta_i \theta_r = \frac{V_i V_r}{2} K \cos\phi - \frac{V_i V_r}{2} K \cos(2\omega_0 t + \phi) \tag{8-4}$$

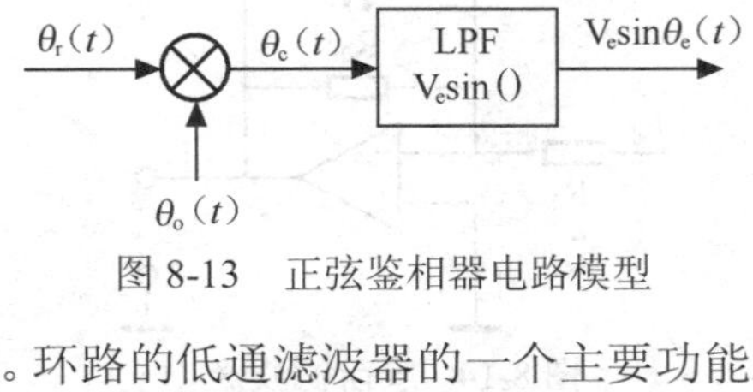

图 8-13　正弦鉴相器电路模型

式中 $K$ 是混频器的增益。环路的低通滤波器的一个主要功能就是在达到 VCO 之前消除二次谐波项。假定二次谐波被过滤掉，并且只考虑第一项，因此：

$$\theta_e = \frac{V_i V_r}{2} K \cos\phi \tag{8-5}$$

当误差信号为 0 时，$\varphi = \pi/2$。误差信号与相位差成正比，大约 90°。对于小的相位变化：

$$\varphi \approx \frac{\pi}{2} + \Delta\phi$$

$$\theta_e = \frac{V_i V_r}{2} K \cos\left(\frac{\pi}{2} + \Delta\phi\right) = \frac{V_i V_r}{2} K \sin\Delta\phi$$

对于一个小的相位扰动 $\Delta\varphi$ 有：

$$\theta_e \approx \frac{V_i V_r K}{2} \Delta\phi \tag{8-6}$$

因为鉴相器的输出假定为 $\theta_e = K_d(\theta_i - \theta_o)$，鉴相器的比例因子 $K_d$ 为：

$$K_d \approx \frac{V_i V_r K}{2} \tag{8-7}$$

鉴相器的比例因子 $K_d$ 与输入信号的幅度有关，只有在等幅输入信号及小的相位偏差下器件才能看成是线性的。对于较大的相位偏差有：

$$\theta_e = K_d \sin\Delta\phi \tag{8-8}$$

式（8-8）描述了 $\theta_e$ 和 $\varphi$ 的非线性关系。

将参考信号 $u_r(t)$ 和输出信号 $u_o(t)$ 相乘，滤除 $2\omega_0$ 分量，可得：

$$u_d(t) = K_d \sin\left[\theta_1(t) - \theta_2(t)\right] = K_d \sin\theta_e(t) \tag{8-9}$$

显然，相乘系数 $K_d$ 在一定程度上反映了鉴相器的灵敏度。对于同样的 $\theta_e(t)$，$K_d$ 越大，鉴相器的输出 $u_d(t)$ 就越大。

2．环路滤波器

环路滤波器的作用是将 $u_d(t)$ 中的高频分量滤掉，得到控制电压 $u_c(t)$，以保证环路所要求的性能。环路滤波器是低通滤波器，有 RC 积分滤波器、无源比例积分滤波器和有源比例积分滤波器等形式。它们通常是一阶的，但是当对交流分量有附加的抑制要求时也使用高阶滤波器。在有些实例中，滤波器包含了一个陷波网络以抑制特定的频率。网络的结构取决于鉴相器输出能模拟成一个电压源（低输出阻抗）还是电流源（高输出阻抗）。图 8-14 所示是一个一阶有源比例积分滤波器，可以和具有低输出阻抗的鉴相器一起使用。当 A>>1 时传递函数为：

$$F(s) = \frac{V_c}{V_d} \approx \frac{s\tau_2 + 1}{s\tau_1} \tag{8-10}$$

式中，$\tau_1 = R_1 C$，$\tau_2 = R_2 C$。式（8-10）称为理想积分器的传递函数。

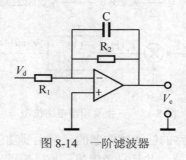

图 8-14　一阶滤波器

3．压控振荡器

压控振荡器（VCO）是一个电压—频率变换器，其压控元件一般采用变容二极管。由环路送来的控制信号电压 $u_c(t)$ 加在振荡回路中的变容二极管上，当 $u_c(t)$ 变化时，引起变容二极管结电容的变化，从而使振荡器的频率发生变化。

在一定范围内，$\omega(t)$ 与 $u_c(t)$ 之间为线性关系，可用式（8-11）表示为：

$$\omega(t) = \omega_0 + K_\omega u_c(t) \tag{8-11}$$

式中，$\omega_0$ 为压控振荡器的中心频率，$K_\omega$ 是一个常数，为压控振荡器增益（单位为 rad/s·V）。相位是频率对时间的积分，由于压控振荡器的输出反馈到鉴相器上，对鉴相器输出误差电压 $u_d(t)$ 起作用的不是其频率而是其相位，因此对式（8-11）积分可得：

$$\varphi(t) = \int_0^t \omega(t)\mathrm{d}t = \omega_0 t + K_\omega \int_0^t u_c(t)\mathrm{d}t \tag{8-12}$$

即：

$$\varphi_0(t) = K_\omega \int_0^t u_c(t)\mathrm{d}t \tag{8-13}$$

由式（8-13）可见，就 $\varphi_0(t)$ 和 $u_c(t)$ 之间的关系而言，压控振荡器是一个理想的积分器，这个积分作用是压控振荡器所固有的。正因为如此，通常称压控振荡器是锁相环路中的固有积分环节。这个积分作用在环路中起着十分重要的作用。

如上所述，压控振荡器是一个具有线性控制特性的调频振荡器，主要特性如下：

（1）频率偏移。

只要 VCO 的频率偏移能力足够大，PLL 的最大捕捉范围等于开环增益。如果比较小，那么 PLL 的最大捕捉范围是由 VCO 的频率偏移能力确定的。

（2）频率稳定性。

如果需要高频稳定性，通常会使用 VCXO。频率稳定性对频率合成器来说是最重要的。然而如前所述，VCXO 的频率偏移不大，不能跟踪具有大频率偏移的信号。

（3）调制灵敏度。

调制灵敏度 $K_0$ 要高。$u_c$ 电压的一个小变化应该使 VCO 频率产生一个比较大的变化。

（4）响应。

VCO 的响应要足够快，以免影响环路的稳定特性。一般情况下，VCO 的极点应落在系统主极点的外面。

（5）频率—电压特性。

VCO 的频率—电压特性必须是线性的，线性度的容差取决于实际的应用。在环路中含有微处理器的 PLL 可以使用微处理器加上一个数—模转换器来补偿 VCO 的非线性度。

（6）频谱纯度。

在有些应用如模拟频率合成器中，要求 VCO 的输出尽可能是纯正弦波。在其他应用中，VCO 的输出可能是矩形波序列。

## 8.2.4　集成锁相环电路

由于锁相环的大量应用，对 IC 锁相环的需求已经大大增长。目前尚不能为 VCO 集成高 Q 的电感制造高频 PLL IC。此外，由于环路滤波器控制了许多 PLL 的性能，所以希望让用户按照应用的带宽和建立时间的要求自己来实现这部分环路。

单片集成锁相环有通用和专用两种形式。其中，通用型按电路又分为模拟式和数字式。专用集成片是指完成某一功能的单片集成锁相环，多用于调频立体声设备、电视设备和频率合成器中。通用式单片集成锁相环可以实现鉴频、FSK 信号的产生与解调等多种功能，所以又称为多功能通用锁相环。这种环路的鉴相器、压控振荡器、放大器等主要部件集成在一块基片上。有的内部互不连接，根据需要由外部接入必要的元件，如定时电容器、环路滤波器等；也有的部分电路在内部连接。

1. 数字集成锁相环 CD4046

CD4046 是一种微功耗 CMOS 多功能数字集成锁相环，其组成如图 8-15 所示，它包含一个低功耗线性压控振荡器、源极输出器和两个鉴相器。鉴相器 I 为 CMOS 异或门鉴相器，鉴相器 II 为 CMOS 数字式鉴频鉴相器。

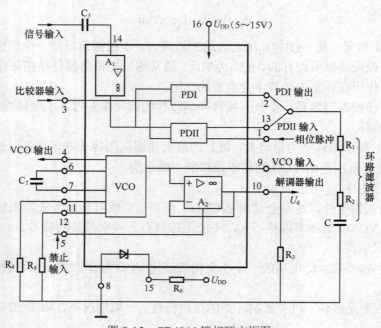

图 8-15　CD4046 锁相环方框图

一般鉴相器是按下述方式工作的：当两个比相信号频率不同时，不论频差大小，它都输出较大的直流电压，可快速地控制压控振荡器频率在较大范围内变化。当两个比相信号达到频率锁定（同频率）时，它就转换为鉴相方式工作。其线性鉴相区域可达 $\pm 2\pi$。

压控振荡器是用 CMOS 数字门电路构成的，输入阻抗高，有利于环路滤波器的设计，但其工作频率只有 1MHz 左右。压控振荡器的输出端 4 与鉴相器比较输入端 3 在电路上预先没有连接，以便在 3、4 端插入分频器类部件，以适应环路多功能的需要。环路滤波器也是通过外接部件来实现的。此外，图中 $A_1$ 是鉴相器的前置放大与整形电路。与压控振荡器输入端相连的源极输出器 $A_2$ 专门作鉴频输出之用，避免鉴频信号的输出加重滤波器负载。

CD4046 的同类产品有 5G4060，它可以在 5～16V 的电源条件下工作，工作频率大于 1MHz，总功率为几 mW。它可以实现鉴频、频率交换、频率合成和数据同步等功能。

2. 双频锁相环 LMX2370

LMX2370 是一种高性能、低功耗的双频锁相环芯片，内部结构如图 8-16 所示。它包含两路鉴相器、电流充电泵、可编程 15bit 参考分频器和反馈频率分频器。其中反馈频率分频器由可编程前置分频器、整数分频器和吞吐计数器组成。来自外部晶体振荡器的信号（OSC$_{in}$）经参考分频器分频后作为参考频率 $f_r$ 加到鉴相器，压控振荡器（VCO）的反馈频率 $f_{VCO}$ 经反馈频率分频器分频后也加到鉴相器。鉴相器对两个输入信号进行相位比较，驱动电流充电泵输出误差信号，经片外环路滤波器滤波后形成调谐电压，调整 VCO 频率，直至环路锁定，此时锁定检测（LD）为高电平。

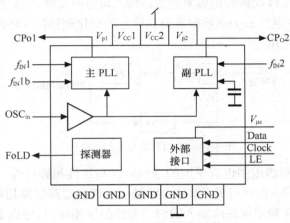

图 8-16　LMX2370 内部结构

LMX2370 通过三线接口（时钟、数据、使能）转换串行数据。在时钟上升沿，数据移入移位寄存器，最高有效位（MBS）先入；在使能上升沿，移位寄存器的 22 位数据将锁存到串行数据最后 2 位（地址位）所指定的锁存器。

LMX2370 的工作电压为 2.7～5.5V，工作电流仅为 6mA。双模前置分频器可编程（主环 $P$=32/33 或 16/17，副环 $P$=16/17 或 8/9），工作频率主环达 2.5GHz（$P$=32/33）或 1.2GHz（$P$=16/17），副环达 1.2GHz（$P$=16/17）或 550MHz（$P$=8/9）。

### 8.2.5　锁相环路的应用

锁相环是一种性能优良的频率变换器件，可以做成性能十分优越的跟踪滤波器，适用于多种选频调制、解调检波、跟踪及合成应用。

1. 锁相调制与解调

（1）锁相调频。

锁相调频原理方框图如图 8-17 所示。

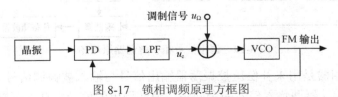

图 8-17　锁相调频原理方框图

环路滤波器的输出信号 $u_c$ 与调制信号 $u_\Omega$ 一起去控制压控振荡器的频率，实现所需的调频。由于锁相环路的作用，VCO 输出调频信号的中心频率和石英晶体振荡器的频率完全一样，所以频率稳定度较高。

环路滤波器的通频带很窄，不能让由于 $u_\Omega$ 所引起的 VCO 输出调频信号中的变化分量通过，否则不可能实现调频。

（2）锁相鉴频。

如图 8-18 所示是锁相鉴频和鉴相电路的方框图。当输入信号为调频信号时，只要环路带宽设计得足够宽，保证 VCO 的瞬时角频率能跟踪输入信号中反映调制规律变化的瞬时角频率，此时 VCO 输入端的控制电压 $u_c(t)$ 就反映着调制信号的变化规律，从环路滤波器输出端得到的就是所需的调频波解调电压。

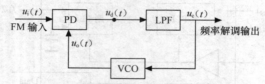

图 8-18　锁相鉴频与鉴相方框图

在调制信号的有效频谱范围内有平坦的幅频特性和线性相频特性，环路滤波器输出端可以得到不失真的调制信号。由此可见，鉴频电路是一个调制跟踪型锁相环。所谓调制跟踪型是指压控振荡器的输入角频率能跟踪输入的调制变化的锁相环。其特点是让环路的通频带足够宽使信号的调制频率落在环路带之内。

锁相鉴频器的门限值与调频系数 $M_f$ 和 $\Delta f_n / F_m$ 的取值有关，其改善量随 $M_f$ 的加大而加大，随环路噪声带宽 $\Delta f_n$ 的加大而减小，$F_m$ 为调制信号的最高频率（低频）。在通常的取值范围内，与普通的限幅鉴频器相比，锁相鉴频器有 4～5dB 的门限改善量。

锁相鉴频器要求 $u_i$ 的信号幅值比普通鉴频器小。

（3）锁相鉴相。

这里以调相信号的乘法鉴相（相干解调）器再次说明锁相环的应用。对于调相信号或数字相位键控信号而言，相干解调是最佳解调方式。

如图 8-19 所示，当锁相环的输入为调相波时，只要环路带宽设计得足够窄，就能滤除输入调相波的调制分量，使压控振荡器只能跟踪调相信号的中心角频率（即载波角频率）。在这种条件下，如果鉴相特性是线性的，则在鉴相器的输出端就可以得到不失真的调相波的调制信号。可见，鉴相电路是一个载波跟踪型电路。所谓载波跟踪型是指压控振荡器的输出角频率只能跟踪输入调制信号的中心频率的锁相环。

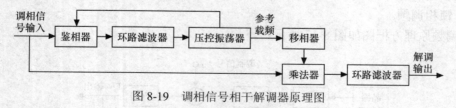

图 8-19　调相信号相干解调器原理图

系统中加入移相器是用来补偿压控振荡器输出信号与输入被解调信号中载频分量之间的固定相移，以保证乘法器两输入信号完全同步，使解调出的信号失真尽可能小。

（4）同步检波。

在调幅波信号频谱中，除包含调制信号的成分外，还含有较强的载波分量，使用载波跟踪环可将载波分量从已调波信号中提取出来，再经过 90°移相，作为同步检波器的参考信号，然后再与调幅信号相乘，经输出滤波就可以获得检波输出，如图 8-20 所示。

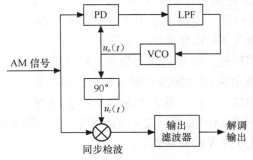

图 8-20　AM 信号同步检波器

图 8-20 中的输入电压是调幅波，即输入信号只有幅度上的变化而无相位变化，由于锁相环路只能跟踪输入信号的相位变化，所以环路输出得不到原调制信号，而只能得到等幅波。因此，如果用锁相环对调幅信号进行解调，并将环路设计成窄带特性，实际上是利用锁相环路提供一个稳定度高的载波信号电压，再将这个信号与调幅波进行乘积检波，就可以将原调制信号解调出来。

设输入信号为：

$$u_{AM}(t) = U_i(1 + m_a \cos\Omega t)\cos\omega_c t \qquad (8\text{-}14)$$

输入信号中载波分量为 $U_c\cos\omega_c t$，用载波跟踪环提取后输出为：

$$u_o(t) = U_o \cos(\omega_c t + \theta_0) \qquad (8\text{-}15)$$

经过 90°移相以后得到相干载波：

$$u_r(t) = U_o \sin(\omega_c t + \theta_0) \qquad (8\text{-}16)$$

将 $u_r(t)$ 与 $u_{AM}(t)$ 相乘，滤除 $2\omega$ 分量，得到的输出信号就是恢复出来的调制信号。

同步检波的参考信号必须和原调幅信号的载波同频同相。图 8-20 中是用锁相环路的方案获得参考信号的，显然这是一个载波跟踪型锁相环路。

2. 频率变换电路

利用锁相环的频率跟踪特性可以完成分频、倍频和混频功能，构成频率变换电路。这些对频率进行加、减、乘、除的功能是构成频率合成器的基础。频率合成器是一种频率可调或可程控的高稳定度的信号源，在通信、雷达、测量仪表中已得到广泛应用。

（1）倍频器与分频器。

若将一个振荡器通过锁相环锁定在它的谐波成分上，则可以构成倍频器和分频器。图 8-21 所示是一个锁相倍频电路的原理框图。它在基本锁相环路的反馈支路中（压控振荡器和鉴相器之间）插入了一个分频比为 $N$ 的分频器。

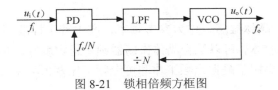

图 8-21　锁相倍频方框图

在环路锁定状态下，鉴相器的两个输入信号的频率相等，即 $f_i=f_0/N$，因此：

$$f_0=Nf_i \tag{8-17}$$

由此可见，这是一个 $N$ 倍频器。一般情况下，输入信号 $u_i(t)$ 是由晶体振荡器产生的，所以 $f_i$ 具有很高的稳定度和准确度。电路中采用了可编程分频器，只要改变分频器的分频比 $N$，就可以得到一系列频率间隔为 $f_i$ 标准频率的信号输出。

锁相倍频的优点是频谱很纯，而且倍频次数高，可达数万次以上。

在实际电路中，为避免可编程分频器的输入频率太高，常在可编程分频器与压控振荡器之间插入一个固定模数分频器（÷$P$），这时的输出频率 $f_0=NPf_i$。

图 8-22 所示是锁相分频电路的原理框图。由图可见，它与图 8-21 基本相同，只是在 VCO 和 PD 之间改插一个倍频系数为 $N$ 的倍频器。

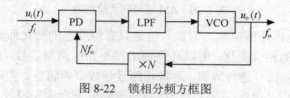

图 8-22 锁相分频方框图

在锁定状态下，$f_i=Nf_0$，因此 $f_0=f_i/N$，这是一个 $N$ 分频器。

（2）锁相混频。

锁相混频是在压控振荡器和鉴相器之间插入一个混频器 M，如图 8-23 所示。图中 $f_i$ 为输入信号频率，$f_L$ 为本振频率，$f_0$ 为压控振荡器输出频率。$f_0$ 与 $f_L$ 作为混频器的输入信号，混频器输出上下边频为 $f_0\pm f_L$ 的中频信号。

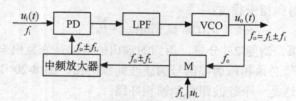

图 8-23 锁相混频方框图

若 $f_0>f_L$，在锁定情况下，$f_i=f_0-f_L$，则：

$$f_0=f_L+f_i \tag{8-17}$$

式（8-17）表明，环路输出频率 $f_0$ 是 $f_L$ 和 $f_i$ 之和，为上变频。

若 $f_0<f_L$，在锁定情况下，$f_i=f_L-f_0$，则：

$$f_0=f_L-f_i \tag{8-18}$$

式（8-18）表明，环路输出频率 $f_0$ 是 $f_L$ 和 $f_i$ 之差，为下变频。利用锁相环的频率加、减、乘、除等功能可以构成频率合成器。

（3）频率合成器。

利用一个（或几个）晶体振荡器作为参考频率，产生若干标准频率信号的设备，叫做频率合成器。采用频率合成技术，可以综合晶体振荡器频率稳定度好、准确度高和可变频率振荡器改换频率方便的优点，克服了晶振点频工作和可变频率振荡器频率稳定度低、准确度不高的缺点，用途非常广泛。

# 8.3 频率合成电路

频率合成器是一种频率可调或可程控的高度稳定的信号源，在通信、雷达、测量仪表中已经得到广泛应用。利用锁相环的频率跟踪特性可以完成分频、倍频和混频的功能，构成频率变换电路。这些对频率进行加、减、乘、除的功能是构成频率合成器的基础。频率合成器可分为直接式频率合成器、间接式（锁相式）频率合成器、直接式数字频率合成器（DDS）三大类。

## 8.3.1 频率合成器的主要技术指标

（1）频率范围。

频率范围是指频率合成器的工作频率范围。通常要求频率合成器在指定的频率范围和离散频率点上均能正常工作，并能达到质量指标的要求。

（2）频率间隔。

频率合成器的输出频谱是不连续的。两个相邻频率之间的最小间隔称为频率合成器的频率间隔，又称为分辨率。频率间隔的大小随合成器的用途不同而设。例如，短波单边带通信的频率间隔一般为 100MHz，有时为 10Hz、1Hz 甚至 0.1Hz。超短波通信则多取 50 Hz，有时也取 25 Hz、10 Hz 等。

（3）频率转换时间。

从一个工作频率转换到另一个工作频率并达到稳定工作所需要的时间称为频率转换时间。这个时间包括电路的延迟时间和锁相环路的捕捉时间，其数值与合成的电路形式有关。

（4）频率稳定度与准确度。

频率稳定度是指在规定的观测时间内合成器输出偏离标称值的程度，一般用偏离值与输出频率的相对值来表示。准确度表示实际工作频率与其标称频率之间的偏差，又称频率误差。

（5）频谱纯度。

频普纯度是指输出信号接近正弦波的程度。可用输出端的有用信号电平与各寄生频率分量总电平之比的分贝数表示。

## 8.3.2 频率直接合成器

直接式频率合成器是最早出现的一种频率合成模式，它一般是以多个晶体振荡源为基础，再用倍频、分频、混频等方法获得有限个所需频率的信号源。

直接频率合成指的是新频率的产生来自于使用倍频器、分频器、带通滤波器和混频器组合的一个或多个参考频率。典型的直接合成的例子如图 8-24 所示。

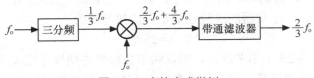

图 8-24 直接合成举例

图 8-24 中新频率 $\frac{2}{3}f_0$ 是由 $f_0$ 使用一个除以 3 电路、一个混频器和一个带通滤波器来实现的。

这个例子中，$\frac{2}{3}f_0$ 是直接对 $f_0$ 运算合成的。

直接频率合成器设计首要考虑的问题之一是混合比：

$$r = f_1 / f_2$$

式中 $f_1$ 和 $f_2$ 是混频器的两个输入频率。如果混合比太大或太小，两个输出频率相互太近，要滤除其中的一个信号将会很困难。

直接合成能够产生快速的频率切换（可低于 100μs）、几乎任意精细的频率分辨率（高达 $10^{-2}$Hz）、低的相位噪声、工作稳定可靠、输出信号的频谱纯度甚高以及这些方法中最高的运行频率。但是，直接频率合成需要的硬件（振荡器、混频器和带通滤波器）比较多，硬件要求使得建造直接合成器的规模更大，价格更昂贵。直接合成技术的另一个缺点是输出中含有不需要（寄生）的频率。频率范围越宽，在输出中出现寄生分量的可能性就越大。相对于直接合成的通用性、速度及灵活性，这些缺点也是必须权衡的。

### 8.3.3　频率间接合成法（锁相环路法）

应用锁相环（PLL）的频率合成技术（通常叫做间接合成）较好地克服了与直接合成有关的缺点。图 8-25 所示是一个简单的 PLL。当 PLL 正常工作时鉴相器的两个输入频率是相等的，即：

$$f_i = f_d \tag{8-21}$$

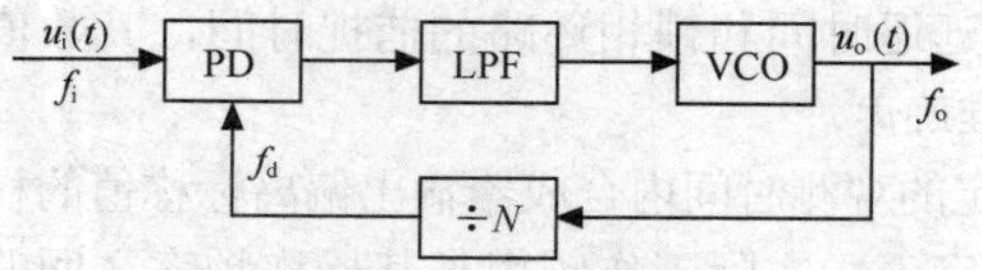

图 8-25　间接频率合成器

频率 $f_d$ 是把压控振荡器（VCO）的输出频率 $f_0$ 除以 $N$ 得到的，即：

$$f_d = f_0 / N \tag{8-22}$$

因此输出频率 $f_0$ 是参考频率的整数倍，即：

$$f_0 = N f_i \tag{8-23}$$

这样，在环路中带有分频器的 PLL 就提供了一种从一个单一的参考频率来获得许多频率的方法。如果除数 $N$ 是用一个可编程的分频器来实现的，则能够很容易地以增量 $f_i$ 来改变输出频率。有可编程分频器的 PLL 提供了一种合成大量频率的方法，合成的频率都是参考频率的整数倍。

由式（8-23）可以看到，频率分辨率等于 $f_i$。也就是说，输出频率可以按最小的增量 $f_i$ 来变化，然而这与在一个短暂的时间间隔内改变频率的要求是矛盾的。显然关于切换时间的精确的表达式还需要推导，一个常用的经验规则是，切换时间为：

$$t_s = 25 / f_i \tag{8-24}$$

切换频率需要大约 25 个参考周期，所以频率分辨率与切换速度成反比。一个频繁使用频率的现代卫星通信系统规范是，频率分辨率等于 10Hz，而切换时间要小于 10μs。上面的经验规则预计切换时间为 2.5s，所以很明显简单的 PLL 频率合成器不可能同时满足这两个要求。参考频率的选择支配着环路的性能。

1. **参考频率对环路性能的影响**

输出频率的表达式（式（8-23））表明，要获得精细的频率分辨率，参考频率必须很小。这就产生了矛盾的要求：一方面，要覆盖很宽的频率范围，要求 $N$ 有大的变化范围，使硬件问题能够解决；另一方面，还需要某些方法来补偿由于 $N$ 值的大范围变化而产生的环路动态范围的变化。线性化环路传递函数是：

$$\frac{f_o(s)}{f_i(s)} = \frac{K_v F(s)/s}{1 + K_v F(s)/(Ns)} \tag{8-25}$$

式中 $F(s)$ 是低通滤波器的传递函数。如果假定 $N$ 有很多值，如 1～1000，那么开环增益就有 60dB 的变化，对应的是环路动态的大范围的变化，除非应用某些方法（如使用可编程放大器）根据不同的 $N$ 值改变环路增益。

遇到的与低频参考频率有关的第二个问题是，环路带宽必须小于或等于参考频率，因为带通滤波器必须滤除在鉴相器输出中的参考频率及其谐波。这样滤波器的带宽就必须小于参考频率。前面已经说明了，为了足够的稳定性环路带宽通常小于滤波器带宽。因此，低的参考频率导致频率合成器频率的改变将是缓慢的。

低参考频率引入的另一个问题是对在 VCO 中引入的噪声的影响。图 8-26 所示为一个有 3 个主要噪声源的 PLL 的线性化模型。这里，$\phi_{Nr}$ 是参考信号的噪声，$\phi_{Nd}$ 是鉴相器产生的噪声。最大的鉴相器噪声分量是在参考频率及其谐波上。$\phi_{NO}$ 是由 VCO 引入的噪声。VCO 噪声能量的大部分在振荡器频率附近，在 PLL 模型中它可以解释为低频噪声。VCO 输出中闭环系统的总噪声 $\phi_N$ 由式（8-26）给出，即：

$$\phi_N = \frac{(\phi_{Nr} + \phi_{Nd})K_v F(s)/s}{1 + K_v F(s)/(Ns)} + \frac{\phi_{NO}}{1 + K_v F(s)/(Ns)} = G_r(s)(\phi_{Nr} + \phi_{Nd}) + G_r(s)\phi_{NO} \tag{8-26}$$

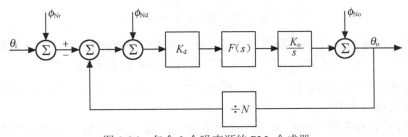

图 8-26 包含 3 个噪声源的 PLL 合成器

$F(s)$ 是 1 或者是一个低通传递函数，$G(s)$ 是低通传递函数，而 $G_r(s)$ 是高通传递函数。PLL 的作用，对于在参考信号及鉴相器中产生的相位噪声，就像一个低通滤波器，而对于起源于 VCO 的相位噪声，则像一个高通滤波器。因为 VCO 噪声是低频噪声，通过使环路带宽尽可能的宽，因 $\phi_{NO}$ 引起的输出噪声就能变得最小。同时，为了使 $\phi_{Nd}$ 的影响最小，环路带宽应该小于参考频率，$\phi_{Nd}$ 受到参考频率及其谐波的寄生频率成分的控制。

因此，为了要获得精细的频率分辨率而具有低参考频率 $f_i$ 的愿望被为了减少环路建立时间以及使 VCO 所提供的噪声变得最小而需要大的 $f_i$ 所抵消。

**2. 可变模数分频器**

图 8-25 所示系统的另一个困难是可编程分频器的运算速度低于很多通信系统所要求的速度。用晶体管－晶体管逻辑（TTL）部件构成的可编程分频器的上限约为 25MHz，而由互补对称金属氧化物半导体（CMOS）逻辑组成的上限大概是 4MHz。所以，如果要做一个卫星通信用的 $2×10^9$Hz 的合成器，就必须应用一些其他的方法。有很多方法可以解决这个问题。先来讨论可编程分频器的比较慢的运算速度问题。

可编程分频器比固定模数分频器（预定标器）慢。事实上，预定标器最高可以工作于 GHz 级的频率。图 8-27 所示是一个环路中同时包含有一个预定标器和一个可编程分频器的间接合成器。预定标器可以操作在 GHz 级的频率，它在把输出频率加到可编程分频器之前，先把频率降低为 1/$P$。当环路锁定时：

$$f_i = \frac{f_o}{PN} \text{ 或 } f_o = N(Pf_i) \tag{8-27}$$

虽然预定标器的使用使环路能够运行于比较高的频率，输出频率只能以 $Pf_i$ 为增量来改变。由于通道的间隔等于参考频率，为了得到同样的分辨率，参考频率也必须降低为预定标器 1/$P$。

为了获得良好的频率分辨率的同时又工作于高的输出频率的另一条途径应用了一种称为可变模数预引比例因子的方法。重新考虑式（8-27），可以看到输出频率的分辨率是可以改进的，如果 $N$ 的值是一个整数加一个分数的话。例如，如果 $N=N_o+AQ/P$（$A$ 和 $P$ 是整数），那么输出频率将由式（8-28）给出：

$$f_0 = P(N_o + AQ/P)f_i = PN_of_i + AQf_i \tag{8-28}$$

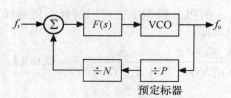

图 8-27　含有预定标器的 PLL

就能得到新的分辨率了。这个方程并不容易实现，但是如果把 ±$AP$ 加进去，结果就是：

$$f_0 = (N_oP + AQ - AP + AP)f_i = [P(N-A) + (P+Q)A]f_i \tag{8-29}$$

由这个方程可以明显地看出，一个双模数计数器，除以 $P+Q$ 是 $A$ 次，而除以 $P$ 是 $N_o$-$A$ 次，可以用来实现这个功能。

图 8-28 所示的双模数预定标器系统有一个预定标器，它在模数控制为高时除以模数 $P+Q$，模数控制为低时则除以模数 $P$。在这个特殊的方案中，可变模数预定标器的输出同时驱动两个可编程分频器 1 和 2。可编程分频器运行的时钟速率是 $f_i$ 除以 $P$ 或 $P+Q$。除法周期开始时计数器 1 预置为 $A$，计数器 2 预置为 $N$，且模数控制为高，所以双模数预定标器的输出频率是 $f_i$ 除以 $P+Q$。预定标器除以 $P+Q$，直到计数器 $A$ 为 0。这时，除以计数器 $N$ 的值等于 $N$（预置值）-$A$（预置值）。接下来，计数器 $A$ 使预定标器的模数控制跳变为低，变为除以 $P$ 模式。预定标器然后就除以 $P$，共 $N$-$A$ 次，直到计数器 $N$ 为 0。最终，用预置值重新加载计数器，并重新设置模数控制信号，除法周期重新开始。在一个完整的除法周期中的输入周期数是：

$$D = (P+Q)A + P(N-A) = AQ + PN \tag{8-30}$$

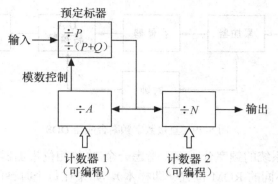

图 8-28 用双模数预定标器实现的可编程分频器

注意要使这个方法正常工作，$N$ 必须大于 $A$。如果 $Q=1$，那么分频比尽管最小值为 $D_{min}=PN$，仍然能以 1 为步长。常用的分频比是 $P=10$ 和 $P+Q=11$，于是式（8-30）就变成：

$$D = 10N + A \qquad (8\text{-}31)$$

这表明只要 $N>A$，就能用 10/11 的预定标器获得增量为 1 的分频比。因此 $A_{max}=9$，$N$ 至少等于 10，$D_{min}$ 就是 100。最小分频比在频率合成器设计中一般并不是问题。

### 8.3.4　直接数字频率合成器

直接数字频率合成（DDS）可以通过通用计算机和微型计算机来解决一个数字递归关系，或者把正弦波形值存储在查找表中来实现。微电子学最近的进展 DDS 能够应用在高至 150MHz 左右的频率。再向前看，流水线相位累加器的应用以及并行结构 D/A 转换器的应用可能很快就能使频率达到 500MHz。合成器可以做得小而且低功耗，并能提供非常精细的频率分辨率（可以小于 1Hz）以及事实上瞬时、相位相关的频率切换。因为，它们有极快的建立时间（通常以纳秒计量），漂移最小，而且展现了极小的相位噪声。

解线性递归关系来生成正弦波的方法至少存在两个问题：噪声可能增加直到产生一个限制循环（非线性振荡）；有限字长的系数也限制了频率的分辨率。由于这两个原因，现在更喜欢用直接查表法。一种直接查表法是在每个正弦波周期内输出同样的点数，通过整数数据的输出速率来改变输出频率。用这个方法要获得精细的频率分辨率比较困难一些，如果要求精细的频率分辨率的话，通常使用一种改进的查表法。这里将介绍后一种方法。基本思路是把 $N$ 个均匀间隔的正弦波的样本存储在存储器中，然后把这些样本以均衡的速率输出到数－模转换器，转换为模拟信号。于是最低输出频率的波形将含有 $N$ 个不同的点。采用同样的数据输出速率但对存储器中的数据每隔一个点输出一个，就能产生两倍频率的波形。以同样的速率每隔 $k$ 个点输出一次就能得到频率为 $k$ 倍的波形。频率分辨率和最低频率 $f_L$ 的一样。频率的上限取决于存储器中的点数。理论上，只需要输出正弦波的两个样本点，在 D/A 转换器输出端用模拟滤波就能恢复基频。一般来说，最高频率信号要用 4 个或 4 个以上的点，这样多少能降低对输出端的模拟滤波器的要求。一个完整的 DDS 的结构如图 8-29 所示。系统包含有一个简单数字累加器构成的相位累加器、一个只读存储器、一个参考振荡器、一个 D/A 转换器和一个低通滤波器。要输出最低的频率，每一个参考周期给相位累加器加 1 并查表输出下一个值。要输出比最低频率快 $k$ 倍的频率，每次给相位累加器加 $k$，然后查表输出对应的值。

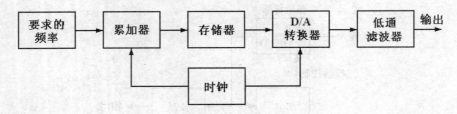

图 8-29 直接数字频率合成器 DDS

要确定一个 DDS 系统的频率分辨率，考虑一个 $2^N$ 位相位累加器及参考时钟 $f_{clk}$。这个相位累加器能访问 $2^N$ 个不同的 ROM 位置（即样本）。如果在每个时钟的边沿加 1，那么就能存取所有 $2^N$ 个样本。假定所有的样本都是唯一的（通常都是这种情况），频率分辨率就由式（8-32）给出：

$$f_i = f_{clk}/2^N \tag{8-32}$$

例如，用一个 32 位累加器和一个 10MHz 的时钟，频率分辨率为 2.33mHz。

如果在最高输出频率 $f_{max}$ 用 $P$ 个样本表示波形，则 $N=(f_{max}/f_{min})$ 最低频率波形用 $P$ 个样本。数 $N$ 受可用的存储器容量的限制，而 $P$ 必须大于 2，且取决于输出低通滤波器的要求。对于最高输出频率的周期：

$$T_{max}=1/f_{max}=PT \text{ 或 } f_{max}=1/PT \tag{8-33}$$

这里 $T$ 是参考时钟的周期，因此能获得的最高可能输出频率是由可能的最快采样速率决定的。限制直接频率合成器高频性能的最重要的因素是 D/A 转换器的速度。它不仅限制了最高输出频率，而且引入了噪声和谐波失真。对于用微处理器实现的频率合成器，频率的上限取决于进行相位累加和存储器查表传递所需的计算机时钟周期数。对于新的数字信号处理集成电路，这个时间可以减少到不到 20ns。这个方法没有最低输出频率的下限。随后就会看到，通过扩展相位累加器的大小就能很简单地扩展频率下限。

要做成完整的 DDS，还必须确定存储器的大小和字长（每个字的位数）。字长由系统的噪声要求来确定。D/A 的输出是受到由于有限字长所引起的截断而造成的噪声干扰的正弦波。可以看出，如果使用 $(N+1)$ 位字长（包括 1 位符号位），由于截断而造成的最坏情况的噪声功率（相对于信号）约为：

$$\sigma^2=(2^n)^{-1} \text{ 或 } \sigma^2=-6n\text{dB} \tag{8-34}$$

对于加到字长中的每一位，频谱纯度改进 6dB。

DDS 的主要缺点是它限制了较低的频率。高端频率被可能的最高时钟频率及 D/A 转换器的建立时间所限制。此外，频率较高时，功耗可能变得很大。DDS 的噪声比其他方法要严重得多。由于相位累加器截断而产生的频谱中的尖刺分量随每一个新的 FCW 值而改变，这就使对低通滤波的要求变得非常严格。更重要的是，如在式（8-34）中所看到的，输出中噪声尖刺的幅度直接受到 D/A 转换器（DAC）位分辨率的影响。

尽管有这些缺点，DDS 系统还是容易用普通的部件来构建，它们比较灵活，建立时间快，保持了频率之间的相位一致性，并且具有非常好的频率分辨率。DDS 系统还提供了容易的数字调制（开关键控，累加器与 ROM 之间的累加器相位 FM，以及 ROM 和 D/A 转换器之间的AM）。此外，因相位进程是线性的，相位线性度与参考时钟的进程的线性度是一样的。DDS 系统实质上是一个时钟分频器，使得系统的相位噪声低于时钟（低相位噪声晶体）。

集成电路的 DDS 系统可以从许多厂家买到。例如，Analog Devices AD9850 是一个 28 针 DDS，有一个 10 位 DAC 和 32 位相位累加器，时钟最高可达 125MHz。当前研究工作的重点是在改进建立时间和 DAC 的分辨率、压缩 ROM 样本、降低功耗、降低系统输出的噪声尖刺。如果这些问题能够解决，DDFS 就可能成为未来最主要的频率合成方式。

## 8.3.5　集成频率合成器

集成频率合成器一般采用专用芯片设计，方法简单，主要有两类：一类是基于锁相环路的数模混合芯片，如 Motorola 的 MC145000 系列（工作频率达 30MHz）、Peregrine 公司的 PE3236（工作频率达 2.4GHz）；另一类是基于相位概念的全数字芯片，如 AD 公司的 AD9850、AD9851、AD9852、AD9858、AD9995 等。

MC145000 系列是最为典型的单片集成频率合成器，目前已经有几种型号可供使用。其中大多数都含有数字鉴相器及用于反馈除法运算的可预置计数器，有些更先进的芯片还包含了外部双模数预定标器所需的控制逻辑和计数器，并且可预置成串联和并联。常用的芯片有 MC145146、MC145152、MC145159。

### 1.　MC145000 系列单片集成频率合成器

载波频率在整个带宽 $BW$ 上跳跃变化，在频谱扩展技术中称为跳频。频率的每一次跳跃都位于预定的频段处。假设需要从 180.4MHz 跳到 185.6MHz（注意这个频率的 5 次谐波位于 ISM（工业、科学与医学）波段，每个跳跃间至少 20kHz，且至少 50 个频率段。下面介绍如何设计一个能够实现这些要求的 PLL 频率合成器电路。

从至少 20kHz 的跳频频率段通道间隔要求开始，把一个 2MHz 的晶体连接到 MC145152-2 连接参考地址输入（4、5、6 脚），所以晶体是 64 分频（RA2=0，RA1=0，RA0=1）。这就给出了参考频率是 31.25kHz，而最大的跳跃数是 5.2MHz/31.25kHz=166.4。对于 185.6MHz 的频率，$N$ 和 $A$ 的值可以这样来获得：

令 $A=0$ 解 $N$：

$$PN+A=f_0/f_i=185.6\text{MHz}/31.25\text{kHz}=5939.2\approx5939 \qquad N=92$$

对于这个 $N$ 值，由：

$$A=f_0/f_i-NP=5939-(92)(64)=51$$

找到 $A$。

如图 8-30 所示是 MC145152-2PLL 频率合成器。本例所介绍的器件典型应用是用于低功率锁相环频率合成器。当与一个外接的低通滤波器以及压控振荡器结合起来时，这些器件能够提供一个 PLL 频率合成器的全部功能，工作频率可以高至器件的频率上限。对于更高的 VCO 频率，可以在 VCO 和合成器 IC 之间使用一个降频混频器或预定标器。

这些频率合成器芯片可以应用于 CATV、AM/FM 收音机、双向无线电、TV 调谐、扫描接收机、业余无线电等。

### 2.　AD9850 系列直接式数字频率合成器

这是近年来迅速发展起来的全数字化的频率合成系统，整个合成器已成为一种超大规模的集成器件，以此为基础的信号源产品已大量问世。这种合成器的代表产品是 AD 公司生产的 AD9850、AD9852、AD9854 等产品。

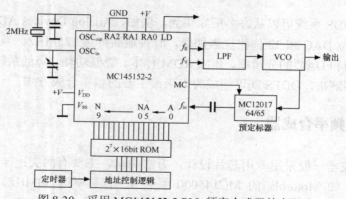

图 8-30　采用 MC145152-2 PLL 频率合成器的实现

直接式数字频率合成器的特点——以 AD9850 DDS 为例：频率分辨率甚高，可达 0.0291Hz；频率转换时间甚短，可低至数十纳秒（每秒能产生 $23 \times 10^6$ 个新的频率）；频率范围很宽，低至 0.0291Hz，高至数十兆赫兹（在参考时钟为 125MHz 时，输出信号的频率可高至 62.5MHz）；变换信号频率时，信号的相位能保持连续；具有多种功能，如能输出方波，若有好的软件设计，还可以输出调频波、调幅波及其他所需已调信号；功耗小，在 5V 供电时耗电 380mW，在 3.3V 供电时耗电 155mW；适应环境温度变化大（-40℃～80℃）；体积小、质量轻（28 脚 SSOP 超小型封装）。从实际使用的情况来看，其缺点是在输出信号幅度小时噪声较大。

上述是 AD9850 的特点，对于 AD9852、AD9854 而言，其指标更好、功能更全，实际应用中几乎所有信号均可用软件设定，由硬件电路输出。

直接式数字频率合成器（DDS）的电路组成框图如图 8-31 所示。由图中可见，合成器主要由相位累加器、算法电路、存储器、A/D 转换器、低通滤波器、比较器、串并行接口等电路组成。相位累加器受参考时钟信号及频率控制字的控制产生所需控制参数，再由专门设计的算法电路操作，从存储器中依序取出相应样点的数据加至 A/D 转换器变换成模拟信号，最后经低通滤波器滤波，由芯片某端口输出所需的正弦信号。图中的参考信号是由本芯片的石英晶体振荡器产生，也可以由外电路供给，频率控制字由外部的 PC 机或单片机提供，对 AD9850 芯片而言，此控制字为 40 位二进制（其中的 32 位作控制频率用），可串行输入，也可并行输入。

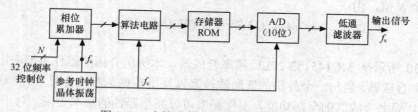

图 8-31　直接式数字频率合成器组成框图

芯片不同，其算法电路会有所区别，就 AD9850 合成器而言，其输出信号的频率 $f_x$ 与参考时钟频率 $f_c$ 及相位调整字位数 $N$（$N=32$）之间的关系为：

$$f_x = Mf_c/2N = Mf_c/2 \cdot 32 = Mf_r$$

式中，$f_r = (f_c/2)N = (f_c/2) \cdot 32$ 为频率分辨率，在参考时钟频率 $f_c = 125$MHz、$N = 32$ 时，$f_r = 0.0291$Hz，$M$ 为控制相位累加器的任意值，由它可以决定输出信号的频率值。

# 思考题与习题

1. AGC 系统主要有哪些要求?

2. 锁相环路和 AFC 电路都能进行稳频,请比较两者之间的相同点和区别。

3. 画出锁相环路的方框图并回答以下问题:

(1)环路锁定时压控振荡器的频率和输入信号频率之间是什么关系?

(2)在鉴相器中比较的是哪种参量?

4. 已知接收机输入信号动态范围为 80dB,要求输出电压在 0.8~1V 范围内变化,则整机增益控制倍数应是多少?

5. 简要叙述锁相环路的捕捉过程和跟踪过程。

6. 如图 8-32 所示是调频接收机 AGC 电路的两种设计方案,试分析哪一种方案可行并加以说明。

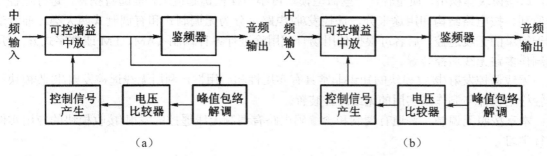

图 8-32　调频接收机 AGC 电路的两种设计方案

7. 锁相频率合成器的鉴相频率为 1kHz,参考时钟源频率为 10MHz,输出频率范围为 9~10MHz,频率间隔为 25kHz,求可变分频器的变化范围。若用分频数为 10 的前置分频器,可变分频器的变化范围又如何?

# 第9章　无线收发系统实训项目

随着无线电技术的发展和微电子工艺技术的进步，一些功能性的单元电路和整个发射、接收模块电路逐渐向小型化、数字化、模块化方向发展。自20世纪90年代以来，国内不少厂家相继开发、研制出一些专用于无线遥控的发射、接收模块或组件。由于采用了新技术、新工艺，这些模块体积小、质量轻，一些微型模块可小至挂在钥匙链上，能随身携带，进行遥控十分便利。按电路结构和用途来分，遥控发/收电路可分为无调制式和有调制式两大类。前者适用于简单的无线遥控，后者可根据使用场合或用途进行各种调制（AM、FM或数字式），可用来制作多路无线遥控装置。

无线遥控发射/接收模块的知识非常具有实用性和应用性，利用无线遥控发射/接收模块能较轻松地设计与制作出实用的无线遥控装置。

本章按照无调制、普通有调制和含编码电路有调制无线遥控的发射/接收模块的应用实例进行学习。

**本章主要内容：**

本章制作五款无线收发产品，通过实践训练，巩固无线收发系统的理论知识，掌握无线收发系统电路的制作调试方法：

- 微型无线防盗报警器。
- 微型无线遥控开关。
- 无线遥控模型汽车。
- 无线门铃。
- 无线信号发射器。

## 9.1　微型无线防盗报警器

**知识点：**

- 无调制无线发射/接收模块 RCM1A/RCM1B 的功能特性。
- 音乐集成电路 HY-1 的功能特性。

**技能点:**

无调制无线发射/接收模块 RCM1A/RCM1B 的发射接收原理和应用电路。

**实训内容:**

利用 RCM1A/RCM1B 无调制无线发射、接收模块设计制作一款微型无线报警器。

RCM1A/RCM1B 是一对无调制、微功耗、超短波无线遥控发射/接收模块,由西安华翔科技研究所开发生产,将高频模拟电路、收发天线和数字电路配对调好后用环氧树脂灌封而成的混合集成器件。具有供电电压低、耗电省、体积小、不需外接天线、无须调制、使用简单、外围元件少、输出电平高、性能稳定等特点,特别适合在湿度大和温差较大的恶劣环境下工作,可广泛应用于近距离无线遥控,如电器控制、电动玩具控制、灯光控制等。

本项目的目的是应用无调制无线遥控发射/接收模块设计制作一些简单的无线遥控装置。首先要了解所选模块(RCM1A/RCM1B)的功能特性,进而以微型无线防盗报警器为例,掌握无调制无线遥控模块的应用电路。

## 9.1.1　RCM1A/RCM1B 的外形尺寸和性能参数

### 1. 外形尺寸与引脚功能

RCM1A 是遥控发射模块,内含低频振荡器、调制器、超高频振荡器和印制电感天线等,外部引线只有两个引脚,1 脚为电源负端,2 脚为电源正端,如图 9-1(a)所示。

RCM1B 为遥控接收模块,内含超短波接收、解调、放大、检波、延迟、电平转换等电路,也内藏印制电感天线,外部有 5 个引脚,1 脚为延时电容端,2 脚为高电平输出端,3 脚为低电平输出端,4 脚为电源正端,5 脚为电源负端,如图 9-1(b)所示。无接收信号时,2 脚输出低电平,3 脚输出高电平;有接收信号时,2 脚输出高电平,3 脚输出低电平。

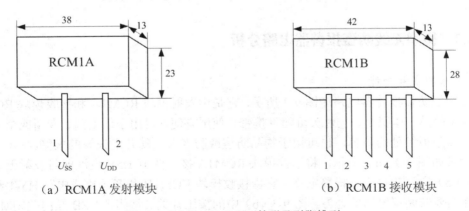

（a）RCM1A 发射模块　　　（b）RCM1B 接收模块

图 9-1　RCM1A/RCM1B 外形及引脚排列

### 2. RCM1A/RCM1B 的主要性能参数

RCM1A/RCM1B 的发射/接收模块按有效控制距离远近划分有 I 型、II 型、III 型三种类型,其主要性能参数如表 9-1 所示。

表 9-1　RCM1A/RCM1B 发射/接收模块的主要性能参数

| 项目<br>型号 | RCM1A（发） | | RCM1B（收） | | 工作频率<br>（MHz） | 有效作用距离<br>（m） |
|---|---|---|---|---|---|---|
| | 工作电压（V） | 工作电流（mA） | 工作电压（V） | 工作电流（mA） | | |
| I 型 | 3～6 | 0.6～5.0 | 4.5～5.0 | 0.85 | | 8～25 |
| II 型 | 3～6 | 1.0～1.5 | 4.5～5.0 | 0.85 | 250～300 | 20～30 |
| III 型 | 6 | 2.5～3.0 | 4.5～5.0 | 0.85 | | 35～45 |

### 9.1.2　HY-1 型音乐集成电路

HY-1 或 HY-100 型音乐集成电路内存一首"叮咚"乐曲，电源电压 $U_{DD}$=3V，静态电流 <1μA，工作电流为 80mA，不需要外接功放管即可直接驱动音响器或扬声器，触发端 TG 为高电平触发。外部只需要接一只用于振荡的电阻（68kΩ）即可工作。HY-1 或 HY-100 型音乐集成电路的引脚图如图 9-2 所示。其中，1、6 脚为电源、地，2 脚为高电平触发端，5 脚为音乐输出脚，可直接驱动微型音响器，7、8 脚直接外接 68kΩ即可。

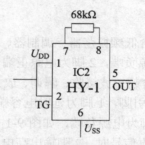

图 9-2　HY-1 或 HY-100 型音乐集成电路的引脚图

### 9.1.3　微型无线防盗报警器电路分析

#### 1. 电路组成和功能

微型无线防盗报警器电路如图 9-3 所示，它是由发射模块 RCM1A 和接收模块 RCM1B 组成的，电路简单、体积小、发射头可随身携带、使用方便，可用于居室门、专用或个人使用的文件柜、保险柜等处的防范，也可用于物品防盗或防老人、幼儿走失等的报警。

发射头如图 9-3（a）所示，将遥控模块 RCM1A 接上两节 1.5V 电池即可发射无线电波。如图 9-3（b）所示为接收、报警电路，它由接收模块 RCM1B 和音乐集成电路 HY-1 组成。将它放置在需要安装报警器的地方，图 9-3（b）中的按压开关（常闭锁）SB 在门关闭时被抵住，接收电路处于断电不工作状态。当有人打开门时，这样的接收装置在带有发射头的主人面前不会发生报警，而在窃贼打开时就会发出"叮咚"的报警曲。

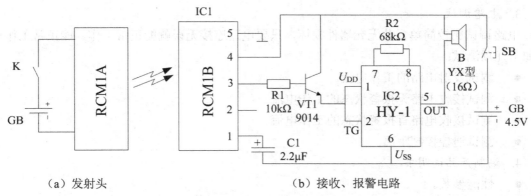

（a）发射头　　　　　　　　（b）接收、报警电路

图 9-3　微型无线防盗报警器

2. 工作原理

若发、收电路采用 RCM1A/RCM1B 模块（I 型），则发、收遥控的有效作用距离为 8～15m。在该距离内，RCM1B 的 3 脚输出呈低电平，而当超出作用距离时，RCM1B 的 3 脚便转呈高电平，利用这一特性就可以识别是主人还是窃贼在开门。平时接收电路的按压开关 SB 因受压抵住而处于断电状态。当主人（随身携带 RCM1A 发射头）打开门时，图 9-3（b）所示电路通电，处于工作状态，但由于发、收距离近，RCM1B 的 3 脚输出低电平，VT1 截止，与其相接的 HY-1 因无电不工作，音响器 B 不发声。而当窃贼或他人打开门时，因其不携带 RCM1A 发射头，没有超短电磁波作用于 RCM1B，则 RCM1B 的 3 脚输出高电平，致使 VT1 饱和导通，HY-1 得电并触发，则 HY-1 迅速发出内存的"叮咚"曲，音响器 B 就会发出音乐报警曲。

### 9.1.4　无线报警器电路的制作与调试

1. 元器件

元器件清单如表 9-2 所示。

表 9-2　微型无线防盗报警器电路元器件清单

| | 编号 | 名称 | 型号 | 数量 | 编号 | 名称 | 型号 | 数量 |
|---|---|---|---|---|---|---|---|---|
| 发射电路 | IC | 发射模块 | RCM1A（I 型） | 1 | K | 常开开关 | 微型 | 1 |
| | GB | 电池 | 7 号 | 2 | | | | |
| 接收电路 | IC1 | 接收模块 | RCM1B（I 型） | 1 | C1 | 电解电容 | 2.2μF | 1 |
| | IC2 | 音乐集成电路 | HY-1 | 1 | B | 直流音响器 | YX 或 DBX（DC 3V） | 1 |
| | VT1 | 三极管 | 9014 | 1 | SB | 常闭按钮 | 微型 | 1 |
| | R1 | 电阻器 | 10kΩ | 1 | GB | 电池 | 7 号 | 3 |
| | R2 | 电阻器 | 68 kΩ | | | | | |

2. 电路制作

可在电路板或万用板上进行焊接与制作。

　　3．电路调试

　　电路调试比较简单，若无元器件损坏，只要电路连接无误就能正常工作。能正常工作后，做如下几项测试：

- 测试发射电路的工作电流。
- 测试接收电路无报警状态的工作电流。
- 测试接收电路有报警状态的工作电流。
- 测试遥控控制距离。

　　4．编制产品说明书

- 性能参数。
- 安装与使用说明。

# 9.2　微型无线遥控开关

知识点：

- 有调制无线发射/接收模块 TWH630/ TWH631 的功能特性。
- 音频解码集成电路 LM567 的功能特性。

技能点：

- TWH630/ TWH631 无线发射/接收模块的发射接收原理和应用电路。
- 音频解码集成电路 LM567 的解码调节方法。
- 时基集成电路 555 的多谐振荡电路。

实训内容：

利用 TWH630/TWH631 微型有调制无线发射/接收模块设计制作一个微型无线遥控开关。

　　无调制无线发射/接收模块属于"群发、群收"工作特性，不具有专一性和保密性，即一个发射模块工作时，只要是相同类型的接收模块，且在有效遥控范围内，就都能接收到发射模块的无线电波。本项目利用 TWH630/ TWH631 微型有调制无线发射/接收模块设计制作一个能识别主人的微型无线遥控开关。

　　TWH630/ TWH631 为微型无线发/收模块，其内有调制（发）和解调（收）功能电路。它们采用内藏天线，具有体积小、耗电省、抗干扰能力强、免调试等特点，与无调制式发/收模块相比，其遥控性能更可靠，抗干扰性能更好，而且外电路十分简单。通过在发射电路中设置调制信号与在接收电路中设置相应的解调电路来实现识别主人的功能，相比无调制的无线遥控，具有更高的遥控可靠性。

### 9.2.1　TWH630/TWH631 的外形尺寸和主要技术参数

1. TWH630/TWH631 的外形尺寸与引脚功能

TWH630/TWH631 体积小、外引线少，它的外形尺寸和引脚排列如图 9-4 所示。

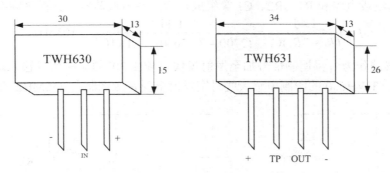

图 9-4　TWH630/TWH631 的外形尺寸与引脚排列

TWH630 是发射模块，俗称发射头，它内藏印制感性天线，外引线只有 3 根，即电源正极、电源负极和调制信号输入端 IN；TWH631 为接收模块，俗称接收头，它的天线也为内藏式，外引线有 4 根，即电源线两根、解调输出端 OUT 和测试端 TP。TP 端可外接示波器来观察其解调后的波形。

2. TWH630/TWH631 的主要性能参数

TWH630/TWH631 的主要性能参数如表 9-3 所示。

表 9-3　TWH630/TWH631 的主要性能参数

| 性能参数<br><br>模块 | 工作频率<br>（MHz） | 工作电压<br>（V） | 工作电流<br>（mA） | 调制电压<br>（V） | 射频输出功率<br>（mW） | 遥控距离<br>（m） |
|---|---|---|---|---|---|---|
| TWH630（发） | 265 | 12 | 4 | 5 | 10 | 100 |
| TWH631（收） | 265 | 6 | 1～3 | — | — | |

### 9.2.2　音频解码集成电路 LM567

LM567 是一只内含锁相环的音频集成电路，专门用于解调单音频率调制信号，性能稳定，解码可靠。如图 9-5（b）所示，5 脚、6 脚外接 RC 振荡元件，产生锁相环的自由振荡频率（压控振荡器的中心频率）$f = \dfrac{1}{1.1RC}$，即调节 RC 阻容常数，可改变锁相环的压控振荡的中心频率；3 脚、8 脚分别为解码输入、输出端，当 LM567 音频集成电路的自由振荡频率与解码输入频率一致时，解码输出端由高电平变为低电平；1 脚、2 脚为电容输入补偿端，按芯片资料手册可知典型电路接入电容为 2.2μF 和 1μF；4 脚、7 脚分别为电源、地。

### 9.2.3　微型无线遥控开关电路分析

**1. 发射电路**

如图 9-5（a）所示，发射电路由时基集成电路 555 和微型无线遥控发射模块 TWH630 等组成。555 时基集成电路和 R1、R2、C1 等组成自激式多谐振荡器，其振荡频率为：

$$f = \frac{1.44}{(R_1 + 2R_2)C_1} = \frac{1.44}{(2700 + 2 \times 5600) \times 0.1 \times 10^{-6}} = 1036\text{Hz}$$

该振荡矩形波作为音频调制信号加至发射模块 TWH630 的调制信号输入端 IN。经音频 1036Hz 调制后，TWH630 的印制电感天线对空发射出受音频调制的 256MHz 的超高频载波。

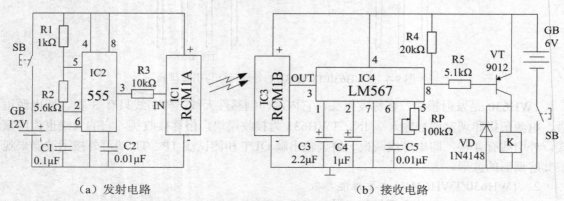

（a）发射电路　　　　　　　　　　　　（b）接收电路

图 9-5　TWH630/ TWH631 构成的微型无线遥控开关电路

**2. 接收电路**

接收电路由遥控接收模块 TWH631 和音频译码集成电路 LM567 等组成，如图 9-5（b）所示。TWH631 对来自发射头的超高频调制信号进行放大、解调，并将解调出的 1036Hz 音频信号加至 LM567 的信号输入端 3 脚。LM567 为内有锁相环的音频译码器，能可靠地解调单音频率的信号。其内的压控振荡器的中心频率 $f' \approx \dfrac{1}{1.1R_{RP}C_3}$，调节 5 脚、6 脚的阻容时间常数使 $f'$ 与输入的 1036Hz 音频信号相一致，则 LM567 就能可靠解码。这时，LM567 的输出端 8 脚就由高电平下降为低电平，导致 PNP 型三极管 VT 饱和导通，继电器 K 吸合，其常开触点闭合，常闭触点断开，实现对开关的控制。利用此开关可接通（或断开）交流负载（或直流负载），实现某控制电路的通断。

### 9.2.4　遥控开关电路制作与调试

**1. 元器件**

微型无线遥控开关元件清单如表 9-4 所示。

表 9-4　微型无线遥控开关元件清单

| | 编号 | 名称 | 型号 | 数量 | 编号 | 名称 | 型号 | 数量 |
|---|---|---|---|---|---|---|---|---|
| 发射电路 | IC1 | 发射模块 | TWH630 | 1 | C1 | 电容器 | 0.1μF | 1 |
| | IC2 | 集成时基电路 | 555 | 1 | C2 | 电容器 | 0.01μF | 1 |
| | R1 | 电阻器 | 2.7 kΩ | 1 | GB | 电源 | 12 V | 1 |
| | R2 | 电阻器 | 5.6 kΩ | 1 | SB | 按钮开关 | 常开 | 1 |
| | R3 | 电阻器 | 10 kΩ | 1 | | | | |
| 接收电路 | IC3 | 接收模块 | TWH631 | 1 | RP | 电位器 | 100 kΩ | 1 |
| | IC4 | 音频解码电路 | LM567 | 1 | C3 | 电解电容 | 2.2μF | 1 |
| | VT | 三极管 | 9012 | 1 | C4 | 电解电容 | 1μF | 1 |
| | R4 | 电阻器 | 20 kΩ | 1 | C5 | 电解电容 | 0.01μF | 1 |
| | R5 | 电阻器 | 5.1 kΩ | 1 | K | 继电器 | DC6V,5A | 1 |
| | GB | 电源 | 6 V | 1 | VD | 二极管 | 1N4148 | 1 |
| | SB | 开关 | 微型 | 1 | | | | |

2．电路制作

可在电路板或万用板上进行焊接制作。

3．电路调试

（1）发射电路。

接通电源，用示波器测试 555 电路的 3 脚输出，检查是否有矩形波输出，振荡频率大约为 1036Hz。若输出波形符合要求，则进入接收电路调试；否则，检查 555 各点电位与波形，判断 555 电路构成的多谐振荡器是否工作正常。

（2）接收电路。

1）先接通接收电路的电源，再接通发射电路的电源。用示波器测试接收模块输出端的电压波形，看是否有与发射电路 555 电路的 3 脚相同的矩形波输出，若输出波形符合要求，则进入下一步调试；否则，检查发射、接收模块的工作电源是否正常，发射、接收模块是否配对（出厂编号是否相同），直至接收模块输出端能收到与发射电路 555 电路的 3 脚相同的矩形波电压波形。

2）调节 RP 电位器，用万用表检测 LM567 8 脚的电位，并耳听继电器是否有动作（或用继电器连接灯泡回路）。若 LM567 的 8 脚的电位能由高电平下降为低电平，说明 LM567 工作正常；若 LM567 的 8 脚的电位能由高电平下降为低电平的同时耳听到继电器动作（闭合）的声音（或灯泡亮），说明继电器以及驱动电路工作正常，也标志着采用 TWH630/TWH631 构成的微型无线遥控开关的电路能正常工作。

3）测试遥控距离（若用电池供电，应在新电池状态下测试），逐渐拉开接收、发射电路间的距离，直至再次听到继电器动作（断开）的声音（或灯泡灭）。此时，接收、发射电路间的距离可近似为最大遥控距离。

4. 编制产品说明书

● 性能参数。

● 使用说明。

# 9.3 无线遥控模型汽车

有调制无线遥控发射/接收模块与无调制无线遥控发射/接收模块相比，可实现更高的遥控可靠性。但在发射电路中，要有调制信号的产生电路；在接收电路中，要有针对发射电路中调制信号的解调电路。此外，发射电路与接收电路间的配对调整比较麻烦。利用含编、解码特性无线遥控用的发、收组件，就能很好地解决发射电路与接收电路的配对问题，而且具有更高的遥控可靠性和控制能力。

无线收发系统广泛应用于各种场合，通过无线收发系统可以方便地实现控制信号的无线传输。无线遥控电路比声控光控电路复杂，控制距离更远，声控光控电路一般为几米到十几米的作用距离，而无线控制电路视不同的应用场合可以近到零点几米，也可以远到太空。

本项目中的遥控模型汽车以无线遥控组件 TX2/RX2 为核心，再配以驱动模型汽车的执行电路，可使电动模型汽车做前进、倒车、左转弯、右转弯、停车等动作。

无线遥控模型汽车电路系统由发射电路和接收电路两部分组成，遥控车电路系统原理框图如图 9-6 所示，通过无线发射电路实现对遥控车各种功能的控制，电路通过遥控器采集输入信号，将输入信号送入编码电路进行编码，编码电路的输出信号送入调制电路，调频之后经天线无线发射。接收电路由天线接收到控制信号后先进行鉴频，还原出原来的低频信号，再将低频信号送入解码电路进行解码，解码后送出相应的控制信号使驱动电路工作，以控制遥控车产生相应动作。遥控车电路的发射频率与接收频率必须完全相同，以实现信号的无线传输。

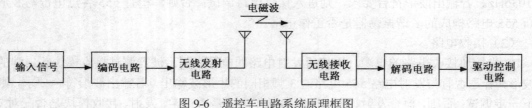

图 9-6 遥控车电路系统原理框图

调频发射是用固定频率的低频信号去调制高频发射波的频率，使得高频发射频率随着低频信号频率产生相应的频率偏移。因为调频发射发送的是高频等幅波，充分利用了高频发射功率，所以在发射机高频发射功率相同的情况下，控制距离比调幅波远，抗干扰性能也优于调幅波，该遥控车电路设计采用无线调频收发系统实现，具有较远的控制距离和较强的抗干扰性能。

## 9.3.1 TX2/RX2 的主要技术参数

TX2/RX2 是一对含编、解码电路无线遥控用的发射/接收模块。

### 1. 无线编码发射器 TX2

无线遥控车的编码电路如图 9-7 所示，无线编码发射器 TX2 芯片的内部结构如图 9-8 所示。通过 TX2 芯片的 RIGHT、LEFT、BACKWARD、FORWARD、TURBO 管脚采集遥控器的按键信息，当其中某个管脚接地后，此脚对应的控制功能选通，并由锁存电路锁存，锁存信号控制编码电路进行编码，产生对应控制功能的串行数字编码信号，通过 SO 管脚输出不带载波频率的编码信号，该信号可作为无线遥控的调制信号，调整 TX2 芯片 OSCO 管脚与 OSCI 管脚之间的电阻值可以改变载波频率及编码脉冲波形输出。

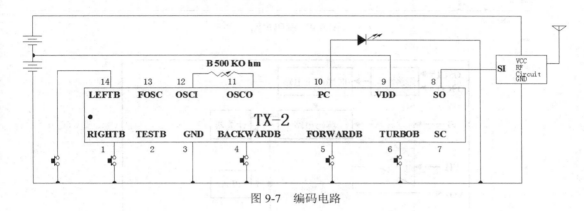

图 9-7　编码电路

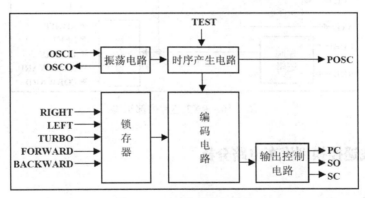

图 9-8　TX2 芯片内部结构

### 2. 无线解码接收器 RX2

无线遥控车的解码电路如图 9-9 所示，无线解码接收器 RX2 芯片的内部结构如图 9-10 所示。通过 RX2 芯片对编码信号进行解码，接收电路解调出的编码信号送入 RX2 芯片，该信号被由 RX2 的 VI1、VO1、VI2、VO2 管脚内部反相器及相应的外围电路组成的反向放大器放大后送入 RX2 的编码输入信号 SI 管脚进行解码，解码后的输出信号通过 RX2 输出端的 LEFT、RIGHT、FORWARD、BACKWARD、TURBO 分别接驱动控制电路的左转、右转、前进、后退、加速控制端，从而控制遥控车的运行状况。RX2 芯片 OSCO 与 OSCI 管脚之间的电阻值应选择适当，否则接收电路与发射电路内部基准频率不一致，接收电路可能无法解调出相应的编码信号。

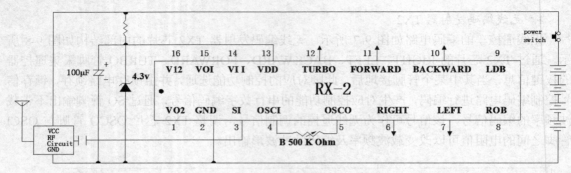

图 9-9　解码电路

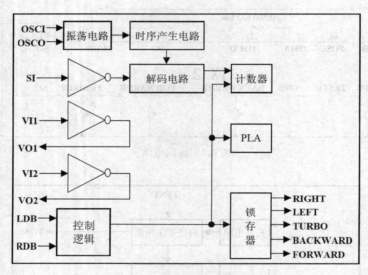

图 9-10　RX2 芯片内部结构

## 9.3.2　无线遥控模型汽车电路分析

### 1.　发射电路

无线发射电路如图 9-11 所示，TX2 芯片 SO 管脚输出的编码信号送入 C9014，由 C9014 及 LC 振荡电路等产生的载波信号受到编码信号的调制后经 C9018 放大，再经天线发射出去。发射电路调制采用调频方式，常用的调频方式可分为两大类：直接调频和间接调频。直接调频是用调制电压直接去控制载频振荡器的频率，以产生调频信号。间接调频是保持振荡器的频率不变，而用调制电压去改变载波输出的相位。

### 2.　接收电路

无线接收电路如图 9-12 所示，接收电路通过天线接收遥控发射电路发射的带有编码信息的射频信号，送入由 C1815、可调电感、15pF 电容、33pF 电容等组成的接收电路，进行频率解调，可调电感和 15pF 电容为并联谐振回路，作用是选频，调整可调电感可以改变接收频率。解调后还原出相应的编码信号送入 RX2 的 VI1 管脚。

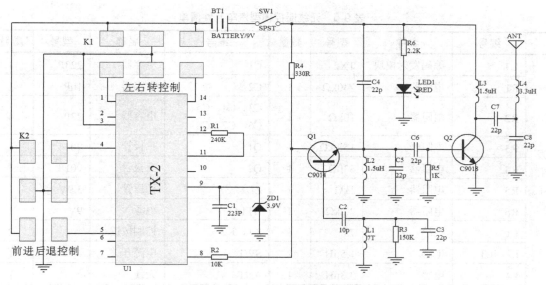

图 9-11　无线遥控模型汽车发射电路

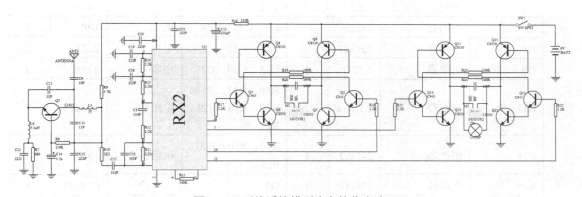

图 9-12　无线遥控模型汽车接收电路

### 9.3.3　无线遥控模型汽车电路的制作与调试

1. 元器件

无线遥控模型汽车元件清单如表 9-5 所示。

2. 电路制作

（1）根据电路图制作电路板或由学生绘制 PCB 图，再进行制板。

（2）电路焊接制作。

（3）电路调试。

电路中无调整元件，调试主要是功能测试。给接收电路装上左、右电动机，通过发射器发射前进、左转、右转、后退命令，检测电动机的运转情况是否符合要求，若不符合，用万用表检测各控制点的电平，找出故障并加以排除。若元器件无故障并且焊接正确的话，一般都没有什么问题。

表 9-5　无线遥控模型汽车元件清单

| 编号 | 名称 | 型号 | 数量 | 编号 | 名称 | 型号 | 数量 |
|---|---|---|---|---|---|---|---|
| U1 | 编码发射模块 | TX2 | 1 | C1 | 电容器 | 223P | 1 |
| R1 | 电阻器 | 240kΩ | 1 | C2 | 电容器 | 10P | 1 |
| R2 | 电阻器 | 10kΩ | 1 | C3、C4、C5、C6、C7、C8 | 电容器 | 22P | 6 |
| R3 | 电阻器 | 150 kΩ | 1 | Q1 | 三极管 | 9014 | 1 |
| R4 | 电阻器 | 330Ω | 1 | Q2 | 三极管 | 9018 | 1 |
| R5 | 电阻器 | 1kΩ | 1 | ZD1 | 稳压管 | 3.9V | 1 |
| R6 | 电阻器 | 2.2kΩ | 1 | BT1 | 电源 | 9V | 1 |
| L1 | 电感 | 7T | 1 | K1、K2 | 控制按键 | | 2 |
| L2、L3 | 电感 | 1.5μH | 2 | SW1 | 电源开关 | | 1 |
| L4 | 电感 | 3.3μH | 1 | ANT | 天线 | | 1 |
| LED1 | 发光二极管 | | 1 | | | | |
| U2 | 解码接收模块 | RX2 | 1 | C15、C17 | 电容 | 104P | 2 |
| R7 | 电阻器 | 680Ω | 1 | C9、C23、C24 | 电容 | 10P | 3 |
| R8 | 电阻器 | 150kΩ | 1 | C18、C19 | 电容 | 222P | 2 |
| R9 | 电阻器 | 4.7kΩ | 1 | C13、C20、C21 | 电容 | 223P | 3 |
| R11、R13 | 电阻器 | 2.2MΩ | 2 | R10、R12、R14、R17、R18、R21、R22 | 电阻器 | 2.2kΩ | 7 |
| R15 | 电阻器 | 240kΩ | 1 | R19、R20、R23、R24 | 电阻器 | 100Ω | 4 |
| R16 | 电阻器 | 330Ω | 1 | Q3 | 三极管 | C1815 | 1 |
| L5 | 电感 | 7T | 1 | Q4、Q5、Q10、Q11 | 三极管 | C945 | 4 |
| L6 | 电感 | 3.3μH | 1 | Q6、Q7、Q12、Q13 | 三极管 | 8050 | 4 |
| C10 | 电容 | 15P | 1 | Q8、Q9、Q14、Q15 | 三极管 | 8550 | 4 |
| C11 | 电容 | 33P | 1 | M1、M2 | 电机 | | 2 |
| C12 | 电容 | 222J | 1 | LAMP | 指示灯 | | 1 |
| C16 | 电容 | 501P | 1 | ANT | 天线 | | 1 |
| C14 | 电解电容 | 4.7μF | 1 | SW1 | 电源开关 | | 1 |
| C22 | 电解电容 | 220μF | 1 | BT2 | 电源 | 6 V | 1 |

（发射电路：U1～LED1；接收电路：U2～C22）

　　无线遥控电路遥控有效距离与发射功率、接收灵敏度和工作频率有关。但由于发射功率、工作频率受到各种限制，一般可以从提高接收灵敏度、改善接收电路的抗干扰性能等方面入手去改进接收电路。无线电遥控电路的重点就是抗干扰和稳定性问题，因此出于安全角度考虑还可以设置附加电路。

3．汽车模型的操作与控制

无线遥控汽车模型分遥控器和汽车模型两部分，遥控器有开关，打开遥控器的电源开关，电源红色指示灯亮，打开模型汽车的电源开关。遥控器上有前进、后退、左转、右转按键，通过拨动控制按键可以控制汽车模型发生相应动作。

4．编制产品说明书

● 无线遥控电动模型汽车的功能与性能参数。

● 无线遥控电动模型汽车的操作方法。

● 常见故障与维修。

# 9.4　无线门铃

无线门铃安装和使用方便，功耗低，最远空旷控制距离可达 500～2000 米。本项目实现一款无线遥控门铃，由信号发射电路和信号接收电路两部分组成，利用无线电遥控技术和编解码技术，采用具有编解码功能的遥控发射/接收专用集成芯片 PT2262/PT2272 构成一个发射与接收的数字编解码系统。门铃按钮与声源之间免去连线，电路简单可靠，与传统门铃相比，性能好、抗干扰能力强、遥控距离远、电路体积小，接收电路连同机电式音乐门铃为一体，可以随意放置在室内的任何地方。

## 9.4.1　PT2262/PT2272 的主要技术参数

无线门铃电路的核心器件采用了一对带地址、数据编解码功能的无线遥控发射/接收芯片 PT2262/PT2272，它们是台湾普城公司生产的 CMOS 工艺制造的低功耗通用编解码大规模数字集成电路。组合应用构成一套发射/接收数字编、解码系统。

1．PT2262、PT2272 编解码原理

编码芯片 PT2262 将载波振荡器、编码器和发射单元集成于一身，使发射电路变得非常简洁。最多可有 12 位（A0～A11）三态地址端管脚（悬空、接高电平、接低电平），任意组合可提供 531441 地址码，PT2262 最多可有 6 位（D0～D5）数据端管脚，设定的地址码和数据码从 17 脚串行输出，可用于无线遥控发射电路。PT2262 编码器是一种 8 位编码发射器。它的第 1～8 脚是编码的输入端，每个输入端可以有 3 种状态，即"0""1"和"开路"，其中"0"表示接低电平，"1"表示接高电平，"开路"表示为悬空，因此 8 个脚可以组成 6561 个不同的编码。

编码芯片 PT2262 发出的编码信号由地址码、数据码、同步码组成一个完整的码字，地址码和数据码都用宽度不同的脉冲来表示，两个窄脉冲表示"0"，两个宽脉冲表示"1"，一个窄脉冲和一个宽脉冲表示"F"也就是地址码的"悬空"。设定的编码信号从 17 脚串行输出，可用于无线遥控发射电路。第 14 脚是发射指令端，当此脚接地时，PT2262 输出端则发出一组编码脉冲。第 15 脚、第 16 脚是一个内置振荡器，外接几百千欧到几兆欧的电阻即可产生振荡，第 18 脚、第 9 脚分别是电源的正、负极。

解码芯片 PT2272 是一种 8 位解码接收器。当 PT2262 发出的编码与 PT2272 预置的编码相同时，它的 17 脚就会输出高电平。第 14 脚为输入端，第 15 脚、第 16 脚是振荡器，外接电阻值为几百千欧即可。接收芯片 PT2272 的数据输出位根据其后缀不同而不同，数据输出具有"暂存"和"锁存"两种方式。后缀为"L"为"暂存型"，暂存功能是指当发射信号消失时，PT2272 的对应数据输出位即变为低电平。后缀为"R"为"锁存型"，锁存功能是指当发射信号消失时，PT2272 的数据输出端仍保持原来的状态，直到下次接收到新的信号输入。其数据输出又分为 0、2、4、6 不同的输出，例如 PT2272-L4 则表示数据输出为 4 位的暂存型无线遥控接收芯片。

2. 电路编解码过程

PT2262 内部并没有射频振荡电路，一般是用 17 脚来控制外部的一个射频振荡器，当控制射频振荡器的电源通断时，对射频电路实现幅度键控（ASK）调制，相当于调制度为 100% 的条幅。PT2262 内部有个时钟振荡器，它的频率由接于其 OSC1 和 OSC2 脚上的外接电阻决定，电阻越大，频率越低，编码宽度越大，发码一帧的时间越长，相应的码率也越低；反之电阻越小，频率越高，编码宽度越小，发码一帧的时间越短，相应的码率也越高，但这个振荡器的频率与外部射频振荡器的频率无直接关系。

由于 PT2272 是解码器，内部有个时钟振荡器，要求其时钟频率比 PT2262 要高一些，所以外接的振荡电阻要小一些，电阻的大小影响码率，电阻小则码率高，码率高则对控制的响应快些，反之则慢些。若有不能正确解码的现象，可选择大一挡的一对电阻，使码率降低。射频振荡器的频率由射频电路中振荡回路的电容和电感等元件的参数来决定，可以调整这些元件的参数，使其振荡于 230MHz 的频率。

PT2262 编码振荡频率的计算公式为：$f=2\times1000\times16/Rosc$（kΩ）kHz，其中 Rosc 为 OSC1 和 OSC2 脚上的外接振荡电阻。本项目选用 Rosc=1.2MΩ，编码振荡频率 $f=2\times1000\times16/1200$（kΩ）kHz≈27kHz。

编码芯片 PT2262 发出的编码信号从 17 脚输出到射频发射模块的数据输入端，从而发射出去。射频接收模块接收信号后送到解码芯片 PT2272，PT2272 的地址码经过两次比较核对后 VT 脚输出高电平，与此同时与 PT2262 相应的数据脚也输出高电平，如果 PT2262 连续发送编码信号，PT2272 的第 17 脚和相应的数据脚便连续输出高电平。如果发射机没有信号输入，PT2262 停止发送编码信号，PT2272 的第 17 脚 VT 端便恢复为低电平状态。

当有按键按下时，PT2262 得电工作，其第 17 脚输出经调制的串行数据信号，当 17 脚为高电平期间，315MHz 的高频发射电路起振并发射等幅高频信号；当 17 脚为低电平期间，315MHz 的高频发射电路停止振荡，所以高频发射电路完全受控于 PT2262 的 17 脚输出的数字信号，从而对高频电路完成幅度键控。

3. PT2262/PT2272 芯片特点

- CMOS 工艺制造，低功耗。
- 外部元器件少。
- RC 振荡电阻。
- 工作电压范围宽：2.6～15V。
- 数据最多可达 6 位。
- 地址码最多可达 531441 种。

PT2262/PT2272 编解码芯片实物图、编码芯片 PT2262 外形与引脚图和解码芯片 PT2272 外形和引脚图如图 9-13 至图 9-15 所示,编码芯片 PT2262 引脚说明和解码芯片 PT2272 引脚说明如表 9-6 和表 9-7 所示。

图 9-13 PT2262/PT2272 编解码芯片实物图

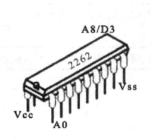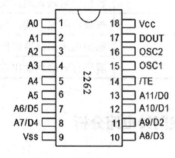

图 9-14 编码芯片 PT2262 外形与引脚图

表 9-6 编码芯片 PT2262 引脚说明

| 名称 | 管脚 | 说明 |
| --- | --- | --- |
| A0~A11 | 1~8、10~13 | 地址管脚,用于进行地址编码,可置为 "0" "1" "f"(悬空) |
| D0~D5 | 7~8、10~13 | 数据输入端,有一个为 "1" 即有编码发出,内部下拉 |
| Vcc | 18 | 电源正极(+) |
| Vss | 9 | 电源负极(-) |
| TE | 14 | 编码启动端,用于多数据的编码发射,低电平有效 |
| OSC1 | 16 | 振荡电阻输入端,与 OSC2 所接电阻决定振荡频率 |
| OSC2 | 15 | 振荡电阻振荡器输出端 |
| Dout | 17 | 编码输出端(正常时为低电平) |

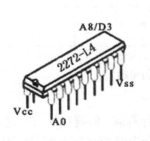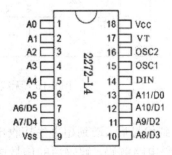

图 9-15 解码芯片 PT2272 外形和引脚图

表 9-7　解码芯片 PT2272 引脚说明

| 名称 | 管脚 | 说明 |
|---|---|---|
| A0～A11 | 1～8、10～13 | 地址管脚，用于进行地址编码，可置为"0""1""f"（悬空），必须与 PT2262 一致，否则不解码 |
| D0～D5 | 7～8、10～13 | 地址或数据管脚，当作为数据管脚时，只有在地址码与 PT2262 一致时，数据管脚才能输出与 PT2262 数据端对应的高电平，否则输出为低电平，锁存型只有在接收到下一数据时才能转换 |
| Vcc | 18 | 电源正极（+） |
| Vss | 9 | 电源负极（－） |
| DIN | 14 | 数据信号输入端，来自接收模块输出端 |
| OSC1 | 16 | 振荡电阻输入端，与 OSC2 所接电阻决定振荡频率 |
| OSC2 | 15 | 振荡电阻振荡器输出端 |
| VT | 17 | 解码有效确认输出端（常低）解码有效变成高电平（瞬态） |

### 9.4.2　无线门铃电路分析

#### 1. 发射电路

发射系统由控制按键采集信号，经过调制振荡电路转换为高频信号，经过稳频后送到高频振荡电路无线发射出去。发射电路如图 9-16 所示，由 VT1 及相应的外围元件 L1、L2、C1、C2 等组成高频振荡器，它产生的载频受 IC1 编码芯片 PT2262 的第 17 脚输出的编码信号的调制，并直接由振荡线圈 L1 发射出去，L1 为电路板上的敷铜条组成的电感。

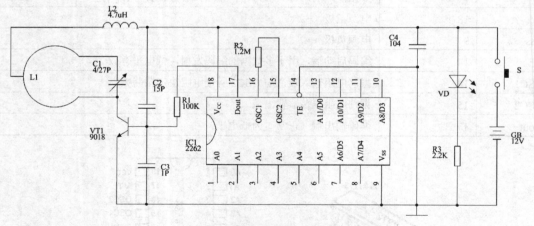

图 9-16　无线门铃发射电路

#### 2. 接收电路

接收系统接收到信号后，送到超再生接收电路进行解调，解调后的信号送到放大电路进行放大，然后送到解码电路解码，解码后的信号送到声音电路推动扬声器发出声音。接收电路如图 9-17 示，VT2 及相应的外围元件 L3、L4、C5、C6 等组成超再生检波电路，它接收高频信号并从高频信号中解调出对应的编码信号，再经过三级放大后进入 IC2 解码芯片 PT2272 的第 14 脚进行解码，从第 17 脚输出的高电平触发音乐芯片 IC3 工作，音乐信号经放大后推动扬声器工作。

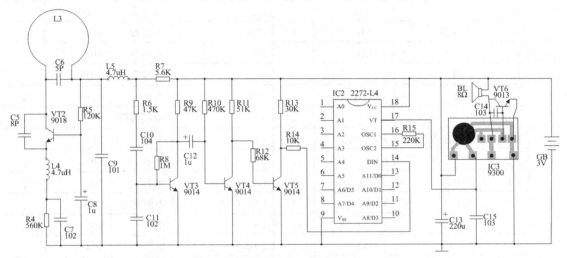

图 9-17　无线门铃接收电路

### 3. 声音电路

KDT9300 音乐芯片是一种大规模 CMOS 集成电路（如图 9-18 所示），可内存铃声或音乐曲子，由振荡器、节拍、音色发生器、只读存储器、地址计算器和控制、输出等组成。其工作电压为 3V，触发一次内存循环一次，静态工作电压小，不耗电。

图 9-18　音乐芯片 KDT9300

## 9.4.3　无线门铃电路的制作与调试

### 1. 元器件

无线门铃元器件清单如表 9-8 所示。

### 2. 电路制作

（1）根据电路图制作电路板或由学生绘制 PCB 图再进行制板。

（2）电路制作。

表 9-8  无线门铃元器件清单

| 编号 | 名称 | 型号 | 数量 | 编号 | 名称 | 型号 | 数量 |
|---|---|---|---|---|---|---|---|
| IC1 | 编码发射芯片 | PT2262 | 1 | C1 | 可调电容 | 4-27P | 1 |
| R1 | 电阻器 | 100kΩ | 1 | C2 | 电容器 | 15P | 1 |
| R2 | 电阻器 | 1.2MΩ | 1 | C3 | 电容器 | 1P | 1 |
| R3 | 电阻器 | 2.2kΩ | 1 | C4 | 电容器 | 104 | 1 |
| L1 | 电感 | | 1 | VT1 | 三极管 | 9018 | 1 |
| L2 | 电感 | 4.7μH | 1 | GB | 电源 | 12V | 1 |
| VD | 发光二极管 | | 1 | S | 控制按键 | | 1 |
| IC2 | 解码接收模块 | PT2272-L4 | 1 | C5 | 电容 | 8P | 1 |
| IC3 | 音乐芯片 | 9300 | 1 | C6 | 电容 | 5P | 1 |
| R4 | 电阻器 | 560Ω | 1 | C7、C11 | 电容 | 102 | 2 |
| R5 | 电阻器 | 120kΩ | 1 | C8、C12 | 电解电容 | 1μF | 2 |
| R6 | 电阻器 | 1.5kΩ | 1 | C9 | 电容 | 101 | 1 |
| R7 | 电阻器 | 5.6kΩ | 1 | C10 | 电容 | 104 | 1 |
| R8 | 电阻器 | 1MΩ | 1 | C14、C15 | 电容 | 103 | 2 |
| R9 | 电阻器 | 47kΩ | 1 | C13 | 电解电容 | 220μF | 1 |
| R10 | 电阻器 | 470kΩ | 1 | L3 | 电感 | | 1 |
| R11 | 电阻器 | 51kΩ | 1 | L4、L5 | 电感 | 4.7μH | 1 |
| R12 | 电阻器 | 68kΩ | 1 | VT2 | 三极管 | 9018 | 1 |
| R13 | 电阻器 | 30kΩ | 1 | VT3、VT4、VT5 | 三极管 | 9014 | 3 |
| R14 | 电阻器 | 10kΩ | 1 | VT6 | 三极管 | 9013 | 1 |
| R15 | 电阻器 | 220kΩ | 1 | GB | 电源 | 3V | 1 |
| BL | 扬声器 | 8Ω | 1 | | | | |

（发射电路：IC1、R1、R2、R3、L1、L2、VD；接收电路：IC2、IC3、R4～R15、BL）

整理所有电路的元器件，检测安装焊接。插装时要注意极性元器件的方向，如电解电容、发光二极管、三极管、集成电路插座的方向等。

（3）电路调试。

发射电路和接收电路安装完成后，要认真检查电路有无错焊、漏焊、短路等不正常现象并及时修改更正。然后通电测量各极静态电压，接收电路板的 VT2、VT3、VT4、VT5 的集电极电压分别为 1.3V、0.8V、0V、2.4V，基极电压分别为 0.8V、0.6V、0.6V、0V。手摸天线线圈时，VT3 的集电极电压应有 0.1～0.2V 的波动，VT4 的集电极电压应有 0～0.6V 的波动，VT5 的集电极电压应有 0.8～2.4V 的波动。

发射电路在微动开关接通时，编码集成电路 PT2262 的第 17 脚电压应由 0V 变为 1.7V，VT1 的基极电压为 0.1V 左右，若将电容器短路，该电压变为 0.3V，则说明振荡器起振。

各级直流电压正常后再调整发射的载频。该电路的载频为 MHz 数量级，所以在调整 C1 时一定要用无感起子，并且手不要触及相关元器件。

如果每次在近距离按下发射器按键时门铃可以发声，则说明电路基本正常。这时可以进行远距离测试，该电路的遥控距离可达 30m 以上。如果只在近距离发声或近距离都不能发声，则应仔细检查微调 C1 及相关电路。

最后进行编解码调试，门铃发射电路和接收电路的编解码方式必须保持一致，这样才能保证正常的接收。

3. 编制产品说明书

● 无线门铃的功能与性能参数。

● 无线门铃发射接收编解码的控制方法。

● 常见故障与维修。

# 9.5　无线信号发射器

人们之间的交流越来越多，要传送的信息类型越来越多样化。随着科技的进步，无线电子技术得到了飞速发展，无线电波的使用使日常的通信更加实时、高效、快捷。无线电发射机在生活中得到广泛应用，人们通过无线电发射机可以把需要传播的信息发射出去，接收者可以通过接收机接收信息。

本项目实现了一款无线信号发射器，与带调频功能的收音机配合使用可以实现经济实惠、方便快捷的短距离通信需求，满足用户的多种应用，并且没有任何通信成本。该锁相环无线信号发射器可以将各种音频信号进行立体声调制发射传输，电路包含两路话筒放大电路，配合普通的调频立体声接收机即可实现高保真的无线调频立体声传送，适用于无线音箱、无线话筒、无线耳机、MP3、DVD、笔记本电脑等的无线音频适配器。

## 9.5.1　BH1417 的主要技术参数

BH1417 是日本东洋公司 RHOM 生产的 FM 无线发射芯片，其高频振荡部分采用频率合成电路，振荡频率稳定，可以工作于 87MHz～108MHz 频段，与简单的外围电路配合使用可发射音频 FM 信号，它可将声音信号进行立体声调制发射传输。

BH1417 电路大致包含以下几个部分：由 BH1417 的 22、21、20、19、1、2、3、4 管脚配合与其连接的分立元件组成立体声信号输入和立体声调制部分；BH1417 的 15、16、17、18 管脚设定载波频率；BH1417 的 5、7、9、10、12 管脚配合与其连接的分立元件构成调频载波的频率振荡和射频调制部分；BH1417 的 13、14 管脚外接晶体振荡器形成系统时钟；BH1417 的 6、8 管脚为电源部分；BH1417 的 11 管脚与外部连接的元件构成调频信号发射部分。

BH1417 采用贴片式 SOP22 封装，1 和 22 脚为左右声道信号输入端；2 和 21 脚连接预加重电路，可由外接的电路改变时间常数（$T$=22.7k$\Omega$×$C$）；3 和 20 脚为低通滤波器的可调端，外接 150pF 的电容可限制 15kHz 以上信号的输入；4 脚为滤波端，外接电容可改善参考电压的波纹系数；5 脚是立体声复合信号的输出端；6 脚接地；7 脚为 PLL 鉴相器输出；8 脚为电源端，连接+5V 电源；9 脚为 RF 振荡器端，由其与外围元件构成压控振荡电路；10 脚为 RF 接地端；11 脚为 RF 信号输出端，经带通滤波器连接至天线或后级功放；12 脚为 PLL 电源端；13、14 脚外接一个 7.6MHz 晶振；15～18 脚为并行数据设置端，由它们控制发射器的输出频率；19 脚为导频信号调整端。

工作原理分析：外部电源由 CK2 电源插座输入，经滤波和 7805 稳压后输出 5V 直流供 BH1417 使用，同时还通过拨码开关的 M1、M2 送至双路话筒放大电路，话筒 MIC1 将声音信号转换成电信号经 C3 送至由 V1、R6、R7 等组成的话筒放大电路放大后经 C5 到 RP1 调整音量后经 C6 送入 BH1417 的左声道信号输入端。

拨码开关的 D0、D1、D2、D3 用于设置发射频率。调频立体声载波信号由 BH1417 的第 11 脚输出，经 C36 耦合送入由 V3、R21、L3、C37 等组成的高频功率放大电路，放大后的信号通过 C38 耦合到 ANT1 发射天线进行发射。频段设置如表 9-9 所示。

表 9-9　频段设置

| 拨码开关位置 | | | | 输出频率 | 拨码开关位置 | | | | 输出频率 |
| --- | --- | --- | --- | --- | --- | --- | --- | --- | --- |
| D0 | D1 | D2 | D3 | | D0 | D1 | D2 | D3 | |
| L | L | L | L | 87.7MHz | L | L | L | H | 106.7 MHz |
| H | L | L | L | 87.9MHz | H | L | L | H | 106.9 MHz |
| L | H | L | L | 88.1MHz | L | H | L | H | 107.1 MHz |
| H | H | L | L | 88.3 MHz | H | H | L | H | 107.3 MHz |
| L | L | H | L | 88.5 MHz | L | L | H | H | 107.5 MHz |
| H | L | H | L | 88.7 MHz | H | L | H | H | 107.7 MHz |
| L | H | H | L | 88.9MHz | L | H | H | H | 107.9 MHz |
| H | H | H | L | 停振 | H | H | H | H | 停振 |

### 9.5.2　无线信号发射器电路分析

无线信号发射器系统电路包括：音频输入电路、音频放大电路、BH1417 锁相环调制电路、高频功率放大电路、电源供电电路 5 个主要组成部分，电路系统框图如图 9-19 所示。

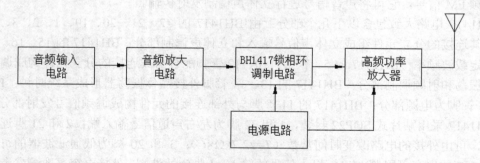

图 9-19　无线信号发射器系统框图

1. 音频电路

音频输入电路和音频放大电路通过控制开关控制声音的输入，从而选择信号是通过话筒引入还是通过音频信号输入端引入，IN1 与 IN2 接到芯片 BH1417 上，BH1417 接收到音频信号后进行滤波、调制等信号处理。

2. 锁相环调制电路

BH1417 集成电路包括防止信号过调的限幅电路、提高信噪比（S/N）的预加重电路、产生立体声复合信号的立体声调制电路、控制输入信号频率的低通滤波电路（LPF）、调频发射的锁相环电路（PLL）等。BH1417 的频率特性很出色，能达到的分离度为 40dB，传送的音质完全能够达到本地调频电台的水平。调制电路的高频振荡部分采用了频率合成电路，可以方便地改变发射频率，振荡频率也十分稳定。预加重电路、限幅电路及低通滤波器可明显地改善音质，RF 输出电平为 100dB，总谐波失真达到了 0.3%。

3. 高频功率放大电路

高频功率放大电路中，发射信号通过 RF 端引入，经过高频功率放大器对信号进行放大，放大后的信号经滤波电路从天线发射出去。

4. 电源供电电路

发射电路系统的电源为 9V，BH1417 芯片及其他电路系统的电源为 5V，电路通过直流电源转换电路的供电方案实现，利用 7805 集成三端稳压器将 9V 直流电转换为 5V 直流稳压电源。

无线信号发生器电路如图 9-20 所示。电路供电的外部电源由 XS2 电源插座输入，经滤波电路滤波和 7805 三端稳压器稳压后输出 5V 直流电供 BH1417 芯片使用，同时还通过拨码开关的 M1、M2 送至双路话筒放大电路，话筒 BM1 将声音信号转换成电信号经 C3 送至由 VT1、R6、R7 等组成的音频放大电路，信号放大后送到 RP1 调整音量，之后送入 BH1417 的左声道信号输入端。

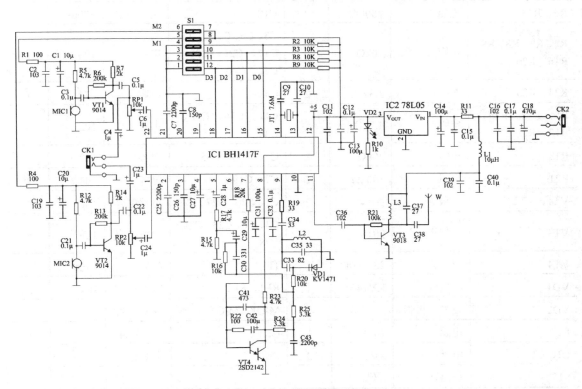

图 9-20  无线信号发射器电路

拨码开关的 D0、D1、D2、D3 用于设置发射频率的参数。载波信号由 BH1417 的第 11 脚输出，经 C36 耦合送入由 VT3、R21、L3、C37 等组成的高频功放电路，放大后的信号通过 C38 耦合到发射天线发射出去。

### 9.5.3　无线信号发射器的制作与调试

#### 1. 元器件

无线信号发生器元器件清单如表 9-10 所示。

表 9-10　无线信号发生器元器件清单

| 编号 | 名称 | 型号 | 数量 | 编号 | 名称 | 型号 | 数量 |
|---|---|---|---|---|---|---|---|
| IC1 | 调频发射器 | BH1417F | 1 | C9、C10、C37、C38 | 电容 | 27 | 4 |
| IC2 | 三端稳压器 | 78L05 | 1 | C34、C35 | 电容 | 33 | 2 |
| R11、R19 | 电阻 | 33 | 2 | C33 | 电容 | 82 | 1 |
| R1、R4、R22 | 电阻 | 100 | 3 | C13、C14、C31、C42 | 电解电容 | 100μF | 4 |
| R10 | 电阻 | 1 kΩ | 1 | C30 | 电容 | 331 | 1 |
| R7、R14 | 电阻 | 2kΩ | 2 | C8、C26 | 电容 | 151 | 2 |
| R6、R13 | 电阻 | 200kΩ | 2 | C18 | 电解电容 | 470μF | 1 |
| R2、R3、R8、R9、R16、R20 | 电阻 | 10kΩ | 6 | C3、C5、C12、C15、C17、C21、C22、C32、C40 | 电容 | 104 | 9 |
| R24、R25 | 电阻 | 3.3kΩ | 2 | C41 | 电容 | 473 | 1 |
| R5、R12、R15、R17、R23 | 电阻 | 4.7kΩ | 5 | C11、C16、C36、C39 | 电容 | 102 | 4 |
| R18 | 电阻 | 20kΩ | 1 | C7、C25、C43 | 电容 | 222 | 3 |
| R21 | 电阻 | 100kΩ | 1 | C2、C19 | 电容 | 103 | 2 |
| VT1、VT2 | 三极管 | 9014 | 2 | C1、C20、C27、C29 | 电解电容 | 10μF | 4 |
| VT3 | 三极管 | 9018 | 1 | C4、C6、C23、C24、C28 | 电解电容 | 1μF | 5 |
| VT4 | 三极管 | 2SD2142 | 1 | JT1 | 晶振 | 7.6M | 1 |
| VD1 | 二极管 | KV1471 | 1 | RP1、RP2 | 电位器 | 10k | 2 |
| VD2 | 发光二极管 | | 1 | MIC1、MIC2 | 驻极话筒 | | 2 |
| L1 | 电感 | 10μH | 1 | CK1 | 立体声座 | | 1 |
| L2、L3 | 电感 | 3T | 2 | CK2 | 电源座 | | 1 |
| S1 | 拨码开关 | 6 位 | 1 | | | | |

2．电路制作

（1）根据电路图制作电路板或由学生绘制 PCB 图再进行制板。

（2）电路制作。

（3）电路调试。

调试时配合具备数字显示频率功能的收音机、场强仪和电流表。将电路板通电，收音机调到预设的频点上，给话筒一个持续的声音信号，监测收音机是否有接收信号，如果没收到信号，可调整电感 L2，一般能够收到信号。轻微调整 L2，压缩或拉伸，可使收音机收到的信号更加稳定、噪音减小。

3．编制产品说明书

（1）无线信号发射器的主要参数指标。

● 频率输出范围：87.7 MHz～88.9 MHz、106.7 MHz～107.9 MHz（可调节）。

● 输入电压：7V～15V。

● 消耗电流：20mA 左右。

● 调频发射功率：50mW。

● 传输距离：10m～20m（通过调整天线可以增加发射距离）。

● 音频频率输入范围：20～15kHz。

● 音频输入灵敏度：-10dB。

● 音频输入电压：1.0V。

● 工作温度：-15℃～50℃。

（2）无线信号发射器的信号发送接收测试方法。

无线信号发射器发出的音频信号可以通过设置发射器的发射频率进行预先设定，采用具有调频功能的接收机或调频收音机可以接收信号，接收机的频率要调节到与发射机一致才能正常接收信号。

（3）常见故障与维修。

# 参考文献

[1]  解相吾. 通信电子线路[M]. 北京：人民邮电出版社，2008.

[2]  王卫东. 高频电子线路[M]. 第3版. 北京：电子工业出版社，2014.

[3]  曾兴雯，刘乃安，陈健. 高频电子线路[M]. 第2版. 北京：高等教育出版社，2009.

[4]  于洪珍. 通信电子线路[M]. 北京：清华大学出版社，2009.

[5]  黄智伟. 无线发射与接收电路设计[M]. 北京：北京航空航天大学出版社，2007.

[6]  童诗白，华成英. 模拟电子技术基础[M]. 第4版. 北京：高等教育出版社，2006.

[7]  林春方. 高频电子线路[M]. 第3版. 北京：电子工业出版社，2010.

[8]  （加）赫金. 通信系统[M]. 北京：电子工业出版社，2010.

[9]  胡宴如. 高频电子线路[M]. 第5版. 北京：高等教育出版社，2014.